U0342970

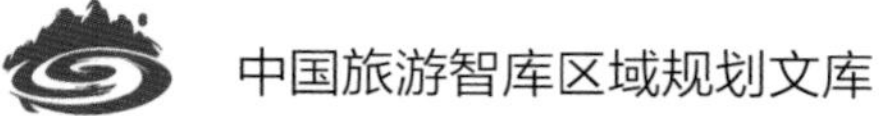

中国旅游智库区域规划文库

仙境沔城

田园古城的现代思想与全域规划

董观志 等著

華中科技大學出版社
http://www.hustp.com
中国 · 武汉

内 容 简 介

古城名镇已经成为现代产业经济中文化和旅游融合发展的重要战略增长极。文化古城的产业经济发展更是受到政府、学者、企业、媒体、居民和消费者的广泛关注，形成了许多现象级的文化古城典范。本书以文化和旅游融合发展为主轴线，对具有1500多年历史的沔阳古城进行了产业经济发展的实证研究和全域规划。

本书图文并茂地构建了古城名镇全域发展的思想逻辑和规划体系，不仅是系统性的实践成果，而且是理论性的创新探索。本书适合古城名镇、产业经济、城乡规划、景观设计、文化旅游、乡村振兴、公共管理、咨询智库等领域的高校师生、专家学者、投资者、企业家、规划师和设计师们阅读，可用作各级政府以及相关职能部门的决策管理人员参考的实操指南。

图书在版编目(CIP)数据

仙境沔城：田园古城的现代思想与全域规划/董观志等著.—武汉：华中科技大学出版社，2019.9

（中国旅游智库区域规划文库）

ISBN 978-7-5680-5673-1

Ⅰ.①仙… Ⅱ.①董… Ⅲ.①古城-城市规划-研究-仙桃 ②地方旅游业-旅游业发展-研究-仙桃 Ⅳ.①TU984.263.5 ②F592.763.5

中国版本图书馆CIP数据核字(2019)第204188号

仙境沔城：田园古城的现代思想与全域规划 董观志 等著

Xianjing Miancheng: Tianyuan Gucheng de Xiandai Sixiang yu Quanyu Guihua

策划编辑：李 欢
责任编辑：李家乐
封面设计：刘 婷
责任校对：李 琴
责任监印：周治超
出版发行：华中科技大学出版社(中国·武汉) 电话：(027)81321913
武汉市东湖新技术开发区华工科技园 邮编：430223
录 排：华中科技大学出版社美编室
印 刷：湖北新华印务有限公司
开 本：710mm×1000mm 1/16
印 张：16.5
字 数：258千字
版 次：2019年9月第1版第1次印刷
定 价：98.00元

序　言

新年伊始，沔城水乡田园旅游名镇建设如火如荼，董观志教授团队倾力编写的《仙境沔城：田园古城的现代思想与全域规划》也全部完成。应董教授之邀为此作序，实为“惶恐”。

初识董教授，就被他深厚的专业素养吸引。2017 年，沔城开始建设水乡田园旅游名镇，董教授和他的团队几次到沔城实地调研，于是，有机会与董教授更进一步交流。再识董教授，才发现他着实有点像情感细腻、文采斐然的“文艺青年”。在他的生活里，永远充满激情，不仅有工作和规划，还有诗和远方。放下学术研究和规划设计的一丝不苟和严谨规范，董教授变身为文艺人士，时常吟诗作赋，一首首小诗透露着他对生活的无比热爱和对文学的至高追求。

沔城是一座千年古城，距今已有 1500 余年的历史，名胜古迹众多，人文景观独特，素有“四十八古井、四十八牌坊、四十八寺庙”之称。三国时期军师诸葛亮曾在此喜结良缘，励志苦学，留有胜迹读书台；元末农民领袖陈友谅曾在此揭竿举旗，留有故居玄妙观；唐朝名相狄仁杰曾在此清心问政，存有狄梁公问政处。

沔城是一座秀美水城，河湖沟渠纵横交错，三分城七分水，是天然的水乡田园。近几年来，仙桃市委市政府着力打造排湖、沙湖的“两湖生态游”，全面提升沔街、沔城的“两沔文化游”，大力实施全域旅游战略，奋力建设水乡田园城市。沔城以“稳根基、治环境、拉格局、兴产业”为工作思路，坚持以旅游产业为主线，着力发展文旅、农旅两大产业板块，加速推进城乡融合发展，全力打造环莲花湖绿色发展示范区。沔城借全域旅游之东风，正迎来前所未有的发展机遇。

当旅游适逢乡村振兴，沔城“化蛹成蝶”。董教授和团队几次到访沔城，仔细研究沔城的每一段历史，精准定位，充分展现沔城特质，仔细谋划，把前沿的规划理念运用到沔城实际当中，为沔城量身定制规划。收到文本，反复研读，脑海中勾勒了无数次的沔城终于离实现又近了一步。

初看规划，清晰明了的架构阐述着沔城发展的脉络和导向，细细研读就能体会其中安排的精妙之处。规划内容详实具体，集历史感、文化感、艺术感于一体。一个个景点透露着文化的气息，一个个历史人物跃然纸上，既突出沔城特色又超越沔城特点。成功突破复兴古城历史文化、打造水乡古城风貌、振兴全域旅游经济等阻碍沔城发展的三个瓶颈，补足了旅游产品构建对接消费市场、旅游运营模式实现富民强镇等两个短板。全域统筹部分，从规划总则、解读沔城、发展战略、空间布局四个内容着手，综合考量，统筹规划，合理安排，协同推进。融合发展部分，以龙头崛起，文化复兴、品质提升、强势发力为发展脉络将“古城＋旅游”、沔阳州城、莲花池、“农业＋旅游”四大板块盘活。共建共享部分则详细阐述市场营销、基础设施、运作实施、行动计划，把握好每一个关键环节。“仙境沔城，禅伊福地”的品牌形象，既突出宣传主题，又切合沔城实际。“千年沔城，荆楚明珠”的发展愿景，既是对仙桃市委市政府战略部署的积极实践，也是对沔城人民过上美好生活期盼的回应。

让我们共同期待“仙境沔城”早日建成！

中共仙桃市沔城回族镇委员会书记

张致学

2019 年 2 月 28 日

导 语

一、时代背景

党的十九大具有划时代的战略意义，在以习近平同志为核心的党中央坚强领导下，提出了新时代中国特色社会主义思想，部署了实现中华民族伟大复兴中国梦的战略步骤、重大方略和实践路径，引领全国各族人民踏上了建设社会主义现代化强国的新征程。

仙桃市委市政府学懂、弄通、做实党的十九大精神，满足人民群众对美好生活的新期待，着力打造排湖、沙湖的“两湖生态游”，全面提升沔街、沔城的“两沔文化游”，精耕细作仙桃东部、仙桃西部的“两带乡村游”，实施乡村振兴战略，蓄势成局，创建国家级全域旅游示范市，开启了在新时代“加快推进绿色崛起，着力全域建设水乡田园城市”的仙桃模式。

二、基础条件

沔城回族镇总面积 36.8 平方千米，位于东荆河畔，毗邻排湖风景区，30 分钟车程到仙桃市主城区，1 小时车程直达武汉大都市。从公元 503 年开始，沔城就是沔阳建郡立县的首府驻地，迄今已有 1500 多年的历史。云梦古泽的生态文明，鱼米之乡的生产文明，多教共生的生活文明，构建了沔城“三生联动”的“文化有机体”。郡治 40 年，州府 426 年，县衙 1133 年，镇辖 60 多年，演替了沔城“四层叠加”的“历史综合体”。沔城不仅是仙桃多元文化融合的历史华章，而且是荆风楚韵的江汉明珠。

目前，沔城要突破如何复兴古城历史文化、如何打造水乡古城风貌、如何振兴全域旅游经济三个瓶颈，解决旅游产品构建如何对接消费市场、旅游运营模式如何实现富民强镇两个短板。

三、总体定位

对标国家乡村振兴战略，对接排湖旅游风景区，发挥仙桃母亲城的文化优势、紧邻大武汉客源市场的区位优势、国家农业产业强镇示范建设优势，突显沔阳州府古城功能内涵，强化莲花池水乡风貌特色，统筹乡村田园协调发展，打造“仙境沔城，禅伊福地”的品牌形象，改革创新富民强镇新格局，实现“千年沔城，荆楚明珠”的发展愿景，全面践行仙桃市委市政府的战略部署。

高点站位，多措并举，力争旅游接待人次和总收入年均增长 20% 以上，到 2020 年，接待游客量超过 100 万人次，旅游业总收入超过 2 亿元；到 2030 年，接待游客量超过 300 万人次，旅游业总收入超过 18 亿元；到 2050 年，全面实现建成国家文化旅游名城的战略目标。

四、功能布局

在遵循《仙桃市沔城回族镇总体规划（2012—2030）》和《明清沔阳州城复原设计》成果的基础上，围绕“一城一池”的古色古香和“一村一品”的民风民俗，采取“北控南扩，东进西延”的空间策略，实施古城复兴、莲池提升、农业升级、乡村振兴等“四个计划”，构建“一核引领，三区统筹，五点联动”的全域旅游功能布局。

“一核引领”是指发挥战略引领作用的城旅融合产业核心区。包括沔阳州城遗址风貌区和莲花池生态景观涵养区两大板块，突出城池呼应的古城特色，彰显“一城一池”的水城魅力。

沔阳州城遗址风貌区以国家级文化遗产为战略定位，着力“一府两园”，实施古城复兴计划：一是以明清沔阳州府为主体，用传统建筑景观和现代多媒体技术复兴沔阳历史文化，打造沔城全域旅游的品牌极核。二是整体推进东门街、九贺门正街、下关街、红花堤街的立面改造和街道整治，复兴古城风貌，激活古街功能，打造千年沔城遗产公园。三是疏通护城河，玉带串联普

佛古寺、诸葛武侯祠、陈友谅故居、广长律院，挖掘沔城漕运文化，打造带状的民俗文化公园。“一府两园”展现千年古城、汉王故里、五教并存、沔阳儒商的辉煌成就与气势魄力。

莲花池生态景观涵养区以国家级湿地公园为战略定位，发挥中华沔藕的品牌优势，突出“出淤泥而不染，濯清涟而不妖”的文化特质，设立生态景观涵养禁建区，构建绿道、栈道和游船线路，提升赏花、采莲、品藕等节事活动的基础设施，彰显水城格局。分三个滨水功能岸线，实施莲池提升计划：一是拓展建设莲花大道，配套建设具有龙舟赛事观礼台、莲花池游船码头、举办节庆活动等多元功能的莲花文化休闲广场；在莲花大道与环城路对接处建设沔城全域旅游集散中心，形成千年沔阳古城的门户效应。二是以复州城的城墙和城楼为景观主体，建设家庭亲水乐园、荷塘月色帐篷营地、自驾车生态营地、水乡风情村落等满足娱乐性消费的滨水体验乐园。三是用蓝草坪、百果园、花卉廊、艺术林、亲水栈道等具有场地感的大地艺术，连接七红村的民族风情街、红花堤的沔商古街、莲花池的风华妖娆，将莲池半岛打造成曲院风荷的生态艺术花园。

“三区统筹”是指实施“3+1”的农业升级计划，打造东西水产、中部蔬菜的强农兴旅产业示范建设格局。“3”就是 3 个基地：一是小朱垸和七里垸的有机蔬菜莲藕基地；二是东部的王部垸优质水产示范基地；三是西部的麻思垸优质水产示范基地。“1”就是江北农产品加工园。通过组团联动、功能整合与产业集聚，构建沿城环池的强农兴旅产业功能区。

“五点联动”是指 5 个农旅融合示范点，实施乡村振兴计划，配套完善“生态停车场、旅游厕所、旅游购物点、民俗农家乐、民宿客栈、游客医疗站、游客咨询站、旅游富民宣讲站”八大件，打造二羊村的乡贤故里、邵沈渡村的东荆河畔、王河村的玉带仙踪、袁剅村的花海稻香、黄金村的新院芳华 5 个精品，促进乡村旅游发展。

五、共建共享

采取“政府引导、企业主体、居民参与”的三轮驱动模式，以满足居民生活类需求为基本面，以满足游客消费类需求为增长极，实施“强基、固本、兴业”的 586 系统工程，开创共建共享的沔城全域旅游发展新时代。

“强基”就是对接《仙桃市城乡总体规划（2008—2030）》和《仙桃市沔城回族镇总体规划（2012—2030）》，强化路网、水网、电网、燃气网、电讯网等 5 个方面的基础设施。“外联内通”是沔城全域旅游发展的关键所在，“要想富，先修路”。2020 年之前，全域构建“六主六辅”的旅游产业通道系统。一主是南支路，二主是产业通道，三主是环城路，四主是城上路，五主是仙监公路，六主是青兰渠路。一辅是史小河路，二辅是水产西路，三辅是柏袁路，四辅是防汛路，五辅是三八沟路，六辅是水产东路。

“固本”就是对接《仙桃市创建国家全域旅游示范市实施方案》，按照国家标准和行业规范，夯实旅游的集散服务、导游服务、资讯服务、游览服务、金融服务、公厕服务、医疗服务、应急避险服务等 8 个方面的公共服务。旅游集散中心是游客“来得了，留得住，多消费”的战略平台，沔城要优先建设全域旅游集散中心。结合青兰渠路、环城路和产业通道建设，将旅游运营中心和沔阳古城博物馆规划在莲花大道与环城路的对接处，形成综合性的旅游集散中心。

“兴业”就是对接目标市场主流旅游消费的动态与趋势，创新吃、住、行、游、购、娱 6 个方面的旅游业态。“老沔阳，新沔城”主题特色的业态体系是提升全域旅游收益力的生命之重。以“沔阳非遗、沔阳禅伊、沔阳菜系”为主轴线，打造“三阳开泰”的沔城全域旅游业态体系。“沔阳非遗”就是以复州城、江北城、沔阳城为历史脉络，以沔阳州府、陈友谅故居、护城河为文化载体，以东门街、九贺门正街、下关街、红花堤街为古街特色，以花鼓戏、皮影戏、舞龙灯等沔阳曲艺和麦秆画、木雕、刺绣等沔阳手艺为娱乐内容，打造千年沔阳非物质文化遗产的“公元 503”参与型旅游业态。“沔阳禅伊”就是以普佛古寺、诸葛武侯祠、广长律院、城隍庙会等为禅修主体，以红花堤清真寺、七里城等为地方特色，以古城小巷客栈、民族风情民宿、水乡院落营地为风格情调，打造千年沔阳禅伊古城的体验型旅游业态。“沔阳菜系”就是紧紧围绕“民以食为天”的旅游主基调，以“中华沔藕”为战略品牌，推出沔阳蒸菜、沔阳宴席、沔阳小吃、沔阳零食、沔阳礼物、沔阳特产等“福品沔阳”的分享型沔阳美食旅游业态。在此基础上，以“商学养闲情奇”拓展旅游新业态，锦上添花把千年沔城打造成为荆楚明珠和华夏旅游名城。

千年州府，禅伊福地。

仙境沔城，荆楚明珠。

目　录

第一篇

全域统筹

PART ONE

第一章 规划总则

一、规划性质

本规划属于旅游发展规划，是仙桃市沔城回族镇旅游开发建设的指导性文件。在沔城回族镇内进行的与旅游相关的各项建设和经营活动，均应与本规划相衔接。

通过本规划的引导，把沔阳古城建设成为国家级全域旅游示范性特色名城，促进旅游产业集群化和战略性支柱产业现代化，为仙桃市建设水乡田园城市做出创新性贡献。

二、规划范围

为了激活历史文化价值，集约利用旅游资源和构建旅游产业集群，根据中国共产党仙桃市委员会第九次代表大会做出的“务实重行，绿色崛起，奋力谱写水乡田园城市建设新篇章”决策部署，本次规划范围涵盖沔城回族镇全域，总面积 36.8 平方公里。

三、规划年限

本规划年限为 2017—2030 年。分为以下三个阶段。

近期：2017 —2020 年，为提升建设期。

中期：2021 —2025 年，为融合发展期。

远期：2026—2030 年，为跨越发展期。

四、规划依据

（一）法律依据

1.《中华人民共和国土地管理法》（2004 年）
2.《中华人民共和国环境保护法》（2018 年）
3.《中华人民共和国城乡规划法》（2015 年）
4.《中华人民共和国文物保护法》（2017 年）
5.《中华人民共和国森林法》（2009 年）
6.《中华人民共和国水法》（2016 年）
7.《中华人民共和国水污染防治法》（2017 年）
8.《中华人民共和国野生动物保护法》（2018 年）
9.《中华人民共和国消防法》（2008 年）
10.《中华人民共和国防震减灾法》（2008 年）
11.《中华人民共和国民族区域自治法》（2001 年）
12.《中华人民共和国旅游法》（2018 年）

（二）相关规划

1.《国民旅游休闲纲要（2013—2020）》
2.《旅游质量发展纲要（2013—2020）》
3.《文化产业振兴规划》
4.《中长期铁路网规划（2016—2025）》
5.《“十三五”旅游业发展规划》
6.《促进中部地区崛起“十三五”规划》
7.《长江经济带发展规划纲要》
8.《长江中游城市群发展规划》
9.《湖北省旅游发展总体规划（2001—2020）》
10.《湖北省乡村旅游发展规划（2016—2025）》
11.《湖北省国民经济和社会发展第十三个五年规划纲要》

12.《湖北省旅游业发展“十三五”规划纲要》

13.《湖北省农业发展“十三五”规划纲要》

14.《湖北省综合交通运输“十三五”发展规划纲要》

15.《湖北省湖泊保护总体规划》

16.《武汉城市圈总体规划纲要（2007—2020）》

17.《武汉城市圈旅游发展总体规划》

18.《仙桃市城乡总体规划（2008—2030）》

19.《仙桃市国民经济和社会发展第十三个五年规划纲要》

20.《中国休闲谷——仙桃排湖风景区总体规划》

21.《仙桃市旅游业发展规划（2015—2025）》

（三）政策依据

1.《坚定不移沿着中国特色社会主义道路前进　为全面建成小康社会而奋斗》（中国共产党十八大报告）

2.《决胜全面建成小康社会　夺取新时代中国特色社会主义伟大胜利》（中国共产党十九大报告）

3. 习近平总书记系列重要讲话

4. 中共中央的中发〔2011〕、〔2012〕、〔2013〕、〔2014〕、〔2015〕、〔2016〕、〔2017〕、〔2018〕一号文件

5. 中共中央国务院《关于实施乡村振兴战略的意见》（2018 年）

6. 中共中央国务院《乡村振兴战略规划（2018—2022 年）》（2018 年）

7.《国务院关于加快发展旅游业的意见》（2009 年）

8.《关于促进文化与旅游结合发展的指导意见》（2009 年）

9.《关于加快湖北长江经济带新一轮开放开发的决定》（2009 年）

10.《国务院关于依托黄金水道推动长江经济带发展的指导意见》（国发〔2014〕39 号）

11.《中共中央关于深化文化体制改革推动社会主义文化大发展大繁荣若干重大问题的决定》（2011 年）

12.《国务院关于促进旅游业改革发展的若干意见》（国发〔2014〕31 号）

13.《文化部办公厅关于开展国家级非物质文化遗产生产性保护示范基地建设的通知》（办非遗函〔2010〕499号）

14.《农业部、国家旅游局关于继续开展全国休闲农业与乡村旅游示范县、示范点创建活动的通知》（农企发〔2013〕1号）

15.《关于开展特色小镇培育工作的通知》（建村〔2016〕147号）

16.《国家旅游局关于公布首批创建“国家全域旅游示范区”名单的通知》（2016年）

17.《中共中央国务院关于推进社会主义新农村建设的若干意见》（2006年）

18.《中共湖北省委、湖北省人民政府关于加快培育旅游支柱产业推进旅游经济强省建设的决定》（2010年）

19.《关于促进自驾车旅居车旅游发展的若干意见》（旅发〔2016〕148号）

20.《在中国共产党仙桃市第九次代表大会上的报告》

（四）技术标准

1.《中华人民共和国外国人入境出境管理条例》（2013年）

2.《中华人民共和国自然保护区条例》（2017年）

3.《中华人民共和国风景名胜区条例》（2006年）

4.《风景名胜区规划规范》（GB 50298—1999）

5.《世界文化遗产保护管理办法》（2006年）

6.《旅游发展规划管理办法》（2000年）

7.《旅游规划通则》（GB/T 18971—2016）

8.《旅游区（点）质量等级的划分与评定》（GB/T 17775—2003）

9.《旅游资源分类、调查与评价》（GB/T 18972—2003）

10.《中华人民共和国旅游度假区等级划分标准》（GB/T 26358—2010）

11.《国家生态旅游示范区建设与运营规范》（GB/T 26362—2010）

12.《国家生态文明教育基地管理办法》（2009年）

13.《民族民俗文化旅游示范区认定》（GB/T 26363—2010）

14.《国家湿地公园评估评分标准》（LY/T 1754—2008）

15.《景区最大承载量核定导则》（LB/T 034—2014）

16.《绿道旅游设施与服务规范》（LB/T 035—2014）

17.《自行车骑行游服务规范》（LB/T 036—2014）

18.《国家商务旅游示范区建设与管理规范》（LB/T 038—2014）

19.《城市土地分类与规划建设用地标准》（GB 50137—2011）

20.《饮用水水源保护区污染防治管理规定》（2010 年）

21.《景观娱乐用水水质标准》（GB 12941—91）

22.《国家城市湿地公园管理办法（试行）》（2005 年）

23.《中国体育休闲（汽车）露营营地建设标准（试行）》（2007 年）

24.《全国青少年户外体育活动营地建设与管理标准研究》（2007 年）

25.《国家全域旅游示范区认定标准》（2016 年）

26.《全域旅游示范区创建工作导则》（2016 年）

27.《湖北省湖泊保护条例》（2012 年）

28.《湖北省县级以上集中式饮用水水源保护区划分方案》（2011 年）

29.《中国旅游景区“十二五”发展报告》（2017 年）

30.《明清沔阳州城》（湖北省仙桃市沔阳州城复原设计，徐俊辉，2017）

五、规划原则

（一）坚持市场导向

在大众旅游时代，突出历史文化古城特色，以武汉“1+8”城市圈、江汉平原城市群、长株潭城市群为基本客源市场，把握休闲度假旅游的市场发展方向，引智招商，让市场在资源配置中发挥主导作用，注重在适应市场需求中创新市场需求。

（二）坚持战略创新

抓住“一带一路，长江经济带，水乡田园城市”建设的战略机遇，对接全域旅游、特色小镇、美丽乡村、创新创业的政策举措，保护生态，传承

文化，拥抱科技，用“沔城人的生活家园、仙桃人的文化公园、天下人的旅游乐园”统筹沔阳古城的总体规划、整体运营、景城一体，创新可持续发展模式。

（三）坚持政府推进

坚持创新、协调、绿色、开放、共享的发展理念，把沔阳古城作为仙桃市创建国家级全域旅游示范市的战略增长极，作为仙桃市建设水乡田园城市的战略着力点，加强政府推进力度，把历史文化挖掘好，把旅游资源保护好，把全域旅游发展好，把兴业富民统筹好，把旅游名城建设好。

（四）坚持以民为本

“水可载舟，亦可覆舟”，这是恒古不变的真理。沔阳古城发展旅游业是一个战略性支柱产业的系统工程，需要全员化、全程化、全要素、全方位的全域旅游作为战略保障，只有沔城镇的居民和参与沔阳古城旅游发展的企业形成利益共同体，听取民意，汇聚民心，解决民困，共享成果，才能保证沔阳古城旅游产业在可持续发展中实现建设华夏旅游名城的战略目标。

（五）坚持共同发展

加快沔阳古城建设华夏旅游名城的步伐，必须把握现代旅游的大趋势和新格局，政府主导产业链基础性业态、企业担纲产业链竞争性业态、居民参与产业链终端性业态，主动对接仙桃主城区、排湖风景区的旅游发展战略，协同郭河镇和通海口镇的乡村旅游，促进资源整合、市场竞合、产业融合的区域统筹发展。

（六）坚持循序渐进

旅游业是一个动态的产业体系，必须通过开放旅游资源的市场配置提高招商选资的运营力，开放旅游产品的自主开发培植名牌精品的感召力，开放旅游业态的自由创新激活创业就业的生命力，开放客源市场的营销拓展提升品牌形象的竞争力，促进美景、美食、美宿、美谈的“四美同创”，才能实现万紫千红的生态福地、万客云集的旅游胜地、万众创业的经济高地等三大目标，把沔阳古城建设成华夏旅游名城。

六、技术路线

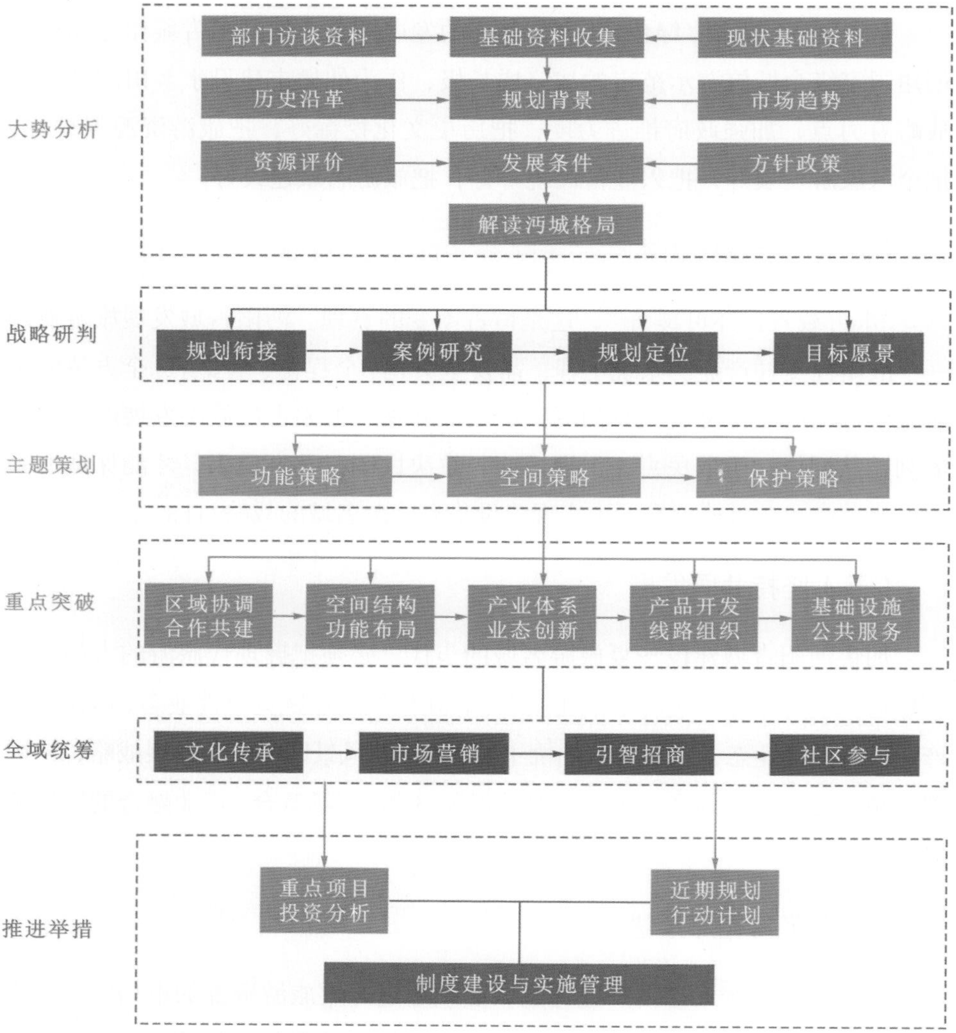

大势分析

部门访谈资料 → 基础资料收集 ← 现状基础资料
历史沿革 → 规划背景 ← 市场趋势
资源评价 → 发展条件 ← 方针政策
解读沔城格局

战略研判

规划衔接 → 案例研究 → 规划定位 → 目标愿景

主题策划

功能策略 → 空间策略 → 保护策略

重点突破

区域协调合作共建 → 空间结构功能布局 → 产业体系业态创新 → 产品开发线路组织 → 基础设施公共服务

全域统筹

文化传承 → 市场营销 → 引智招商 → 社区参与

推进举措

重点项目投资分析
近期规划行动计划
制度建设与实施管理

第二章
解读沔城

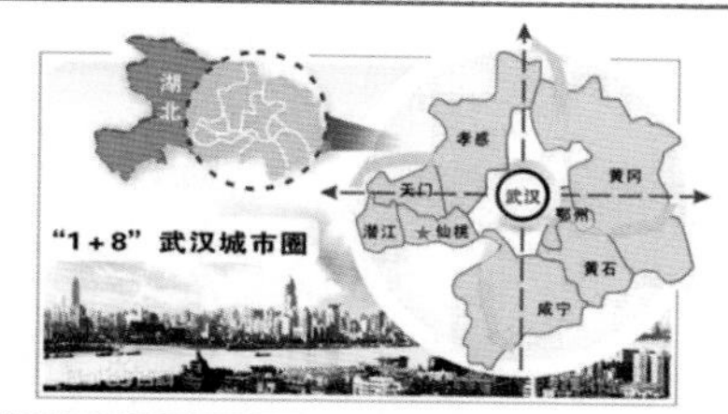

一、区位特征

（一）长江和汉江孕育的沔阳古城

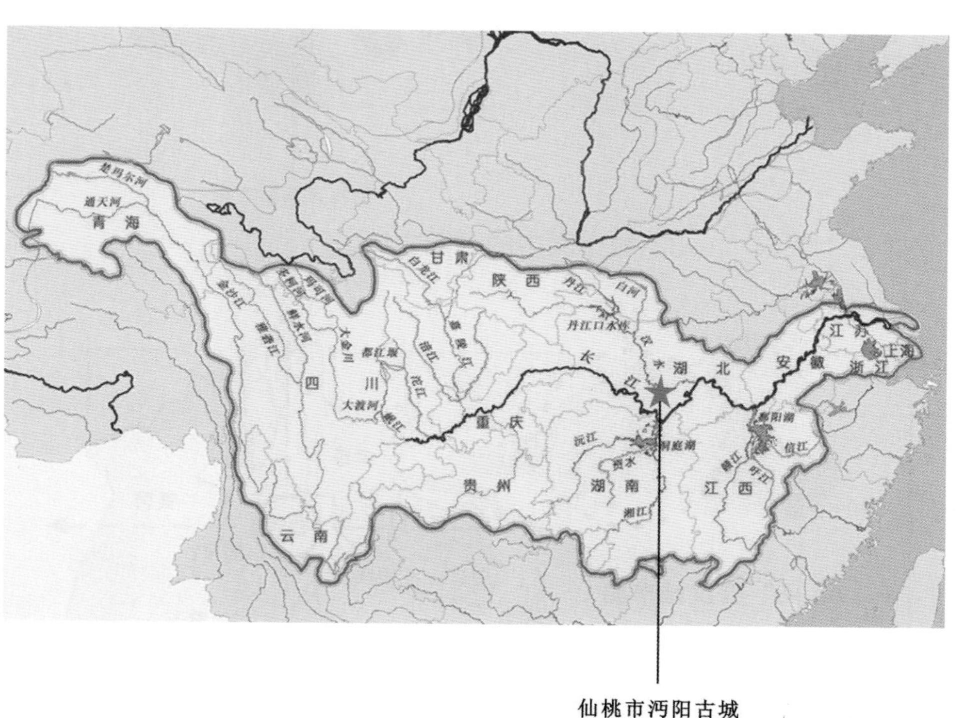

仙桃市沔阳古城

（二）荆风楚韵滋养的沔阳古城

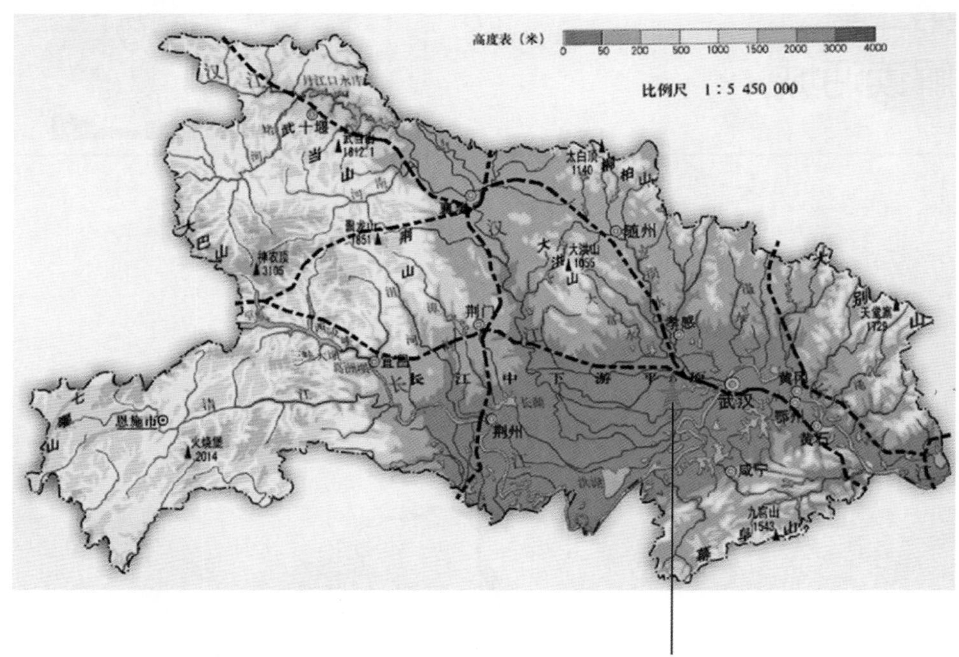

仙桃市沔阳古城

（三）武汉“1+8”城市圈中的沔阳古城

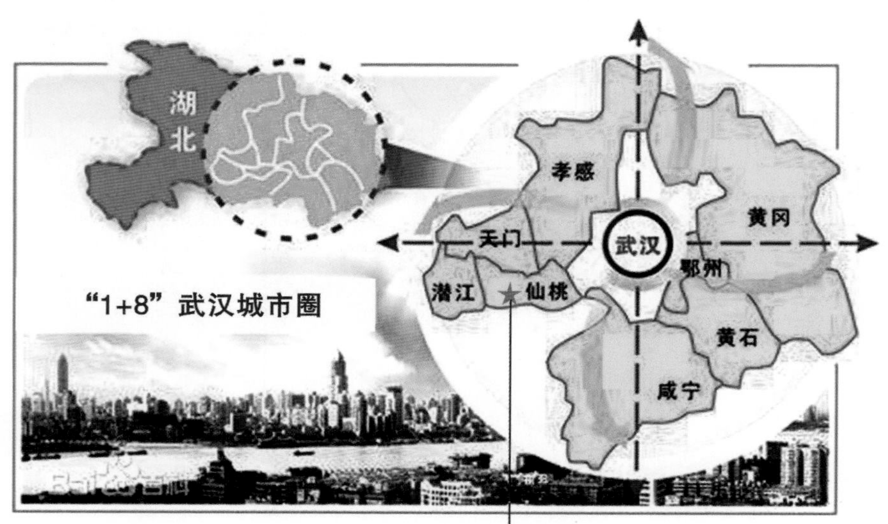

仙桃市沔阳古城

（四）仙桃市城乡体系中的沔阳古城

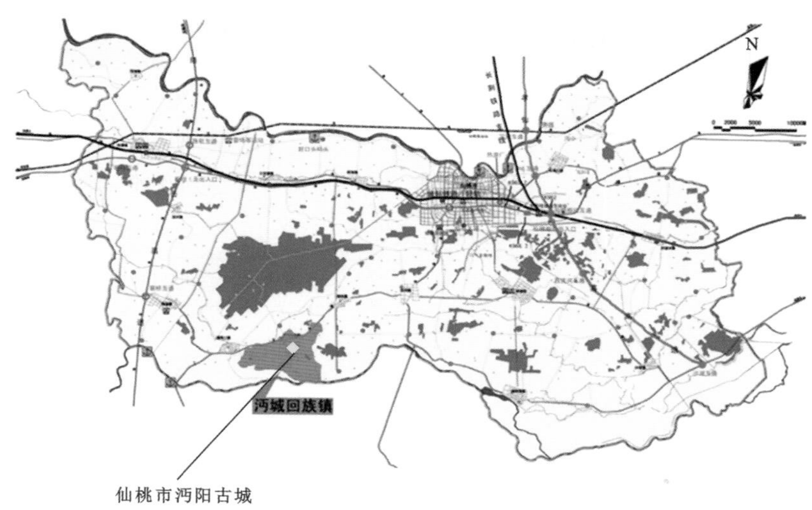

仙桃市沔阳古城

二、历史沿革

（一）沔城的发展历史

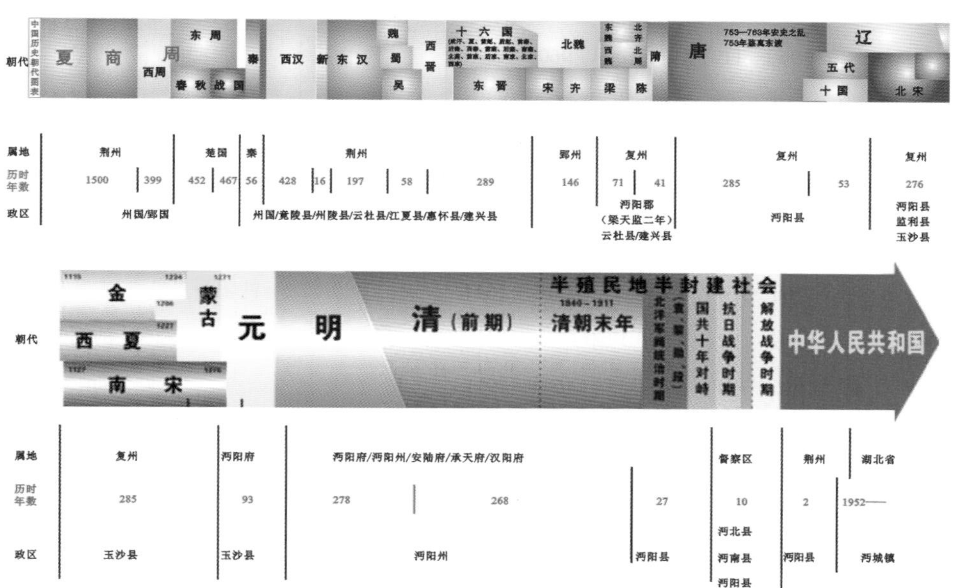

（二）沔城的建制历史

朝代	时间段	一级行政区	二级行政区	三级行政区
南梁（502—557）	502—557		沔阳郡	
西魏（535—556）	535—556		沔阳郡	建兴县
北周（557—581）	557—581	复州	沔阳郡	建兴县
隋（581—618）	581—602		建兴县	
	603—622	沔阳郡	沔阳县	
唐（618—907）	622—632	复州		沔阳县
	633—741		复州	沔阳县
	742—757		竟陵郡	沔阳县
	758—761		复州	沔阳县
	762—907			沔阳县
后梁（907—923）	907—923			沔阳县
后唐（923—936）	923—936			沔阳县
后晋（936—947）	936—946		沔阳县	
后汉（947—950）	947—950		沔阳县	
后周（951—960）	951—960		沔阳县	
北宋（960—1127）	960—1126			沔阳县
南宋（1127—1279）	1127—1279		复州	玉沙县
元（1206—1368）	1271—1368		复州路	玉沙县
			沔阳府	玉沙县
明（1368—1644）	1368—1644		沔阳府	玉沙县
			沔阳州	玉沙县
				沔阳州
清（1616—1911）	1644—1911			沔阳州
中华民国（1912—1949）	1921—1949			沔阳县
中华人民共和国（1949—至今）	1949—1952			沔阳县
	1952—至今	1987年5月，沔城镇改为沔城回族镇		

根据湖北科学技术出版社 2000 年 7 月第 1 版《沔城志》的相关内容整理。公元 503 年至今，沔城设置行政机关驻地一级行政区 40 年，二级行政区 531 年，三级行政区 910 年。按照上述《沔城志》第 3 页的记载，从梁天监二年（公元 503 年）以来的 1500 多年，“沔城为县行政机关驻地 1133 年，郡行政机关驻地 40 年，府行政机关驻地（包括直隶州）426 年。设郡、府期间，都是郡、府、县同城”。1952 年 4 月，沔阳县政府驻地才从沔城搬迁到现在的仙桃镇。

（三）沔城的州府关系

在以舟楫为主要交通运输工具的水上交通时代，沔阳古城“三百里襟江带汉”，是江汉平原的“水运之城”和“中枢之城”，因此，才拥有 1500 多年的建制历史，还出现了郡、州府、县三级行政机关同城的现象。

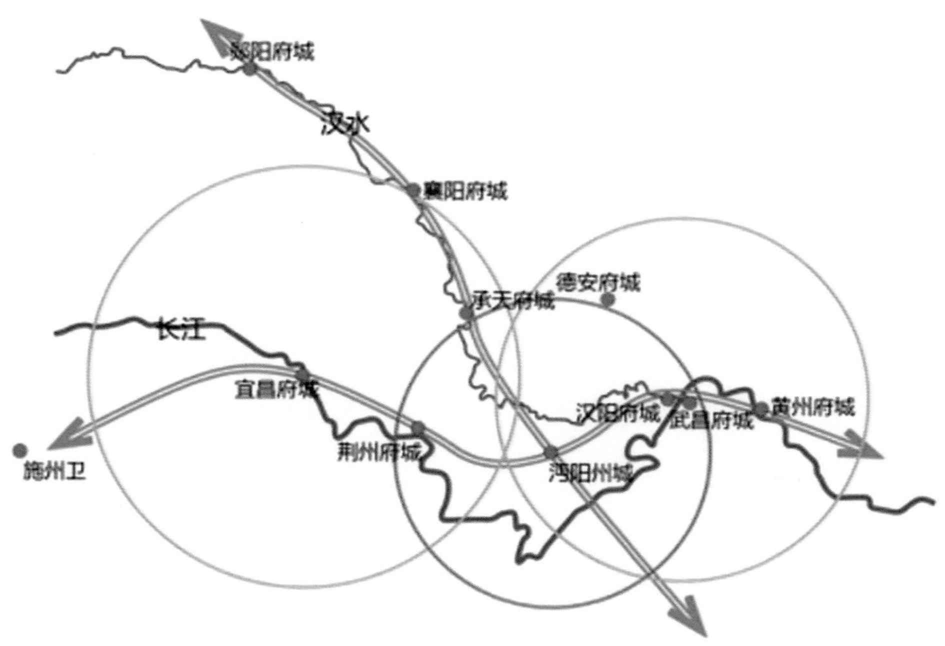

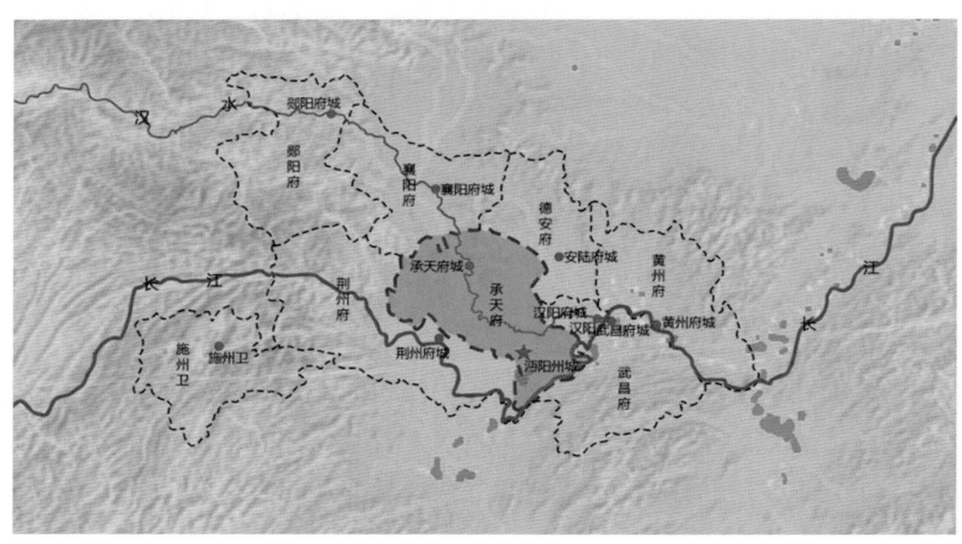

据明万历十年汉水中下游段地图绘制

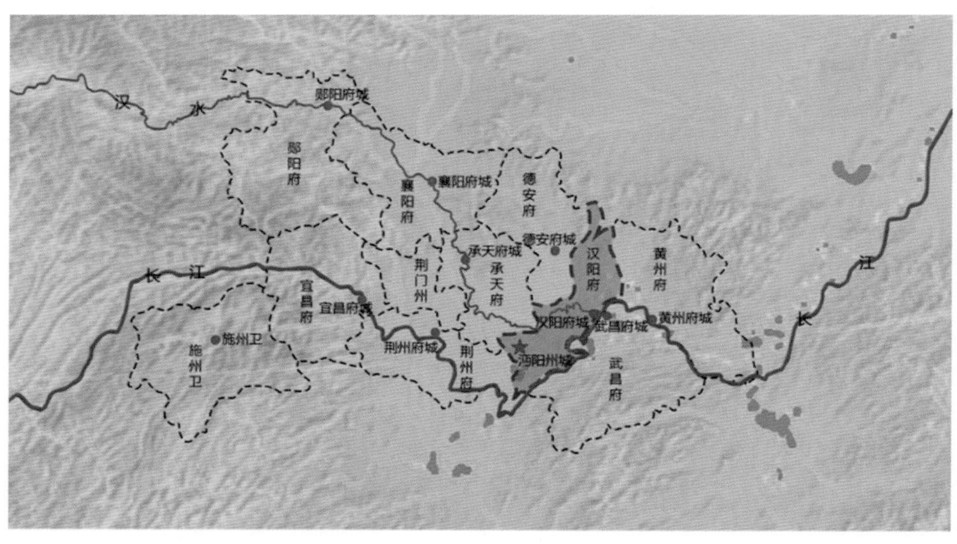

据清嘉庆二十五年汉水中下游段地图绘制

三、文化脉络

（一）沔城文化的历史源流

在文明起源中，原生文明与次生混合文明有不同的起源故事和世界史背景。世界最古老的原生文明依靠农作而成长。中国上古时期最主要的农作是稻作、黍作和粟作，考古发现已经证明：稻作的规模性发展成为孕育中国上古文明，构成复杂社会生活的基础。稻作起源和发展于长江流域，因而，以稻作为基础的原生文明应该源于长江流域。从自然地理的角度讲，汉江下游才是中国稻作农耕区域的中心。

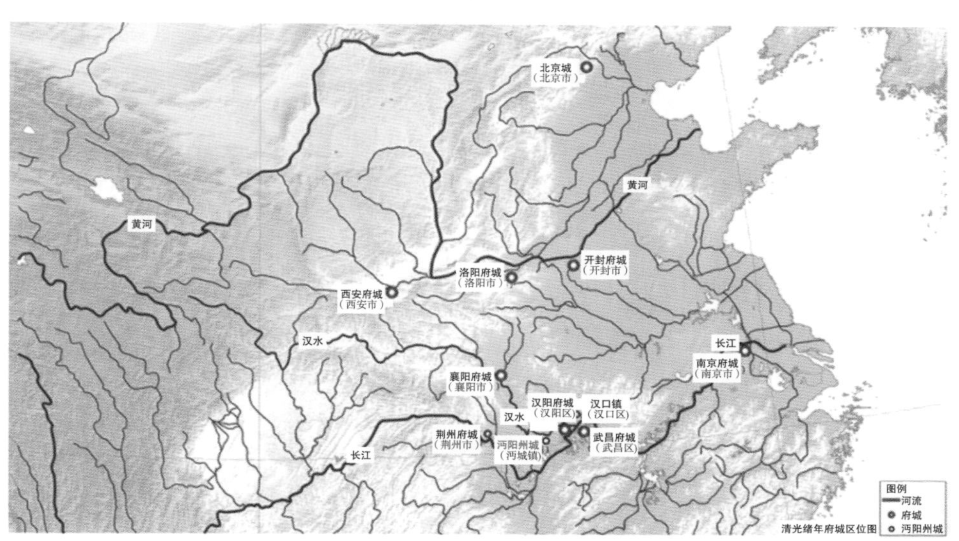

据清光绪年疆域图绘制

唐宋以来，随着国家行政中心东移并确定于北京，武昌府城作为两湖地区一级行政中心的地位越来越重要，武昌府城、汉阳府城以及治下的汉口镇，共同组成了长江与汉江交汇处的城市群。

明清时期，位于鄂中地区的沔阳州城，成为连接岳阳洞庭湖至襄阳地区、汉阳地区至荆州地区的一个重要行政地理单元，实为“南岳北襄，左荆右鄂”的中枢。

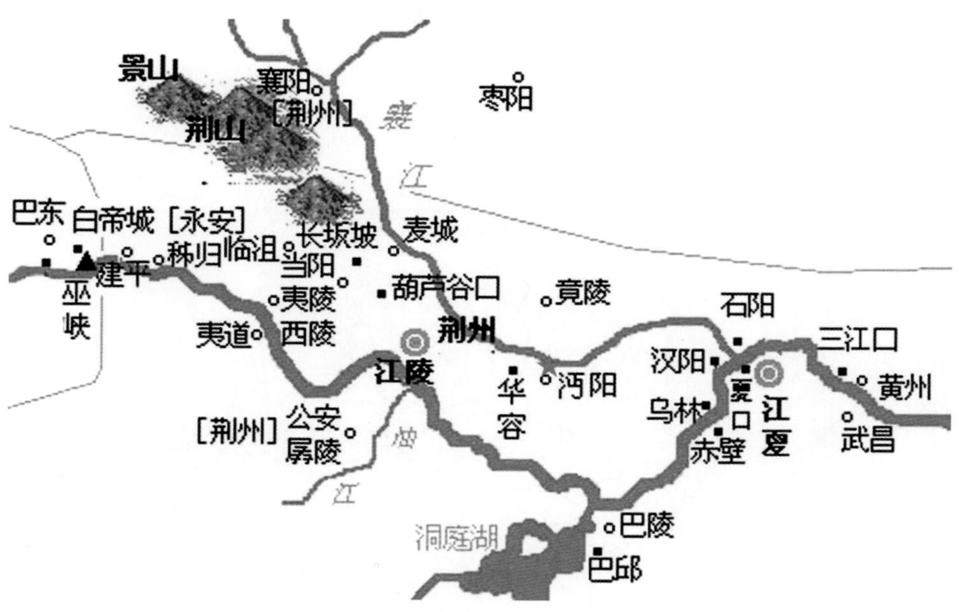

（二）沔城文化的演替进程

沔城文化的发展脉络为开基立命阶段、建政立制阶段、造城立业阶段、兴文立德阶段以及创新立功阶段。

由于楚国地处南方，有巍巍高山、滔滔江河，万类繁育，特产丰饶。得天独厚的自然环境，使楚人“不忧冻饿”（《汉书·地理志》），更多地感受着大自然的仁慈爱抚，故楚人对山水自然别具亲切感。

对于云梦古泽的点滴记忆都是荆楚文化的典型代表。

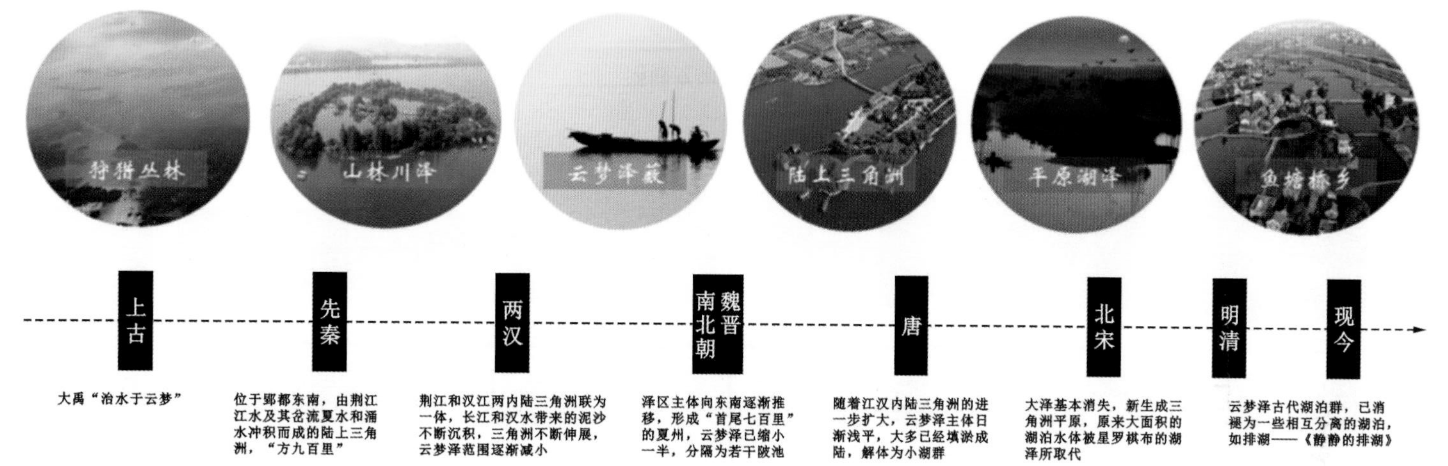

狩猎丛林
山林川泽
云梦泽薮
陆上三角洲
平原湖泽
鱼塘栎乡
上古
先秦
两汉
魏晋南北朝
唐
北宋
明清
现今
大禹“治水于云梦”
位于郢都东南，由荆江江水及其岔流夏水和涌水冲积而成的陆上三角洲，“方九百里”
荆江和汉江两内陆三角洲联为一体，长江和汉水带来的泥沙不断沉积，三角洲不断伸展，云梦泽范围逐渐减小
泽区主体向东南逐渐推移，形成“首尾七百里”的夏州，云梦泽已缩小一半，分隔为若干陂池
随着江汉内陆三角洲的进一步扩大，云梦泽主体日渐浅平，大多已经填淤成陆，解体为小湖群
大泽基本消失，新生成三角洲平原，原来大面积的湖泊水体被星罗棋布的湖泽所取代
云梦泽古代湖泊群，已消褪为一些相互分离的湖泊，如排湖——《静静的排湖》

云梦古泽孕育而出的沔城文化

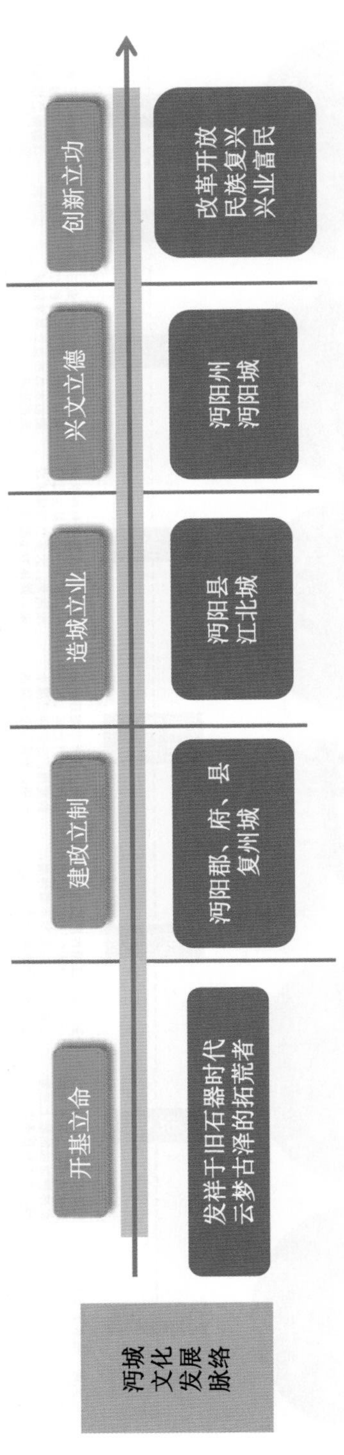
沔城文化发展脉络
开基立命
发祥于旧石器时代云梦古泽的拓荒者
建政立制
沔阳郡、府、县复州城
造城立业
沔阳县江北城
兴文立德
沔阳州沔阳城
创新立功
改革开放民族复兴兴业富民

沔城文化的演替进程

不同历史时期代表性的沔城文化现象

（三）沔城文化的结构体系

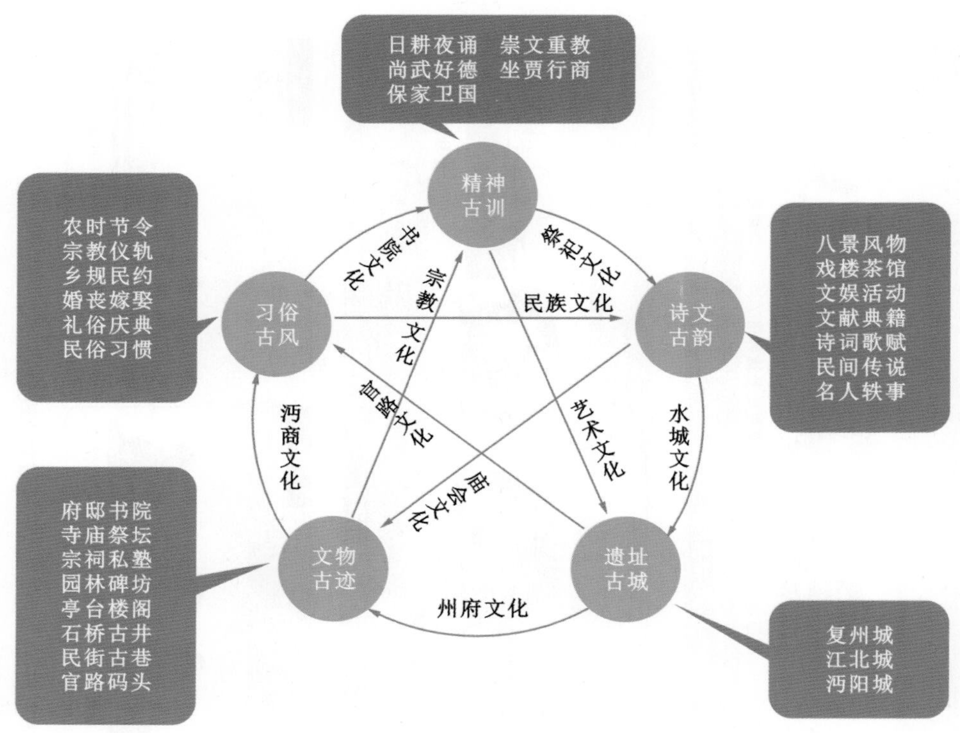

“五古”丰登的沔城文化体系

四、古城格局

（一）沔阳古城的地理格局

沔阳古城所在地区是长江和汉江汇流的云梦古泽，周边由一系列山系环绕。

沔阳古城位于江汉平原的河湖水乡地区，属于冲积平原，具有“地势平坦，起伏甚微”的地形特征。

长江、汉江和东荆河沿岸地势略高，海拔高度一般为 26—28 米。江河之间的地势相对较低，形成了河间低槽地带，海拔高度一般为 22—24 米。

沔阳古城选址于通州河与东荆河之间地势略高的平地。

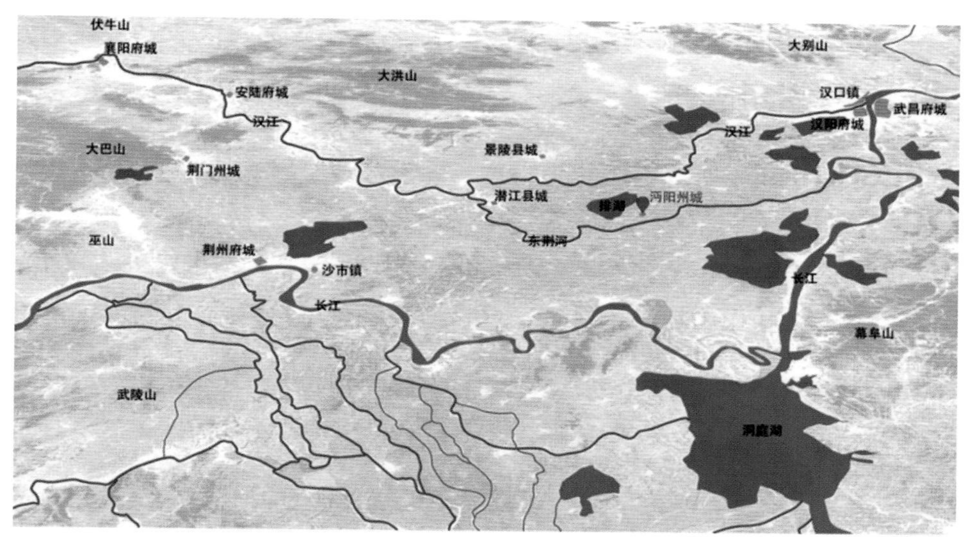

据清乾隆年《湖北省舆图》绘制

（二）沔阳古城的水乡格局

四水连通：

1. 通州河：段面长 2.9 千米
2. 东荆河：段面长 9.8 千米
3. 莲花池：954 亩（1 亩≈ 666.7 平方米）
4. 护城河：5.8 千米

四大干渠：

1. 青兰渠：全长 5.6 千米
2. 中排渠：全长 5.8 千米

3. 南支渠：全长 6.1 千米

4. 南灌渠：全长 8.3 千米

七个垸子：

1. 新垸子
2. 麻思垸
3. 小朱垸
4. 七里垸
5. 青石垸
6. 羊子四垸
7. 王部垸（红菱垸）

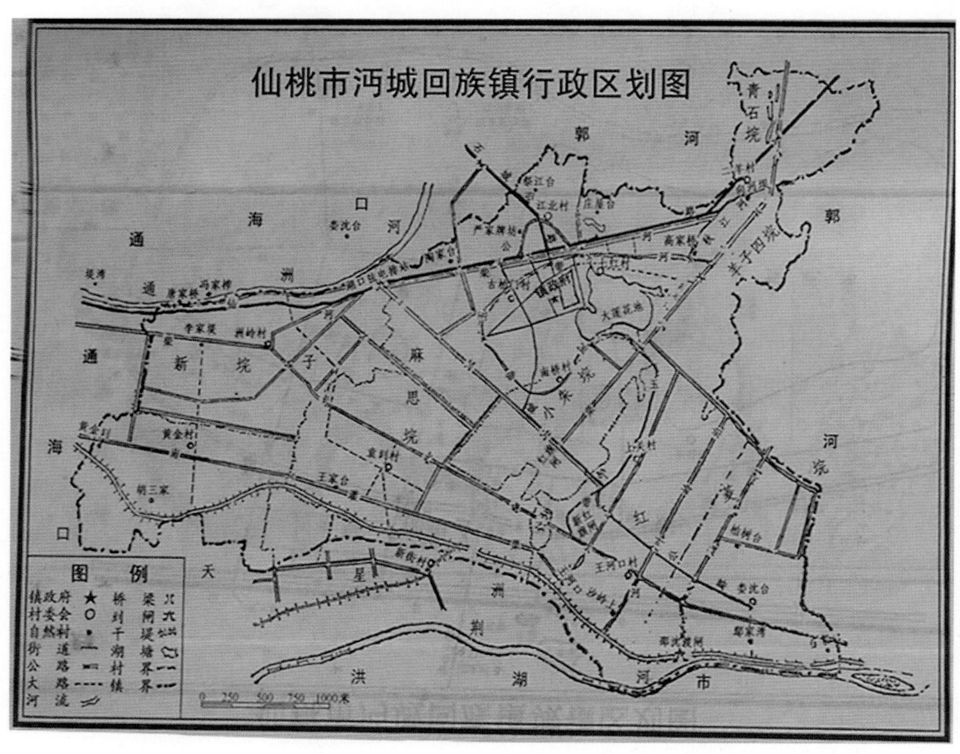

（三）沔阳古城的生态格局

沔阳古城的选址体现了建造者对鄂中泽地水乡格局的理解与利用。

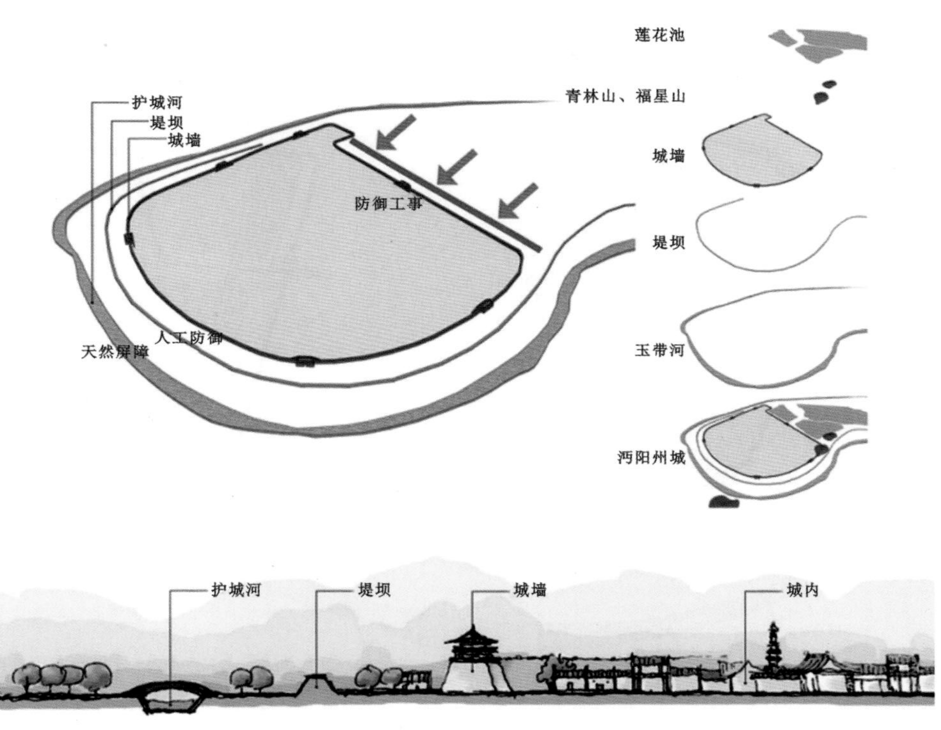

依山背水，莲池锁关

首先，沔阳古城选址不拘一格地选择玉带河的自然弯曲部分，作为城墙三面环绕的护城河，玉带河由南侧的东荆河向北侧的通州河逆流，这个弯曲面的选择，使城市避开了河道的冲刷。城墙与护城河之间相距大约 20 米，在两者之间修筑了短堤，有利于抵抗洪涝的侵袭。

其次，沔阳古城在城东侧选择莲花池作为天然屏障。为了方便对莲花池的利用，用堤道将莲花池分为大中小三个池塘，其中红花堤是古城东侧的主要入口，客观上增强了城市的防御功能。池塘中的壤质土可能部分作为城市建筑材料使用。

最后，玉带河与莲花池之间形成了南北至今被称为上关和下关的两个关口。上关部分由福星山和青林山形成了一道天然屏障；而在下关，筑城时刻意把城墙突出出来以挤占缓冲地带，增强防御功能。

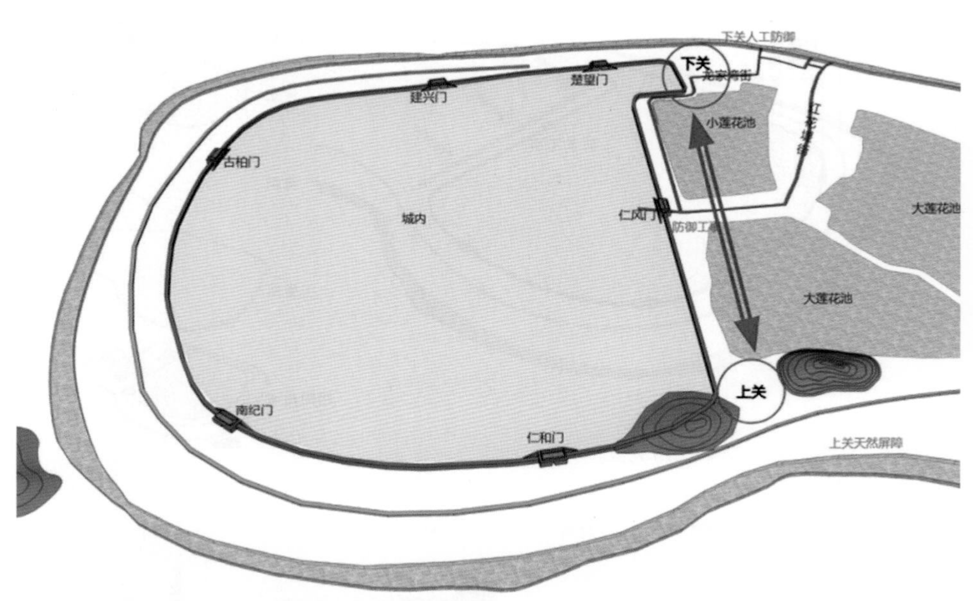

因水而就，理水而居

很久以前，有一条真龙于长江顺流而下，入东荆河，经沔城王河口，潜入玉带河，环绕古城一周，在上关处青林山、福星山盘旋，最后带着浩浩脉气和灵气汇入莲花池结穴。从此，莲花池成为卧龙盘居之地：八卦刓是龙的腰身，大、小莲花池是龙的眼睛，段堤口是龙尾。 福星山、青林山、屯甲山，山山相拥；上关、下关、红莲关、黄莲关，关关相护。从此，沔城物华天宝，人杰地灵，留下了一个又一个美丽的故事与动人的传说。

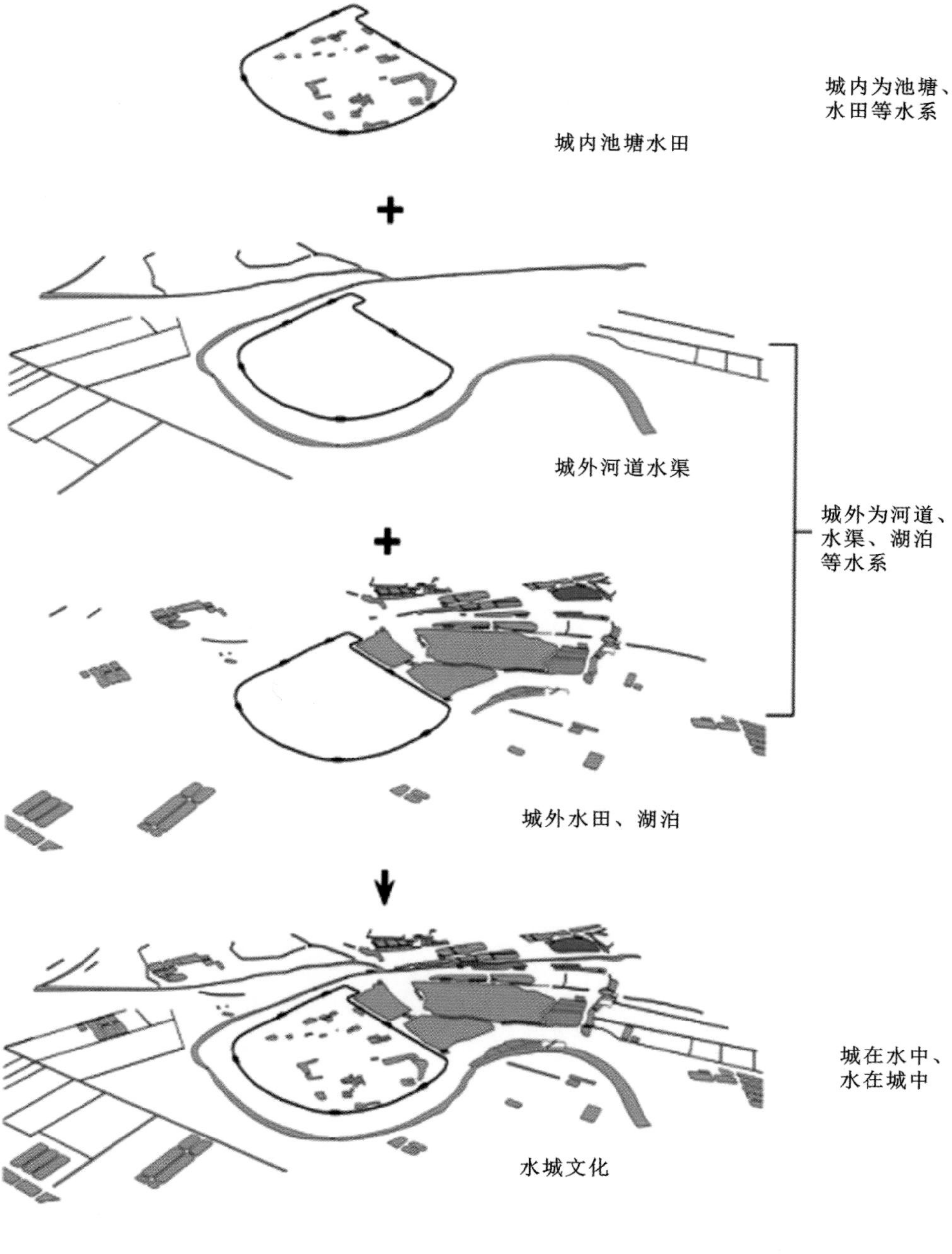

城内为池塘、水田等水系

城内池塘水田

城外河道水渠

城外为河道、水渠、湖泊等水系

城外水田、湖泊

城在水中、水在城中

水城文化

（四）沔阳古城的建制格局

“新任之路，政通人和”：官路文化是明清沔阳州城仕途文化生活的重要体现，光绪二十年的《沔阳州志》已有记载。据传，明清时期上任的官员，首先在城西侧约三里的通州河上岸，岸旁有接官亭。上岸后走魏家横堤向城区方向前行，从堤上走到或坐马车到沔阳州城。据传堤的两侧，一侧是柳树，另外一侧是一望无际的水田，而且堤防的两侧还立有很多的石像生，作为沿路景观。官员入城首先来到杨刚桥，穿过红花堤街，由东门仁风门进入主街，先通过城隍庙，在城隍庙焚香祭祀，然后再到州衙署接任。官路文化是沔阳城具有物色的一个文化景观，它结合了道路景观、沿途重要建筑景观以及仕途文化生活，是沔城颇具物色的文化现象。

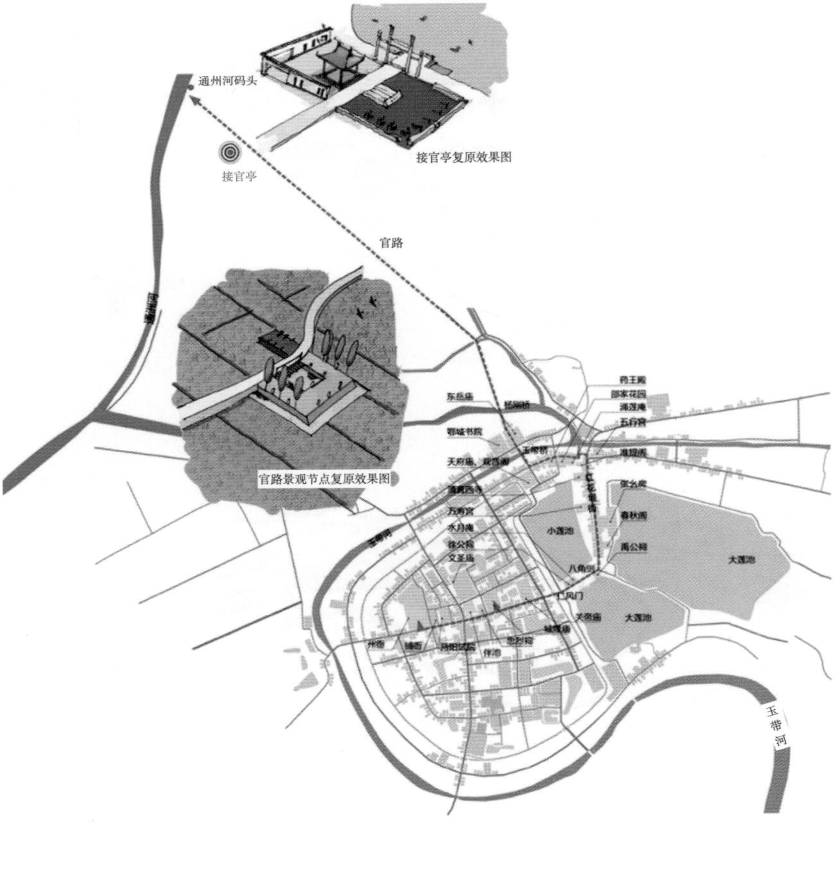

红花堤街

八卦氹

文圣庙

州衙、捕衙、考试院

（五）沔阳古城的交通格局

沔阳古城周边高铁有仙桃站、仙桃西站、天门南站，沔阳古城距离武汉天河国际机场 1 个小时，将来还有城际轨道交通通到武汉天河国际机场。

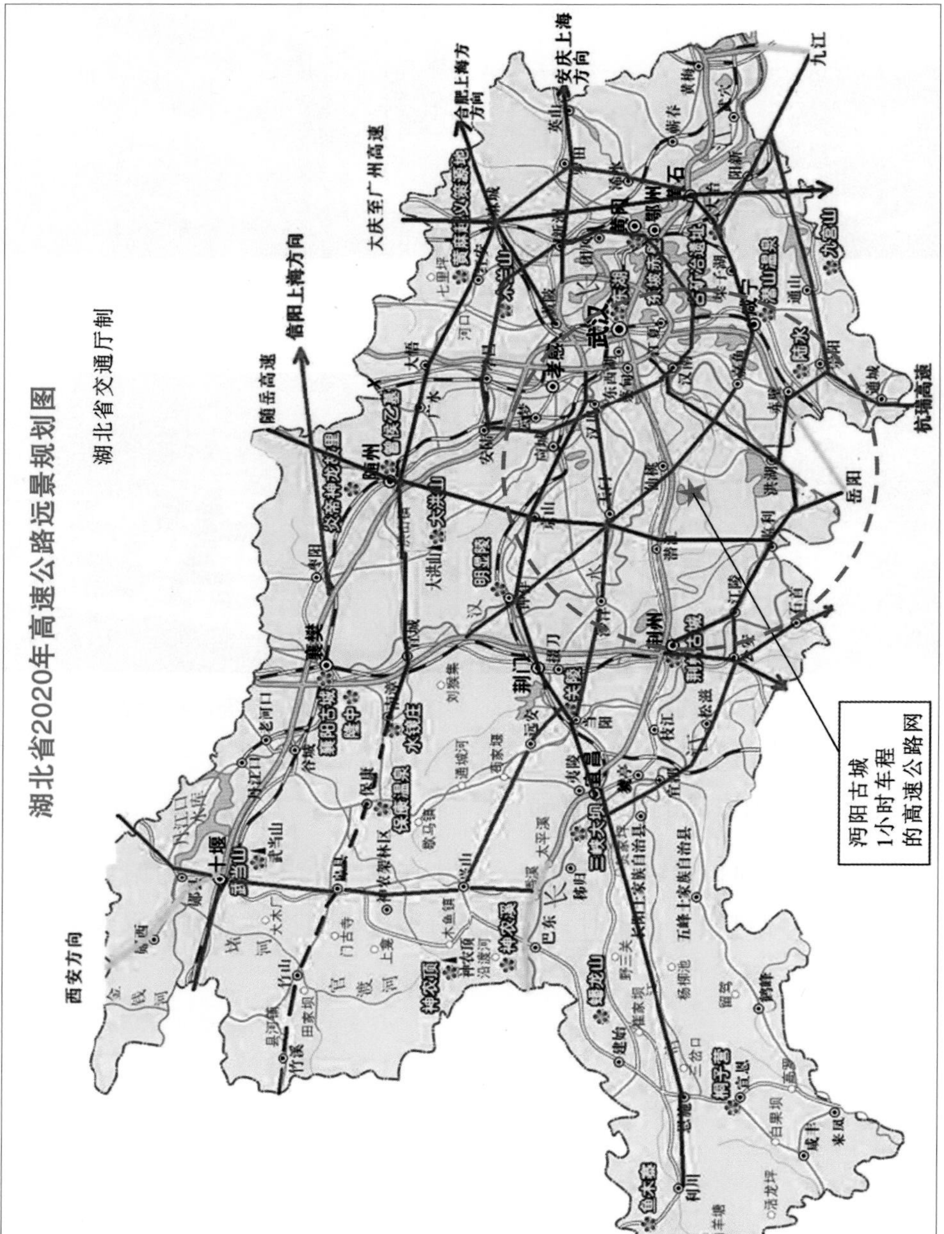

湖北省2020年高速公路远景规划图

湖北省交通厅制

沔阳古城
1小时车程
的高速公路网

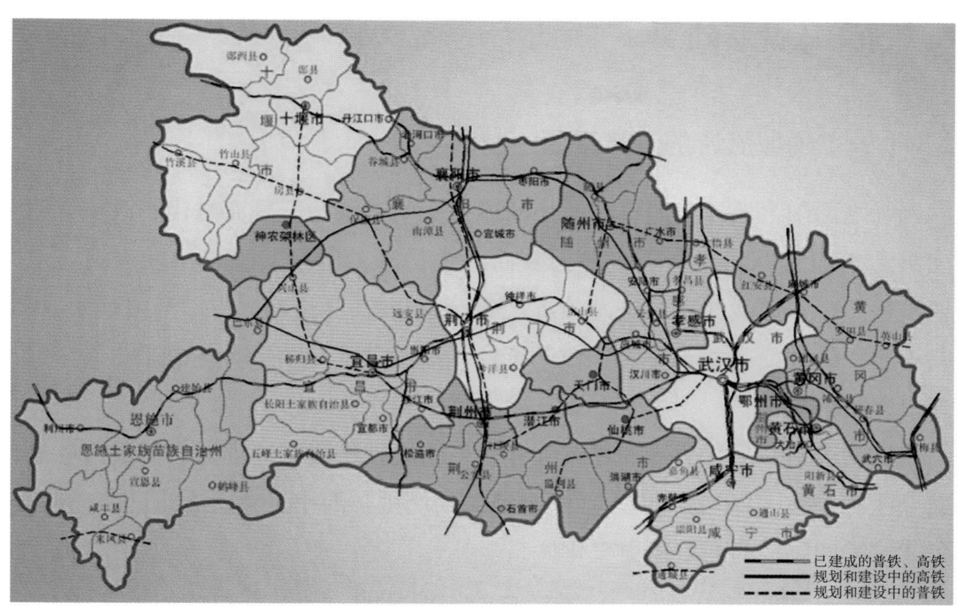

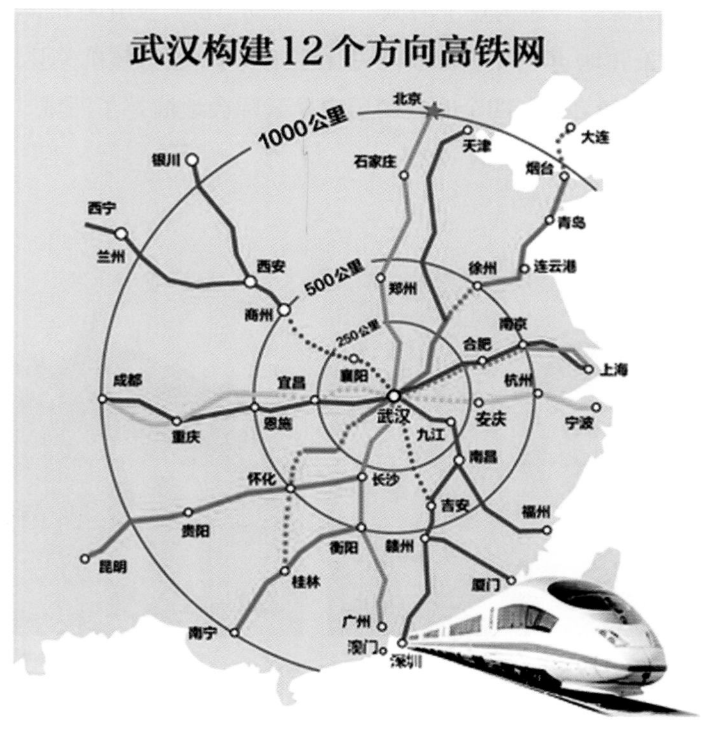

沔阳古城周边高铁有仙桃站、仙桃西站、天门南站

五、旅游基础

（一）沔城旅游的人文资源

昔之沔阳，发祥于旧石器时代的原生文明，肇始于夏商时代的政体文明。大禹治水而置九州，楚平王游云梦而驻跸排湖，屈原遇渔夫而歌沧浪之水，曹操乘船率军而战赤壁，陈友谅练水师而取江东，《诗经》有“沔彼流水，朝宗于海”的雅颂，《史记》有“流沔沉佚，遂往不返”的名句，往事千年未尘封，沔水之阳仍从容。

从梁天监二年（公元 503 年）开始，沔城就是沔阳建郡立县的首府驻地，迄今已有 1500 多年的历史。在这个漫长的历史长河中，宽宏大量的沔阳凝聚了“三维四层”的沔城历史文化体系。

云梦古泽的生态文明，鱼米之乡的生产文明，多教共生的生活文明，三个维度的文化机缘巧合地构建了沔城“三生联动”的“文化有机体”。

郡行政机关驻地 40 年，府行政机关驻地 426 年，县行政机关驻地 1133 年，镇行政机关驻地 60 多年，四个时代的历史风云际会地演替了沔城“四层叠加”的“历史综合体”。

类型	数量	名称
八景	8	东沼红莲、五峰山色、三澨波光、沧浪唱晚、柳口樵歌、荆楼玩月、丙穴钓鳅、西城古柏
山	3	青林山、屯甲山、福星山
台	3	诸葛亮读书台、珠子台（魁星台）、放纛台
楼	4	迎恩楼、魁星楼、朱衣楼、烟雨楼
坛	3	神祇坛、社稷坛、先农坛
亭	2	鉴心亭、春亭
城	3	复州城、江北城、沔阳城
古寺庙	45	略
府邸、园林	9	沔阳州署、制军府、张么房、意园、周园、夏官第、杨氏太史第、姜家花园、邵家花园
书院	6	复州书院、仁风书院、玉带书院、纪恩书院、聚奎书院、试院
会馆	5	天后宫、万寿宫、春秋阁、鄂城书院、五行宫
古井	≥100	涤尘井（400年以上）、福丹井、州署井、清真寺井、东岳庙井、春秋阁井、墨池井等 民国初期，不少于100个井
古桥	8	官梁桥、司马桥、司金桥、文明桥、云路桥、桂子桥、双莲桥、玉带桥
牌坊	≥50	沈家牌坊、费氏宗祠坊、“青云接武”坊、“黄甲传芳”坊、“文命新恩　武勋世泽”坊、陈大朝门坊、三关兵宪坊、七蜀文宗坊、汉津桥坊、桂史坊、忠厚传家坊、百岁坊（七里城）、百岁坊（北门街）、孝子坊（4座）等 贞节坊20多座
文物	数百件	碑记、牌坊匾额、石狮、石像、石香炉，以及浮雕龙凤、天马、仙鹤、麒麟等明清石刻70多件 捐赠仙桃市博物馆文物100多件
革命遗址	3	中国共产党沔阳县第一个小组诞生地（东岳庙三佛殿），中国共产党沔阳县第一次代表大会会址（十字街王导家），中国工农红军第六军军部（下关街洪泰祥布店）
根据《沔城志》（2000年7月）第163—181页内容整理		

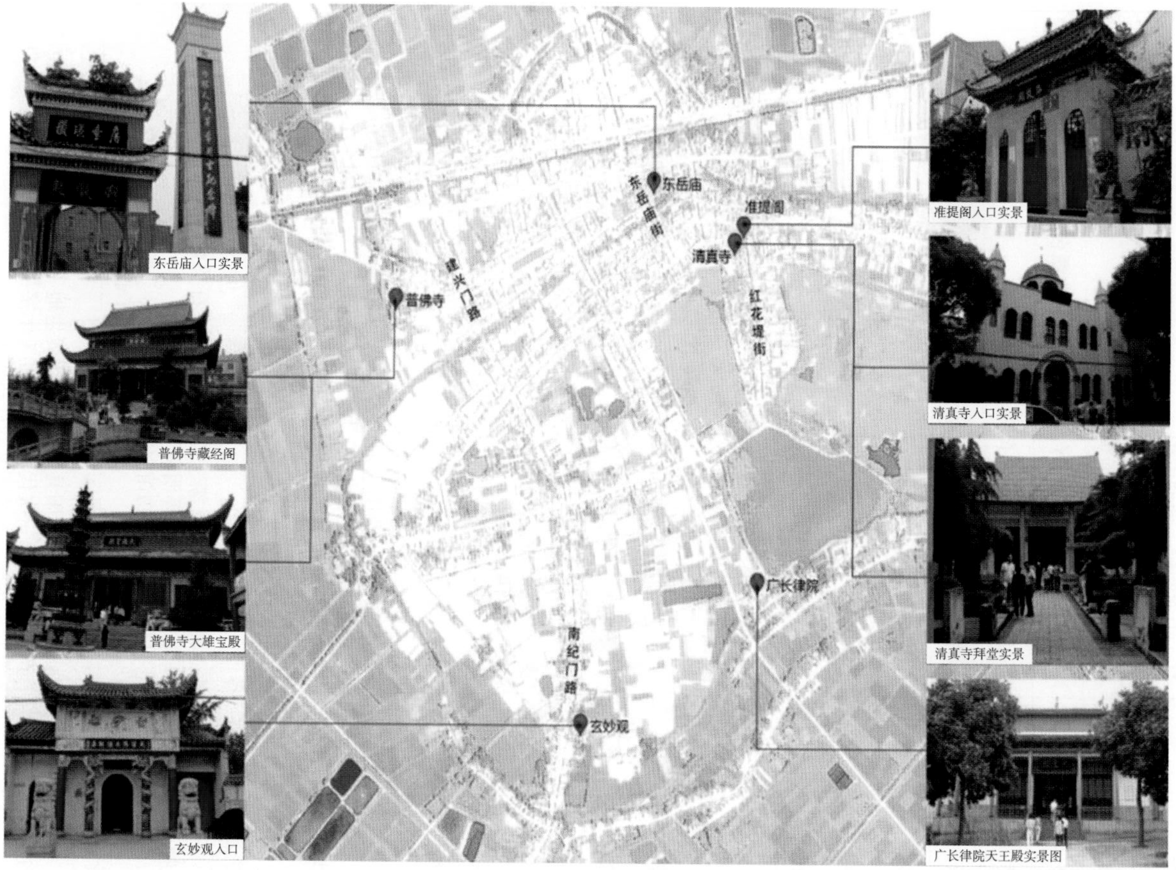

东岳庙入口实景

普佛寺藏经阁

普佛寺大雄宝殿

玄妙观入口

东岳庙

东岳庙街

准提阁

清真寺

红花堤街

建兴门路

普佛寺

广长律院

南纪门路

玄妙观

准提阁入口实景

清真寺入口实景

清真寺拜堂实景

广长律院天王殿实景图

遗址调研——宗教建筑遗址

注：现状保存宗教建筑遗迹6处，其中，佛教建筑3处，道教建筑2处，伊斯兰教建筑1处。

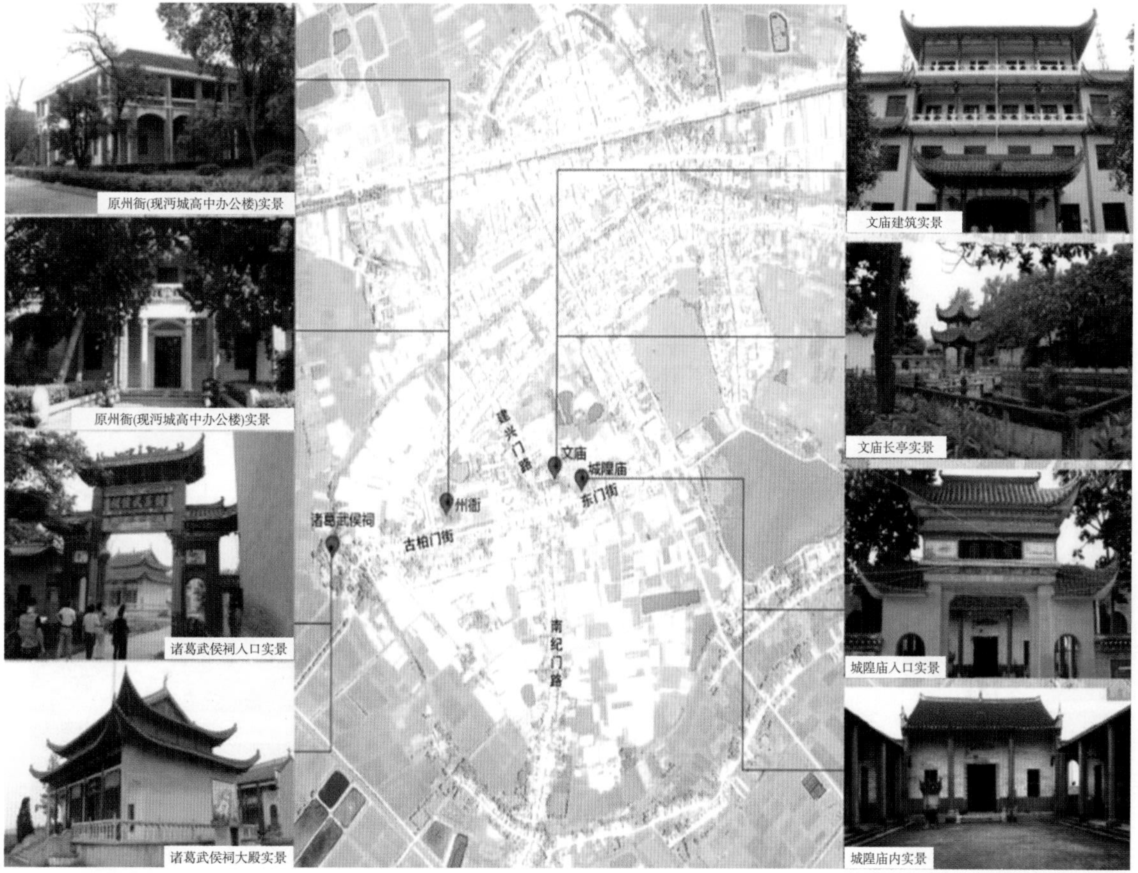

遗址调研——州衙、坛庙建筑、祠祀建筑

注：现状保存州衙、坛庙、祠祀建筑遗迹等4处，其中，州衙1处，坛庙建筑2处，祠祀建筑1处。

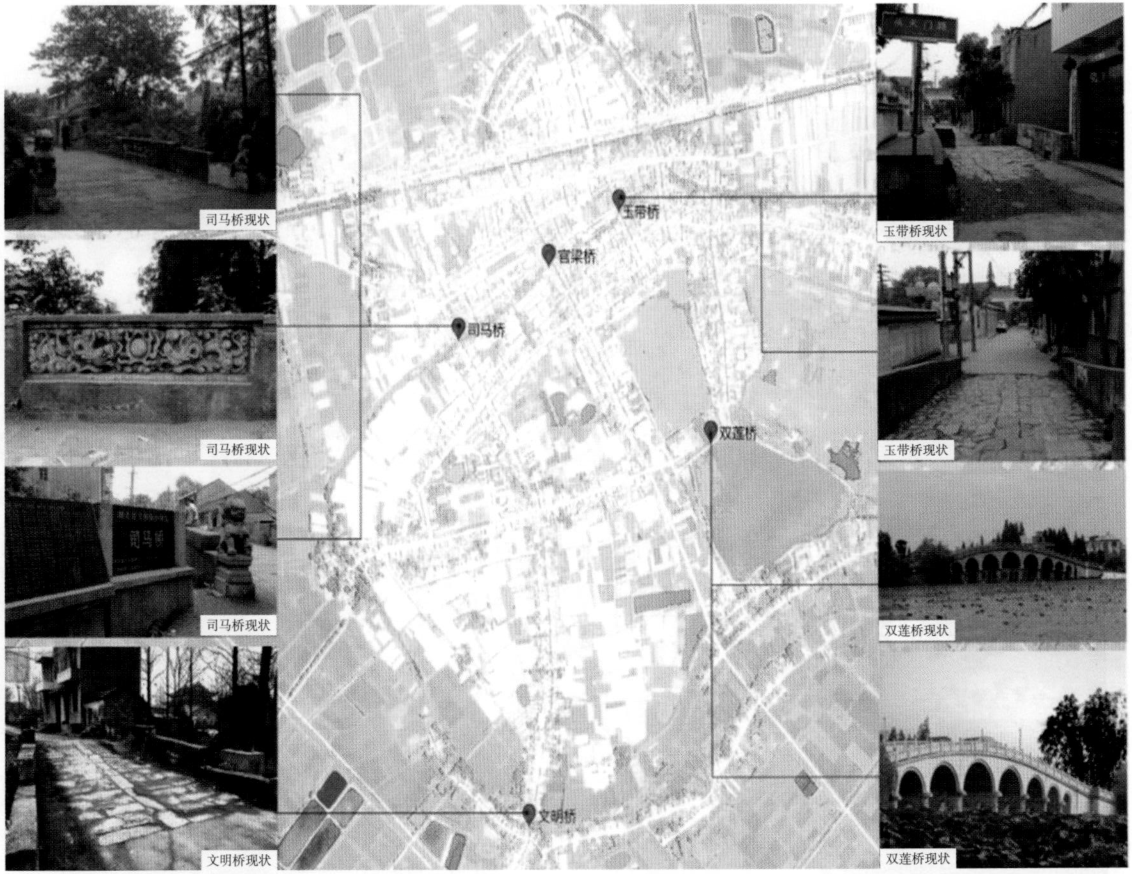

遗址调研——古桥遗址

注：现状保存古石桥遗迹5处，多为明清时期青石板石拱桥，具有较重要的历史文化价值。

（二）沔城旅游的人文活动

（三）汭城旅游的自然资源

（四）汭城旅游的开发基础

汭城旅游的开发基础分为五个阶段，即保护利用阶段、开发建设阶段、创建品牌阶段、产业拓展阶段、全城旅游阶段。

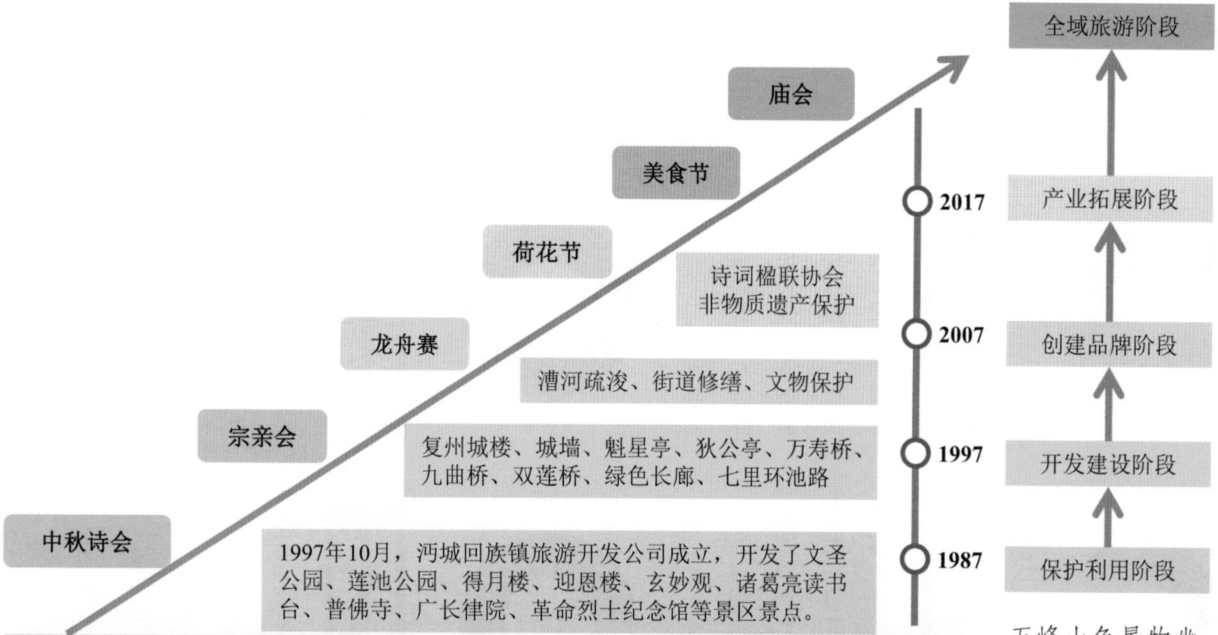

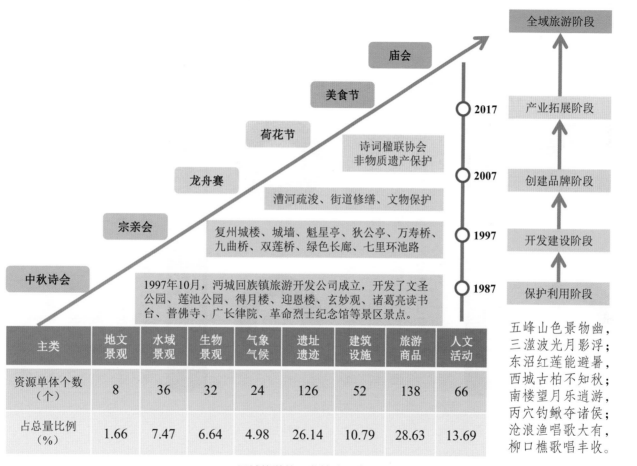

全域旅游阶段

产业拓展阶段

创建品牌阶段

开发建设阶段

保护利用阶段

2017

2007

1997

1987

中秋诗会

宗亲会

龙舟赛

荷花节

美食节

庙会

诗词楹联协会
非物质遗产保护

漕河疏浚、街道修缮、文物保护

复州城楼、城墙、魁星亭、狄公亭、万寿桥、九曲桥、双莲桥、绿色长廊、七里环池路

1997年10月，沔城回族镇旅游开发公司成立，开发了文圣公园、莲池公园、得月楼、迎恩楼、玄妙观、诸葛亮读书台、普佛寺、广长律院、革命烈士纪念馆等景区景点。

主类	地文景观	水域景观	生物景观	气象气候	遗址遗迹	建筑设施	旅游商品	人文活动
资源单体个数（个）	8	36	32	24	126	52	138	66
占总量比例（%）	1.66	7.47	6.64	4.98	26.14	10.79	28.63	13.69

五峰山色景物幽，
三澨波光月影浮；
东沼红莲能避暑，
西城古柏不知秋；
南楼望月乐逍游，
丙穴钓鳅夺诸侯；
沧浪渔唱歌大有，
柳口樵歌唱丰收。

沔城旅游的开发基础五阶段

六、发展研判

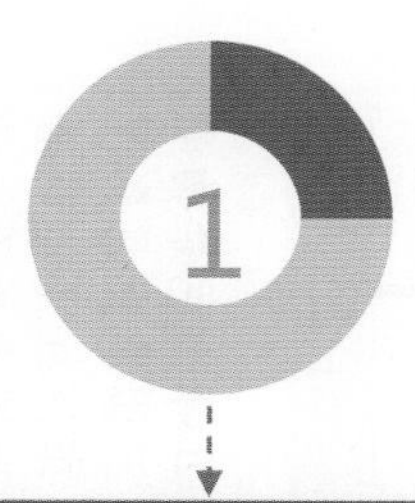

政府高度重视 完成顶层设计

成立旅游产业发展领导小组，明确了建设国家5A级旅游景区的目标，从战略层面上提升了旅游产业地位。

旅游快速增长 形成产业基础

旅游与文化、宗教、体育、商贸、农业、城建等融合发展成效明显，形成较完善的产业基础。

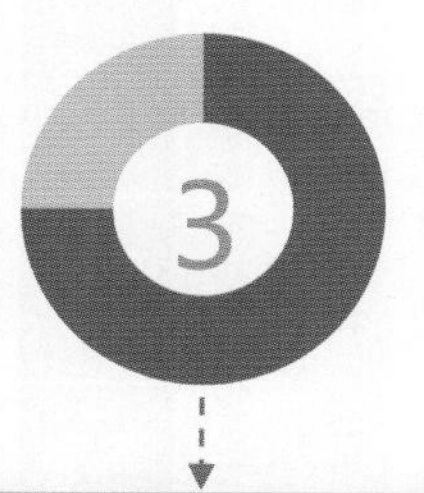

宣传促销突破 品牌影响扩大

荣获了“全国文明镇”和“全国民族团结进步乡镇”的称号，致力打造文化古城、宗教新城、秀美水城、旅游名城。

宏观环境优化 内生动力良好

旅游业被国务院定位为战略性支柱产业和现代服务业。仙桃市入选国家全域旅游示范市，沔城旅游美誉度位于全市前列。

沔城旅游的发展态势

1

品牌形象有待提升

旅游产品尚没有形成体系，旅游品牌知名度不高，旅游市场竞争力不强，必须加强旅游形象宣传推广力度。

2

产业体系有待构建

旅游资源配置机制有待改善，缺少旅游企业集团和大规模旅游综合体，大部分旅游企业规模较小，必须提高旅游业态创新能力。

3

基础设施有待配套

智慧旅游、旅游集散中心、停车场等公益性配套设施建设滞后；交通制约旅游发展的瓶颈需要得到根本改变。

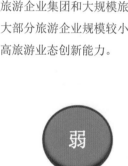

4

客源市场有待拓展

明显存在“夏季热、冬季冷”的淡旺季现象与“活动游客满，平常游客少”的波动性，开发晚间娱乐和休闲项目，主攻武汉市场和周边市场。

小

存在问题

沔城旅游的短板问题

对策 / 内部能力 / 外部因素	优势（Strength）	劣势（Weakness）
	区位：武汉“1+8”城市圈与鄂西生态文化圈的重叠区域。 **政策：**仙桃是国家全域旅游示范市，政策优势叠加。 **资源：**历史文化雄厚，生态环境良好，水乡田园城市相得益彰。 **举措：**镇委镇政府统筹规划能力不断加强，企业行动和居民参与的积极性不断提高。	**管理：**旅游发展体制受限，产业体系有待构建。 **产品：**缺乏引擎性的产品，品牌形象有待提升。 **服务：**旅游公共服务薄弱，基础设施有待配套。 **营销：**整体认知程度不高，客源市场有待拓展。 （四个短板）
机遇（Opportunities）	**SO策略（发展型策略）**	**WO策略（扭转型策略）**
政策：一系列支持旅游业发展的政策措施，在多层利好政策的驱动下，全市旅游业发展进入了政策叠加期。 **交通：**建设中的城际铁路将把沔城纳入“1+8”的武汉“1小时生活圈”。 **市场：**迎来了大众旅游的第三次发展浪潮。 **经济：**长江经济带和“1+8”武汉城市圈。	1.紧抓国家政策，充分发挥旅游业作用，促进现代服务业提升，促进产业融合与转型。 2.以市场为导向，旅游与文化、宗教、体育、商贸、农业、城建等融合发展，主推文化体验和休闲度假产品。 3.针对武汉客源市场，做好专项客群的市场营销。 4.整合旅游资源，构建高效的体制机制和运行机构。	1.借助政策大势，理顺体制，完善配套、整合产品，再造引擎项目，吸引人气。 2.引导市场，塑造品牌形象，针对武汉市场进行节事活动营销。 3.政府主导，企业担纲，全民参与，发展全域旅游。
挑战（Threats）	**ST策略（多元型策略）**	**WT策略（防御型策略）**
新政策：新政策、新形势给旅游业转型升级带来挑战。 **新形势：**“一带一路”带来经济发展格局的挑战。 **新媒体：**新媒体对传统旅游市场营销方式带来挑战。 **新竞争：**周边城市激烈竞争带来激烈竞争和严峻挑战。	1.依托古城资源，发展多元产品，有效吸引客流。 2.促进旅游与其他产业融合，形成特色产业体系。 3.以古城为基础，挖掘文化内涵，增强产品独特性、唯一性和竞争力。 4.提升红莲池生态休闲产品，做强以庙会文化、州府文化和宗教文化为核心的旅游产业。	1.紧抓政策，理顺机制，以古城保护为前提适度开发。 2.发展满足休闲度假需求的多样化旅游产品。 3.健全历史文化资源的环境保护监管机制。

沔城旅游的SWOT分析

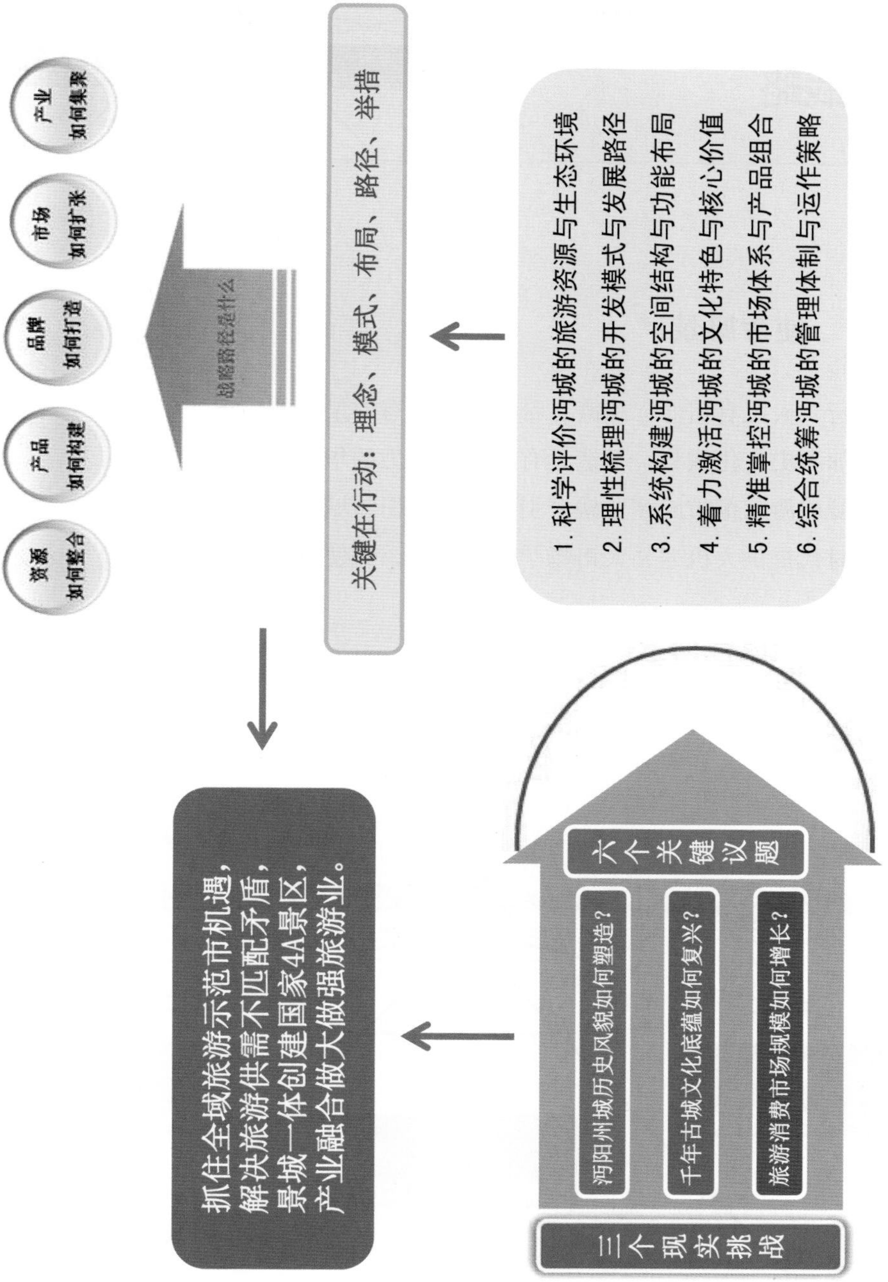

资源 如何整合

产品 如何构建

品牌 如何打造

市场 如何扩张

产业 如何集聚

战略路径是什么

关键在行动：理念、模式、布局、路径、举措

1. 科学评价沔城的旅游资源与生态环境
2. 理性梳理沔城的开发模式与发展路径
3. 系统构建沔城的空间结构与功能布局
4. 着力激活沔城的文化特色与核心价值
5. 精准掌控沔城的市场体系与产品组合
6. 综合统筹沔城的管理体制与运作策略

抓住全域旅游示范市机遇，
解决旅游供需不匹配矛盾，
景城一体创建国家4A景区，
产业融合做大做强旅游业。

三个现实挑战

沔阳州城历史风貌如何塑造？

千年古城文化底蕴如何复兴？

旅游消费市场规模如何增长？

六个关键议题

沔城旅游的关键所在

第三章
发展战略

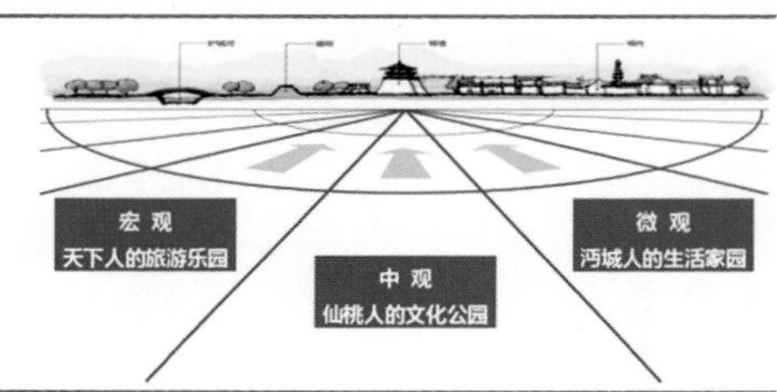

一、使命愿景

践行“人民有信仰，民族有希望，国家有力量”的历史使命。
叠加历史文化优势，打造具有战略影响力的华夏旅游名城。
全域旅游示范市的产业融合引擎，水乡田园城市的历史文化地标。
大时代提供大机遇，大市场孕育大产业，大使命成就大事业。

二、价值导向

讲好沔阳千年故事，振兴沔城全域旅游。

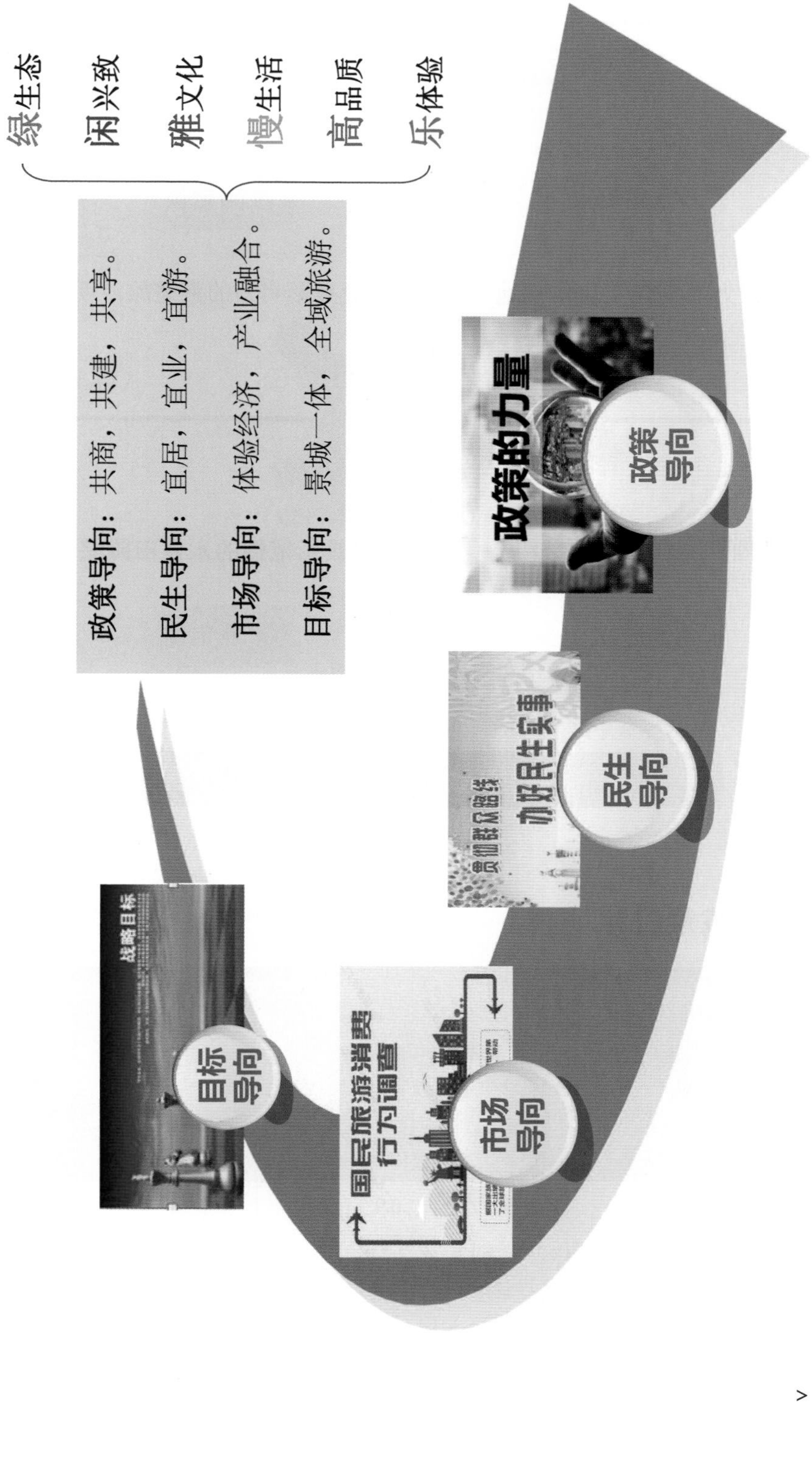

政策导向：共商，共建，共享。

民生导向：宜居，宜业，宜游。

市场导向：体验经济，产业融合。

目标导向：景城一体，全域旅游。

绿生态

闲兴致

雅文化

慢生活

高品质

乐体验

政策导向

政策的力量

民生导向

贯彻群众路线

办好民生实事

市场导向

国民旅游消费

行为调查

目标导向

战略目标

三、发展定位

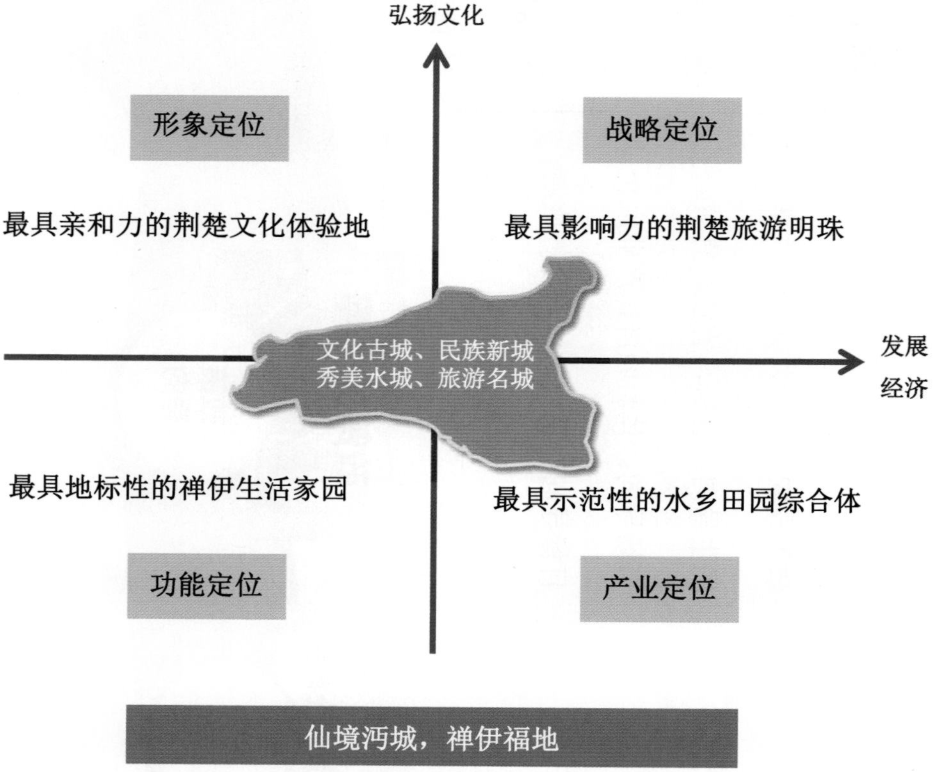

弘扬文化

形象定位

最具亲和力的荆楚文化体验地

战略定位

最具影响力的荆楚旅游明珠

文化古城、民族新城
秀美水城、旅游名城

发展经济

最具地标性的禅伊生活家园

功能定位

最具示范性的水乡田园综合体

产业定位

仙境沔城，禅伊福地

四、发展目标

时间（年）	游客接待量		旅游消费		旅游总收入			新增旅游就业岗位	
	年接待游客量（万人次）	年均增长率（%）	游客人均消费（元/人）	年均增长率（%）	年旅游总收入（亿元）	年均增长率（%）	占GDP比重（%）	直接就业（万个）	间接就业（万个）
2018	60		150		0.9		45	0.3	0.6
2019	80	≥25	180	≥12	1.44	≥40		0.4	0.8
2020	100		200		2		50	0.5	1

续表

时间（年）	游客接待量		旅游消费		旅游总收入			新增旅游就业岗位	
	年接待游客量（万人次）	年均增长率（%）	游客人均消费（元/人）	年均增长率（%）	年旅游总收入（亿元）	年均增长率（%）	占GDP比重（%）	直接就业（万个）	间接就业（万个）
2021	120	≥20	250	≥20	3	≥30	55	0.6	1.2
2022	140		300		4.2				
2023	160		350		5.6			0.7	1.4
2024	180		380		6.84		60		
2025	200		400		8			0.8	1.6
2026	220	≥10	420	≥10	9.24	≥20	65	1	2
2027	240		450		10.8				
2028	260		500		13		70	1.2	2.5
2029	280		550		15.4				
2030	300		600		18		75	1.5	3

注：以2017年的物价为基准。

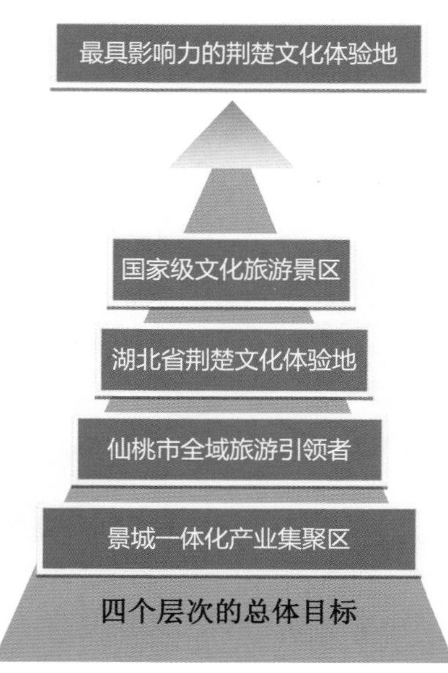

五、发展模式

沔城旅游发展模式＝全域旅游＋区域联动

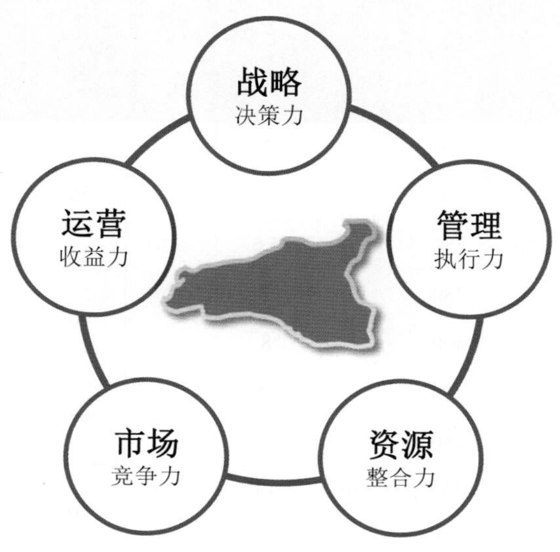

“五力”驱动的全域旅游

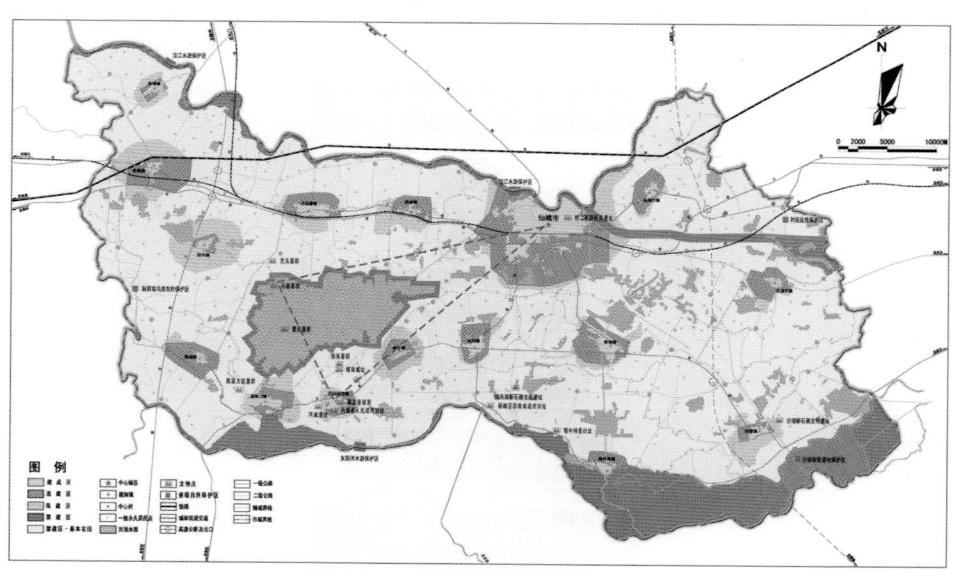

主域+排湖+沔城的旅游金三角

一体多元价值导向的全域旅游发展模式

整合资源，提升功能。

聚焦市场，打造品牌。

集聚产业，建设城镇。

传承文化，创新生活。

兴业富民，极核增长。

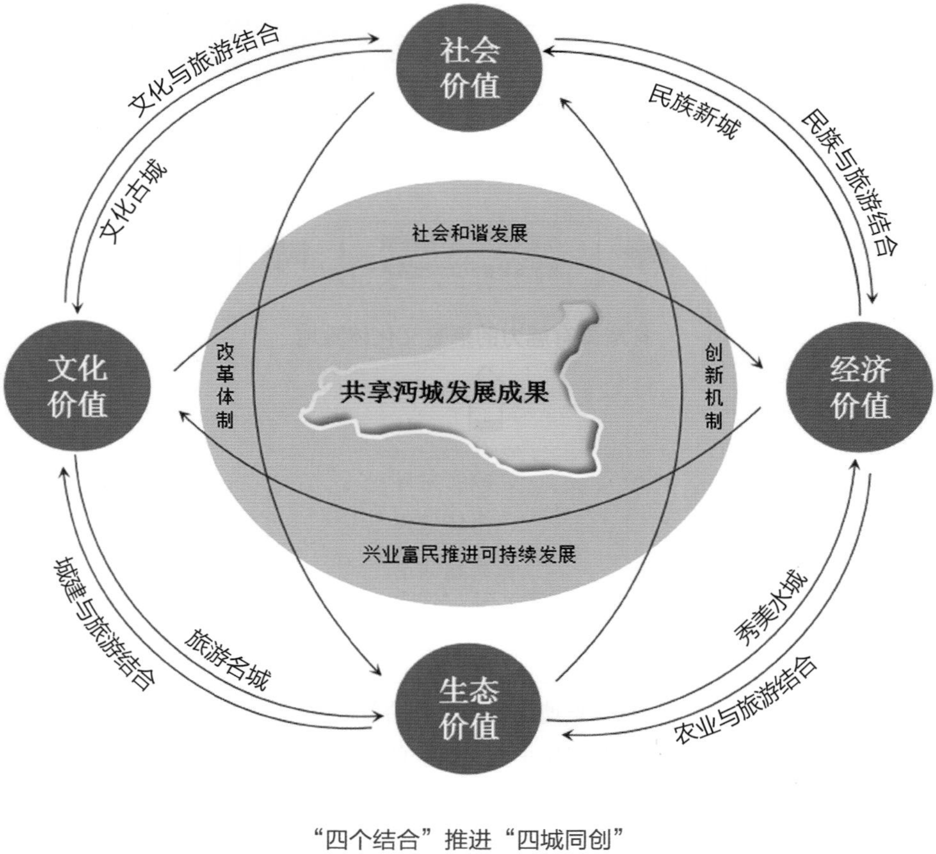

社会价值

文化价值

经济价值

生态价值

文化与旅游结合

文化古城

民族新城

民族与旅游结合

城建与旅游结合

旅游名城

秀美水城

农业与旅游结合

社会和谐发展

改革体制

创新机制

共享沔城发展成果

兴业富民推进可持续发展

“四个结合”推进“四城同创”

六、总体战略

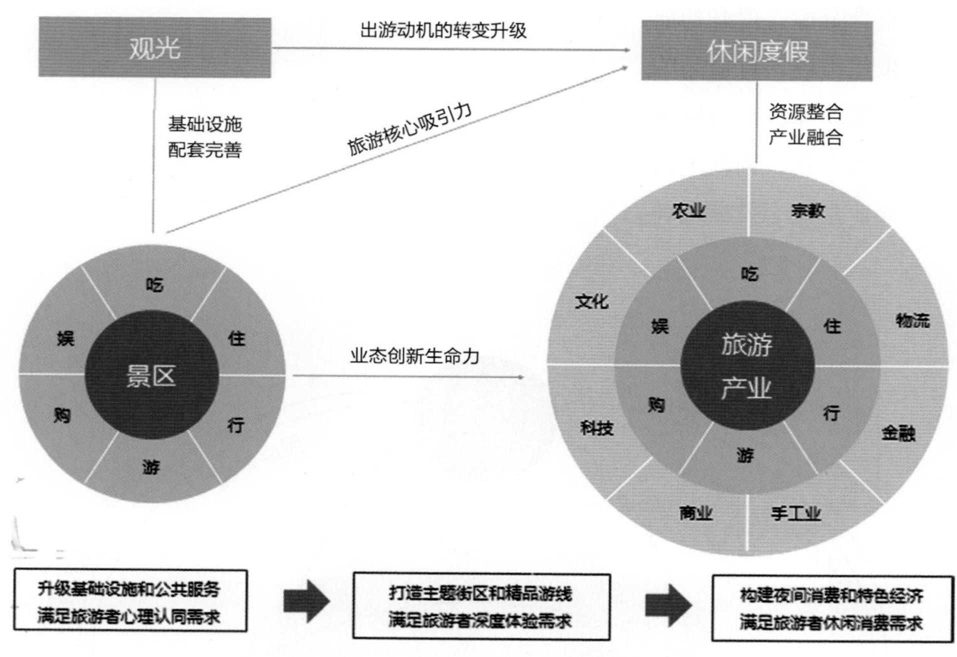

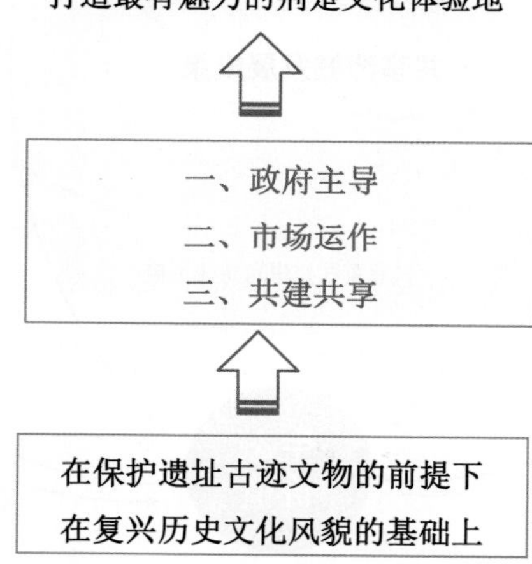

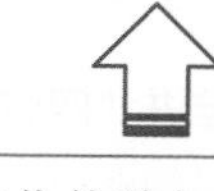

文化体验与休闲度假

双轮驱动战略

第四章
空间布局

一、上位规划

交通区位：仙桃东邻省会武汉，西接荆州、宜昌，北依汉水，南靠长江，具有贯通南北、承东启西、得天独厚的区位优势。仙桃地处湖北“金三角”（襄樊、宜昌、黄石三市构成的三角区）优先发展区的中心和“两江”（长江、汉江）经济开发带的交汇点上，是湖北的交通中心。境内公路交通四通八达，318国道、汉宜高速横贯东西，随（州）岳（阳）高速、京珠高速和沪蓉高速在仙桃附近交汇。仙桃距武汉天河国际机场约100公里。汉宜铁路仙桃站距仙桃城区约7公里。规划建设中的武汉城市圈轨道交通使仙桃到武汉仅20分钟即可到达。仙桃南到广州、北到北京、东到上海、西到成都等特大城市均在1000公里半径之内。优越的交通区位为这一区域旅游业发展提供了良好的先决条件。

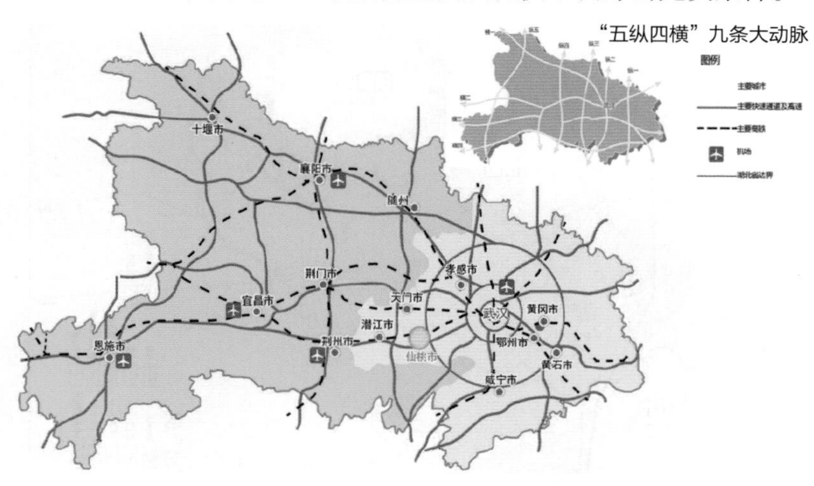

仙桃市在湖北省规划中的区位关系

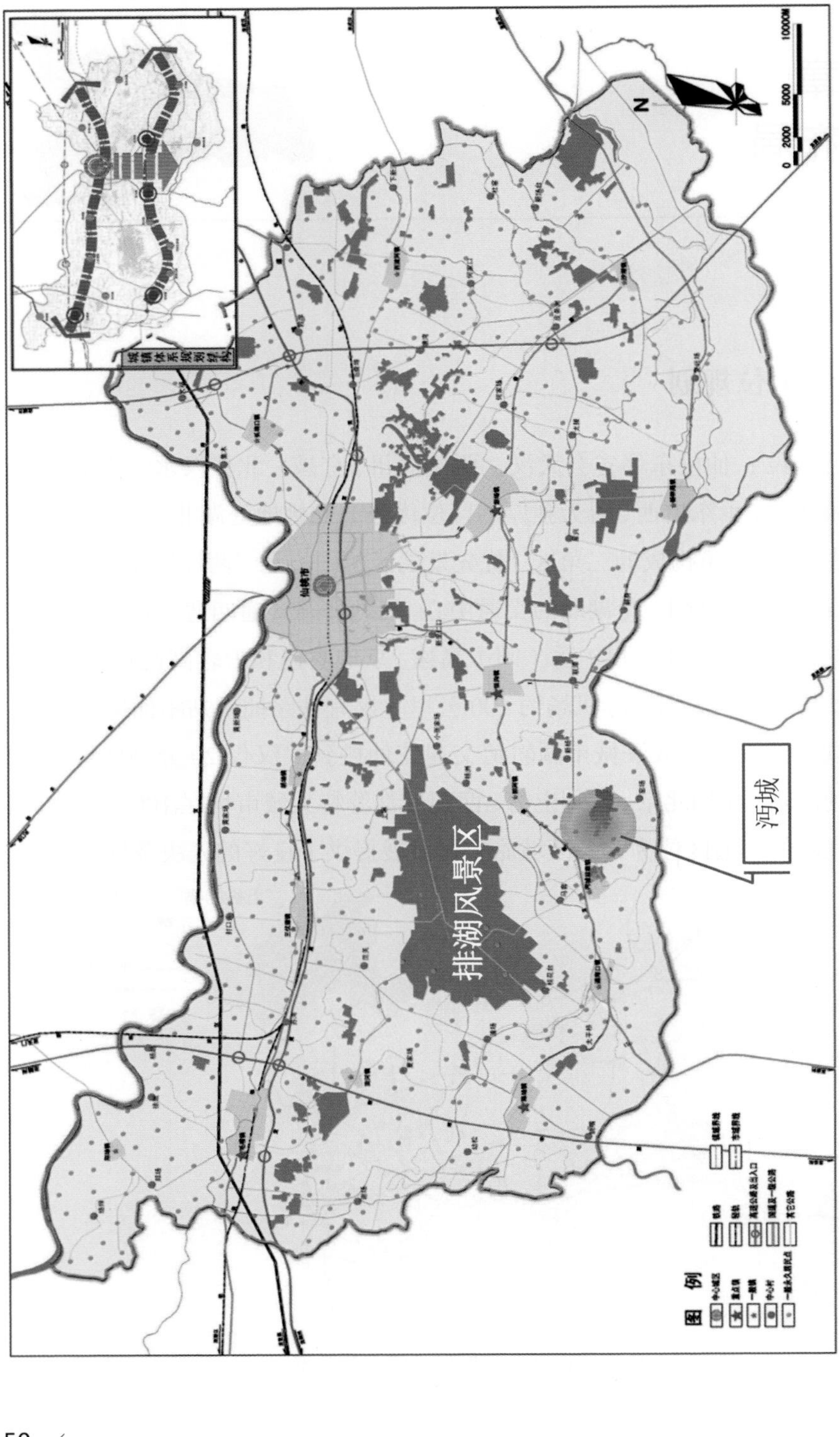

沔城回族镇在仙桃市规划中的区位关系

注：《湖北省仙桃市城乡总体规划（2008—2030）》。

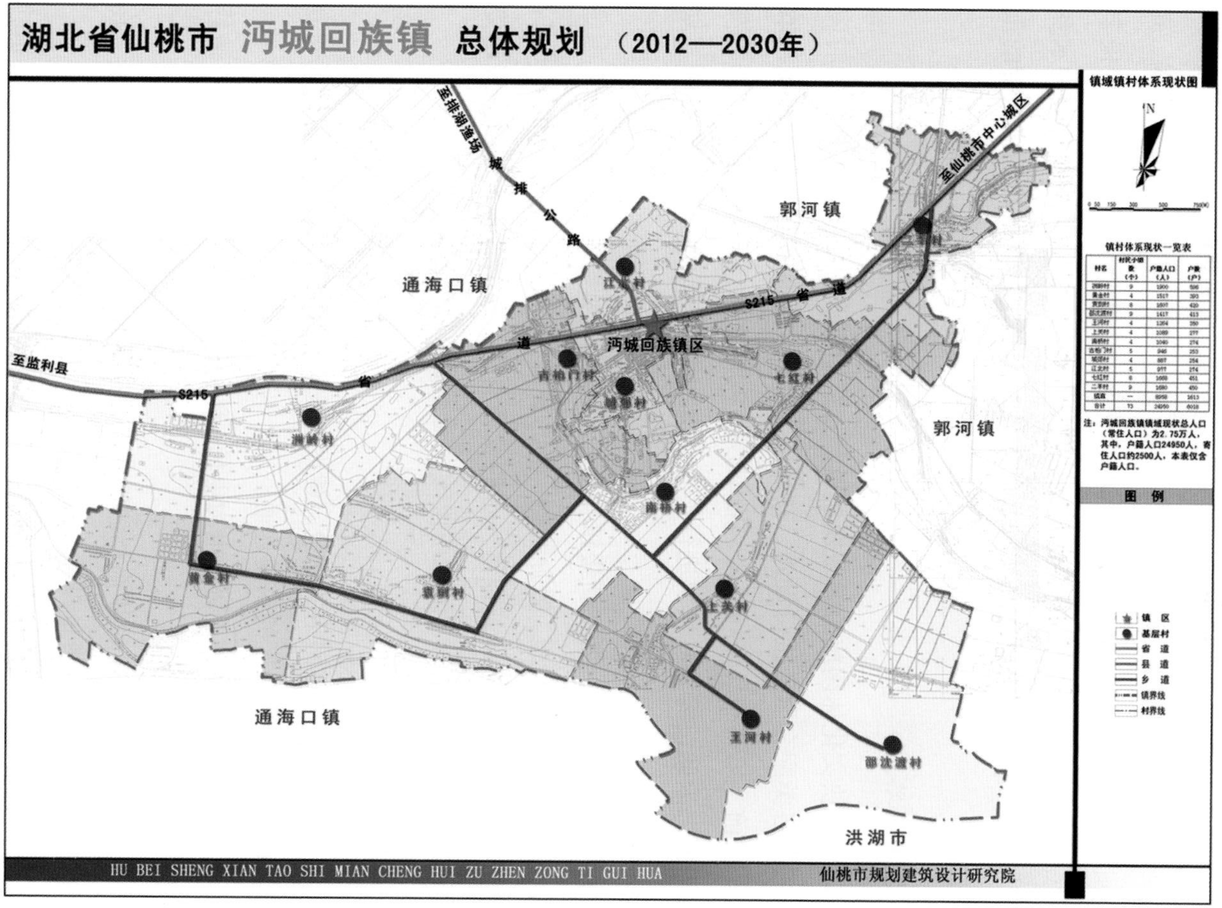

湖北省仙桃市　沔城回族镇　总体规划　（2012—2030年）

镇域镇村体系现状图

仙桃市规划建筑设计研究院

HU BEI SHENG XIAN TAO SHI MIAN CHENG HUI ZU ZHEN ZONG TI GUI HUA

注：《湖北省仙桃市沔城回族镇总体规划（2012—2030）》。

《仙桃市旅游业发展规划（2013—2025）》

沔城是一座拥有悠久历史和灿烂文化的古城，从南北朝西魏至建国初期，一直是郡、府、县的治地，现仍保留莲花池、玄妙观、普佛寺、陈友谅故居、黄家花园、广长律院、东岳庙等景观。同时，作为一个少数民族镇，又有着极丰富的民族风俗和民族文化。悠久的历史人文、绚烂的民族风情以及优美的水乡风貌为沔城旅游开发提供了坚实的基础条件，也必定使其成为仙桃旅游的重要组成部分。

发展思路：

该镇加快文化休闲旅游的开发建设，打造仙桃旅游的文化标杆。同时应加快兴建各类配套服务接待设施，在区域大环线中迅速承担起区域旅游集散功能。目前，集镇布局格局单调、规模过小、功能不全，无法适应未来旅游发展的需要，因此，需要对集镇进行扩容，增加集镇建设面积，重新合理规划布局。

在集镇的扩建中，要把新集镇作为旅游城镇来规划建设，要充分考虑旅游的主题文化、娱乐设施、旅游购物、旅游餐馆、旅游住宿设施的布局建设，同时要给这些旅游服务设施预留一定的发展空间，要结合未来旅游发展趋势及游客规模预测，确定每个发展阶段的设施容量及规模。

具体建设：

（1）加强集镇道路网络的建设。建设、提升集镇到市区以及周边景区的道路，实现集镇到周边景区的快速连通。

（2）完善集镇内给水排水、电力电信、环卫、安全等系统的建设，打造舒适、干净、安全的社会环境。

（3）近期增加 1—2 家中高档旅馆、酒店等设施；中远期根据游客量，在原住宿餐饮区集中增加适量设施，以形成规模，形成特色。

（4）在集镇内建设广场、电影院、娱乐中心等文体娱乐设施，丰富集镇的夜娱生活。

（5）依托各种娱乐设施如广场等，定期举行民俗歌舞表演以及民俗活动展示，营造集镇旅游氛围。

（6）建设旅游商品街，加强商业环境的管理，杜绝强买强卖、欺生宰客现象的发生，营造良好的商业氛围。

（7）对服务行业从业人员进行培训，提高服务质量，提升沔阳回族旅游城镇形象。

（8）将集镇内主要道路（主次干道）建成林荫大道，形成开放性绿线，与其他道路绿化共同组成城镇线状绿化系统。

（9）规划在集镇重要地区如城镇出入口、广场及视线交点布置雕塑、小品等以丰富城镇空间。

（10）对主要街道的建筑风貌进行控制，要求建筑体现当地特色，对已经存在的建筑进行立面改造。

（11）在集镇上树立形象标志、广告宣传牌、宣传栏，营造浓厚的旅游氛围。

《仙桃市乡村振兴规划（2018—2050）》

沔城实施乡村振兴战略的总体思路是：坚持以旅游产业为主线，着力发展文旅、农旅两大产业板块，加速推进城乡、三产融合发展，全力打造环莲花湖绿色发展示范区。文旅产业板块，重点是完善旅游基础设施，打通旅游通道，推进“一湖（莲花湖）、一河（护城河）”综合治理，挖掘保护文物遗址，以此促进旅游招商。农旅产业板块，重点是按照“东西水产中蔬菜”的产业布局，加快农产品加工园区建设，着力培育引进龙头企业、新型农业经营主体，建设七里垸、小朱垸有机蔬菜莲藕基地，麻思垸、王郃垸优质水产示范基地。

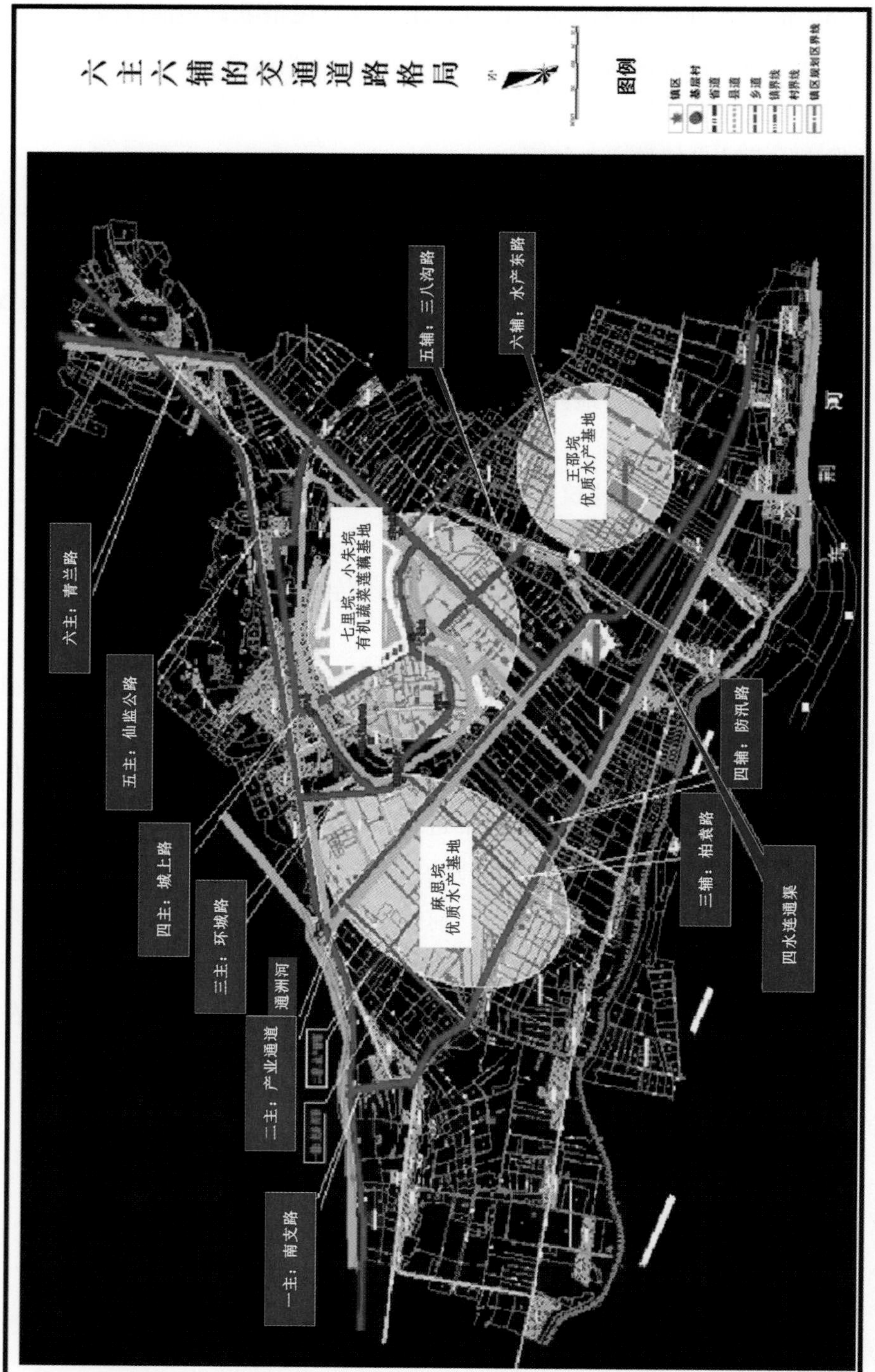

六主六辅的交通道路格局
图例
六主：青兰路
五主：仙监公路
四主：城上路
三主：环城路
通洲河
二主：产业通道
一主：南支路
七里垸、小夫垸
有机蔬菜莲藕基地
王邵垸
优质水产基地
麻思垸
优质水产基地
五辅：三八沟路
六辅：水产东路
四辅：防汛路
三辅：柏袁路
四水连通渠

二、空间结构

（一）空间结构模式

汅城旅游空间结构模式：以历史文化古城为核心，以水乡田园景观为背景，以主题街区运营为载体，以游客动线组织为统领。

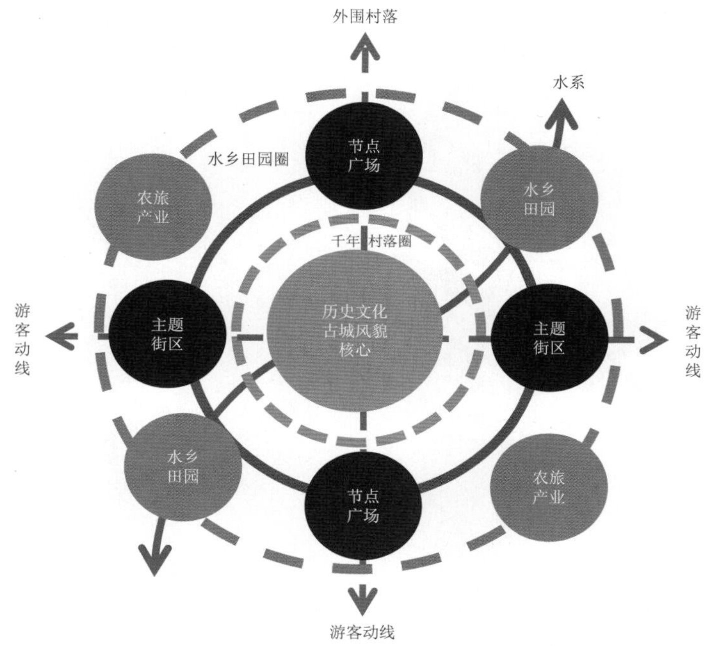

（二）空间结构策略

“北控南扩，东进西延”是汅城旅游发展的功能策略、空间策略和保护策略的集中体现。

“北控”是指汅阳古城遗址保护范围内重点对历史文化风貌的控制和复兴。

“南扩”是指汅阳古城遗址保护范围之外对接生态农业和东荆河畔的旅游基础设施建设。

“东进”是指莲花池风景区的空间范围适当向东扩展，扩大旅游业辐射范围。

“西延”是指汅阳古城遗址保护范围之外适当向西延伸，扩大旅游业辐射范围。

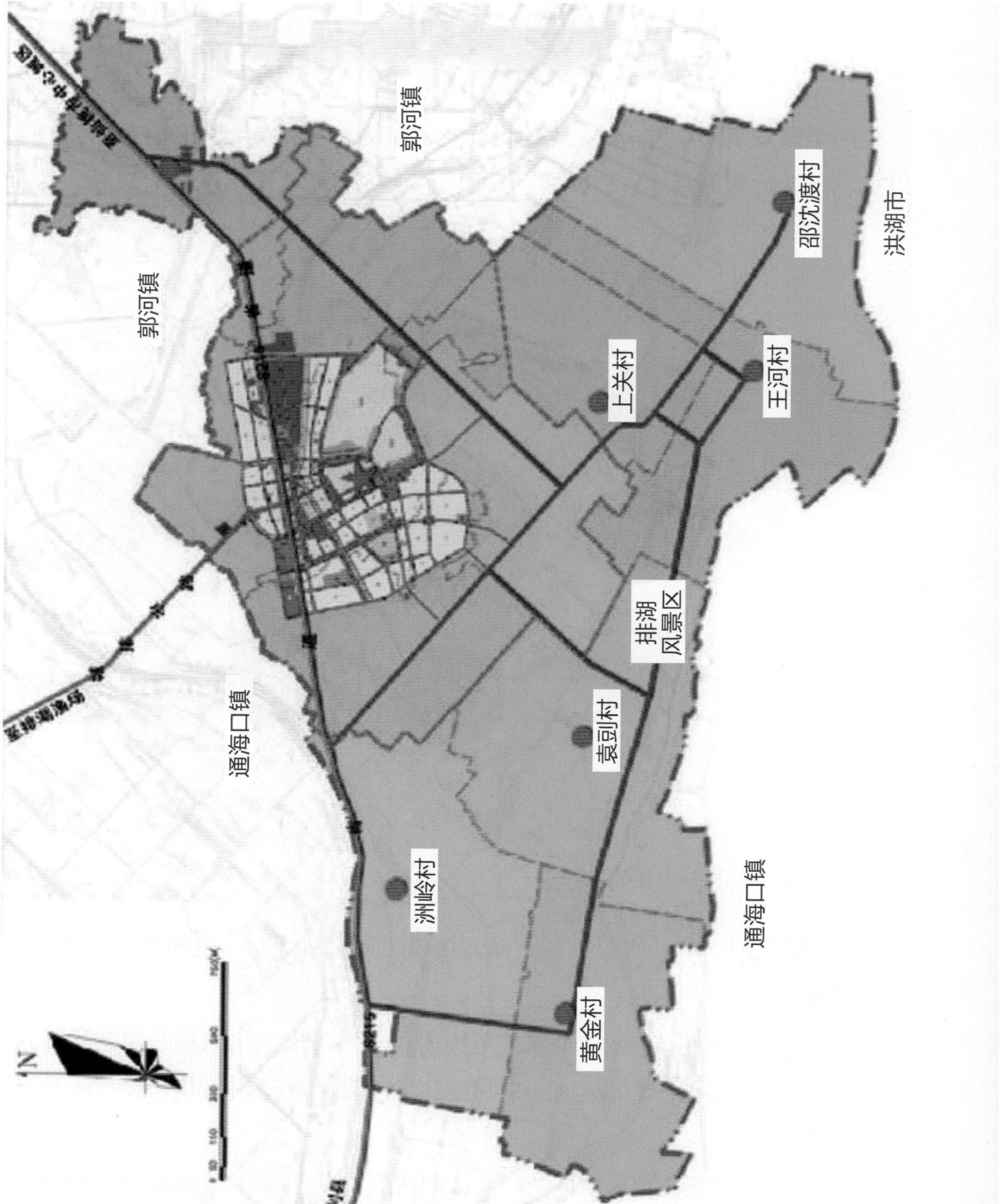

郭河镇
郭河镇
洪湖市
邵沈渡村
上关村
王河村
排湖
风景区
通海口镇
袁剅村
洲岭村
黄金村
通海口镇

（三）空间结构意向

龙，作为中国人的独特文化，凝聚与积淀于我们每个人的潜意识之中，龙文化的审美意识渗透到了社会文化生活的各个领域。山不在高，有仙则名；水不在深，有龙则灵。在中华文化传统中，河流是龙的形象代表，象征着吉祥如意。

玉带河从东荆河蜿蜒而来，绕过明清沔阳州城，然后逶迤东去，形成祥龙抱城之势。玉带河与柴河盘桓沔城，形成双龙戏珠的祥瑞吉兆，象征龙腾盛世。柴河从西而来，在明清沔阳州城之北形成天然的护城河，然后向东而去，形成祥龙仰义之象。将沔城打造成祷瑞之城是沔城旅游发展的空间结构意向。

（四）空间概念规划

沔城旅游发展的空间概念规划核心为：一核引领，三区统筹，五点联动。

一核是指一城一池文旅产业核心区。

三区是指中部农旅融合发展区、东部农旅融合发展区、西部农旅融合发展区。

五点是指一村一品农旅融合振兴乡村，包含二羊村、邵沈渡村、王河村、黄金村、袁刭村五个乡村旅游精品。

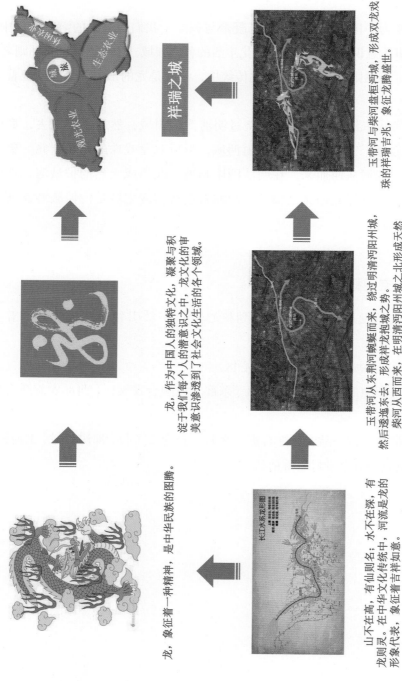

龙，象征着一种精神，是中华民族的图腾。

龙，作为中国人的独特文化，凝聚与积淀于我们每个人的潜意识之中，龙文化的审美意识渗透到了社会文化生活的各个领域。

观光农业
城 旅
休闲农业
生态农业

祥瑞之城

长江水系龙形图

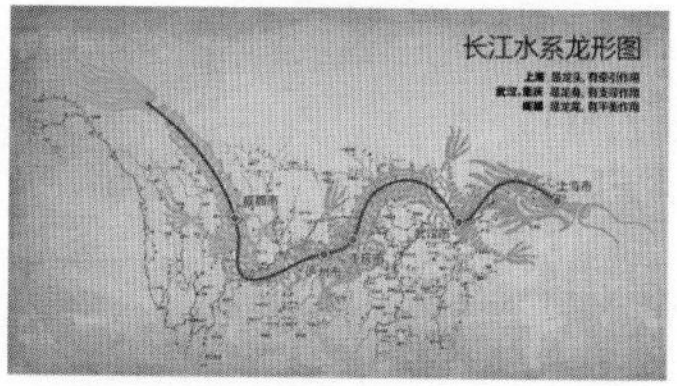

山不在高，有仙则名；水不在深，有龙则灵。在中华文化传统中，河流是龙的形象代表，象征着吉祥如意。

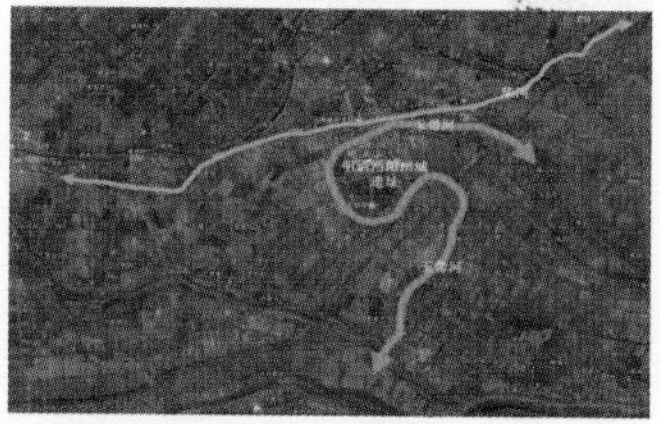

玉带河从东荆河蜿蜒而来，绕过明清沔阳州城，然后逶迤东去，形成祥龙抱城之势。

柴河从西而来，在明清沔阳州城之北形成天然的护城河，然后向东而去，形成祥龙仰义之象。

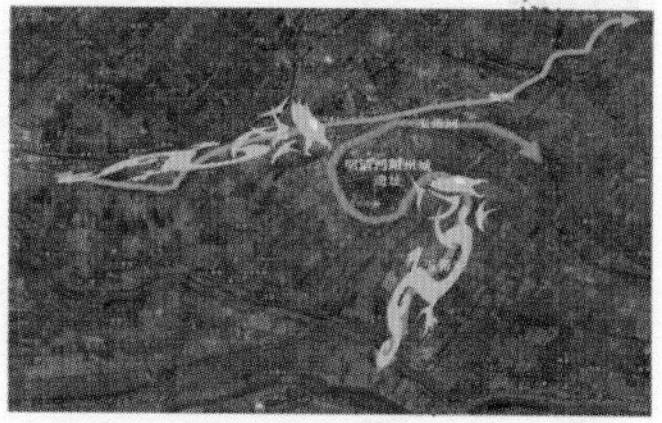

玉带河与柴河盘桓沔城，形成双龙戏珠的祥瑞吉兆，象征龙腾盛世。

空间结构意向

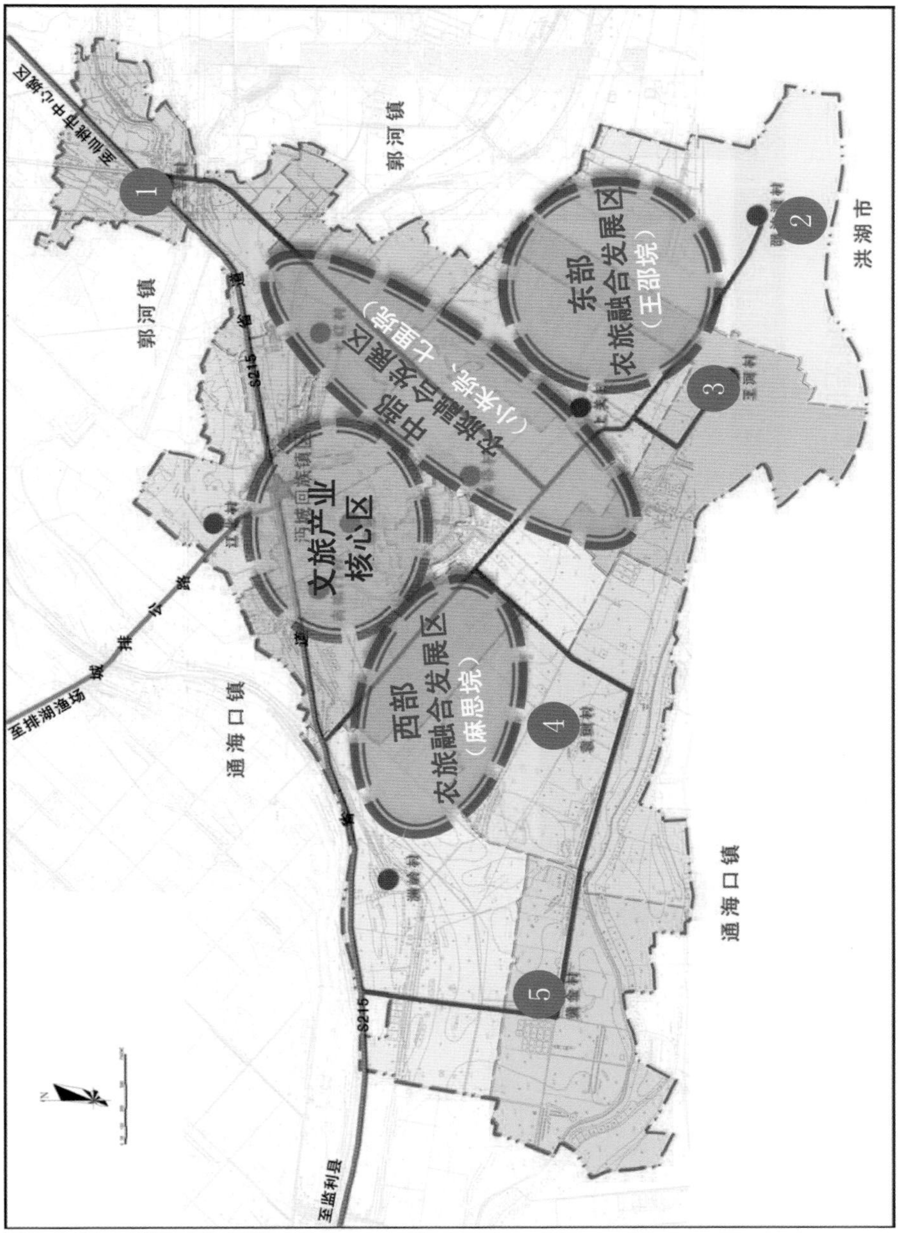

空间概念规划——“一核引领，三区统筹，五点联动”

“一核引领，三区统筹，五点联动”的空间结构

空间结构	功能布局	规划范围	占地面积	产业+旅游
一核	一城一池 文旅产业核心区	现状建成区，江北村、城郊村、古柏门村、南桥村、七红村的部分区域	8.21平方千米	旅游+城建、文化、教育、体育、民族、宗教、商业、物流，形成产业集聚区
三区	中部 农旅融合发展区	小朱垸、七里垸	28.5平方千米 其中 小朱垸3400亩 （1亩≈666.7平方米） 七里垸4300亩 麻思垸14000亩 王部垸6400亩	绿道，农旅融合，有机蔬菜莲藕基地的休闲农业
	东部 农旅融合发展区	王部垸		绿道，农旅融合，优质水产示范基地的休闲农业
	西部 农旅融合发展区	麻思垸		绿道，农旅融合，优质水产示范基地的休闲农业
五点	一村一品 农旅融合振兴乡村	二羊村、邵沈渡村、王河村、黄金村、袁刭村五个乡村旅游精品		水乡田园，农旅融合，生态农业和庄园经济支持的乡村旅游

三、功能布局

为了提升历史文化价值和打造旅游品牌形象，按照“文旅融合、宗旅融合、农旅融合、城旅融合”的要求，遵循“保护生态、整合资源、集聚产业、提升价值、兴业富民、极核增长”的基本理念，组织功能布局。

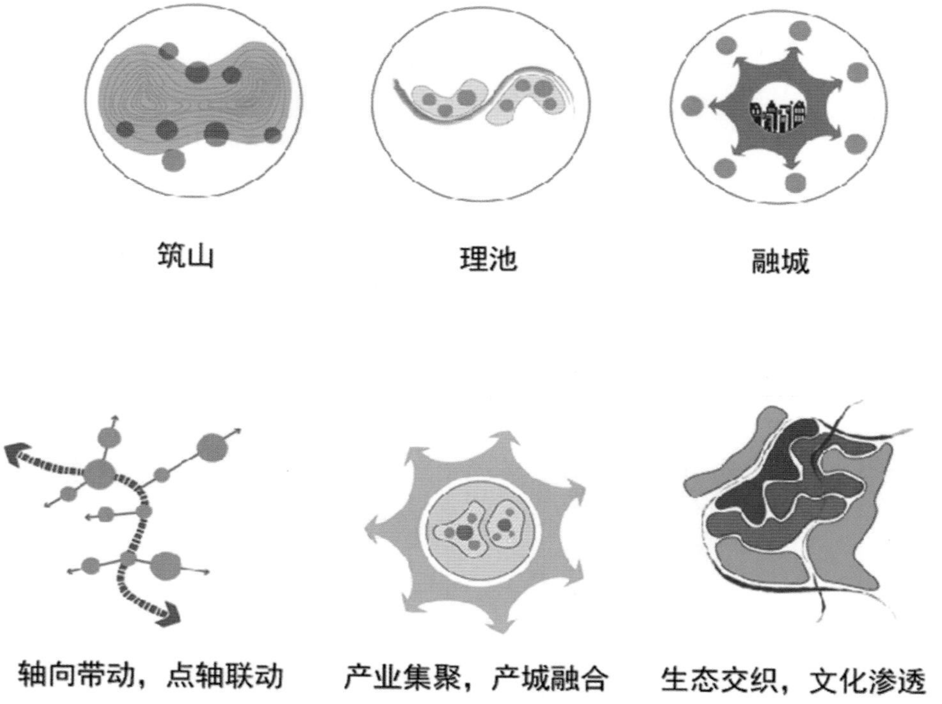

筑山　　理池　　融城

轴向带动，点轴联动　　产业集聚，产城融合　　生态交织，文化渗透

功能布局理念

四、产业体系

产业体系包括三个产业层次、四个产业计划和五个产业集群。

景观空间

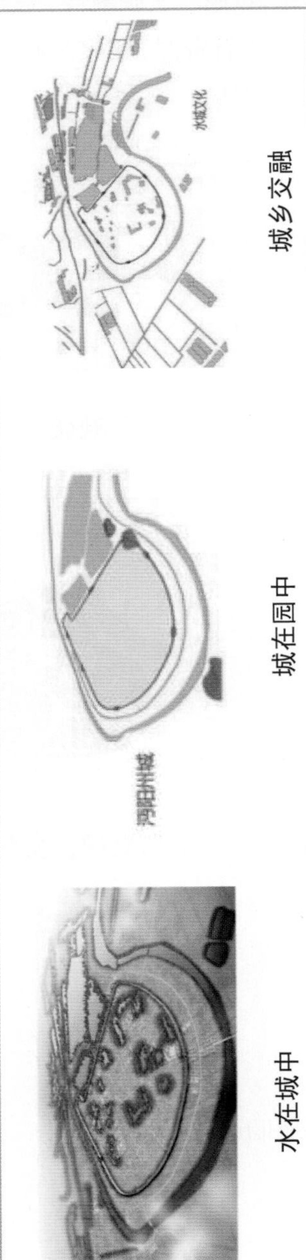

功能布局

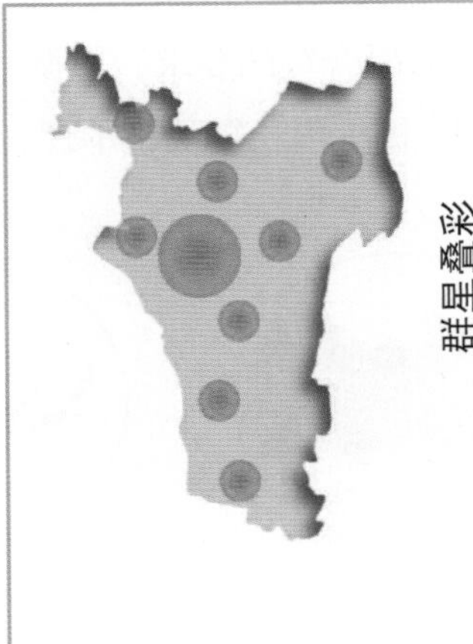
群星叠彩

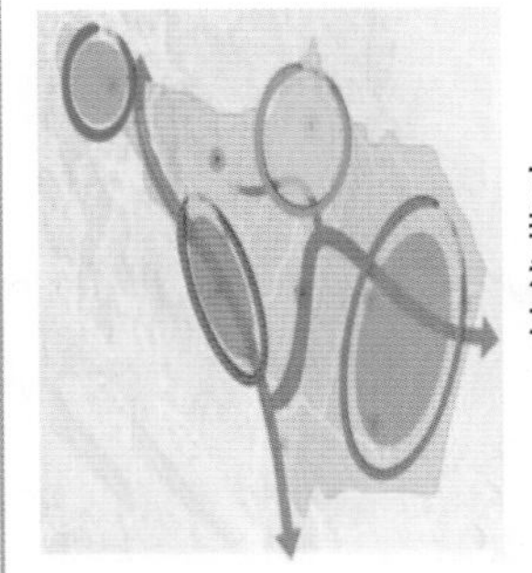

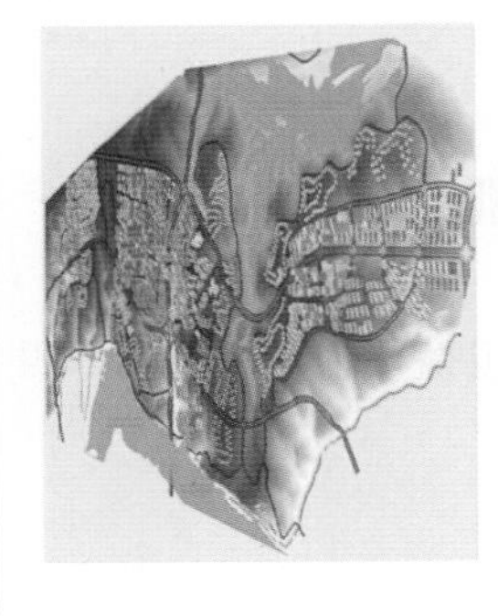
景城一体

功能布局策略

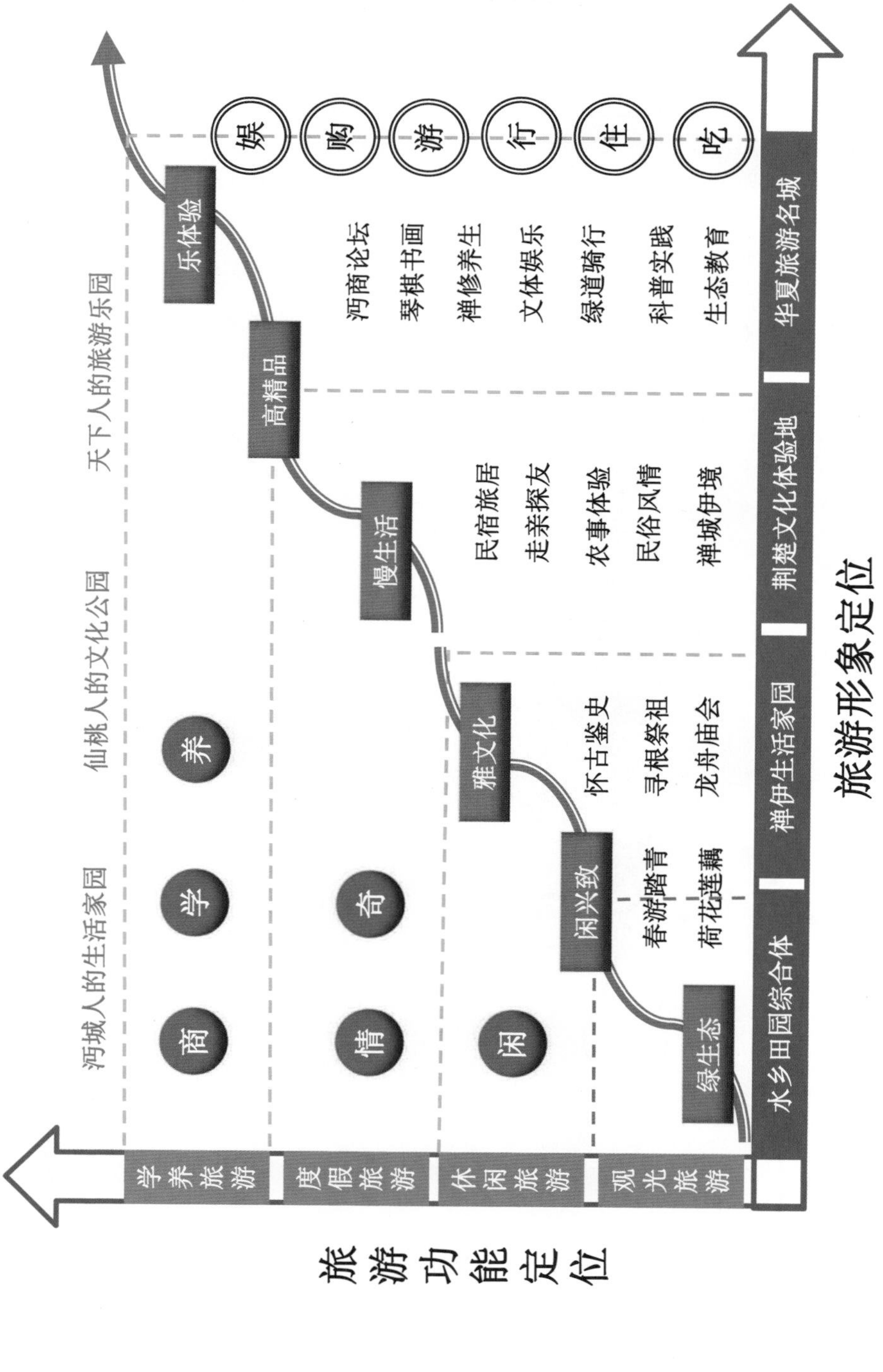

旅游功能定位

学养旅游
度假旅游
休闲旅游
观光旅游

汅城人的生活家园
仙桃人的文化公园
天下人的旅游乐园

商　学　养
情　奇
闲

绿生态
闲兴致
雅文化
慢生活
高精品
乐体验

春游踏青
荷花莲藕

怀古鉴史
寻根祭祖
龙舟庙会

民宿旅居
走亲探友
农事体验
民俗风情
禅城伊境

沔商论坛
琴棋书画
禅修养生
文体娱乐
绿道骑行
科普实践
生态教育

娱　购　游　行　住　吃

水乡田园综合体
禅伊生活家园
荆楚文化体验地
华夏旅游名城

旅游形象定位

功能布局架构

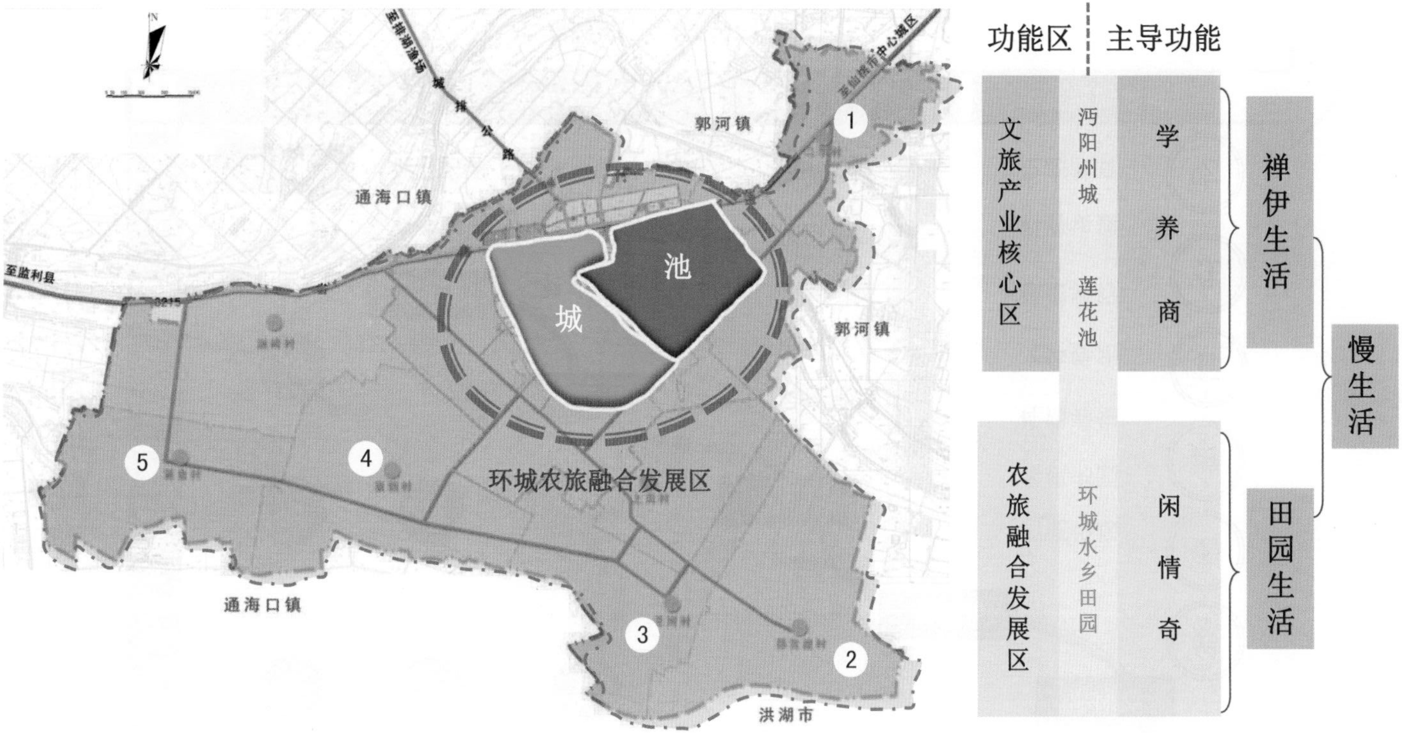

功能区		主导功能		
文旅产业核心区	沔阳州城 莲花池	学 养 商	禅伊生活	慢生活
农旅融合发展区	环城水乡田园	闲 情 奇	田园生活	

至排湖渔场
排公路
至仙桃市中心城区
郭河镇
通海口镇
至监利县
池
城
环城农旅融合发展区
1
2
3
4
5
洪湖市

主导功能布局

注：乡村旅游、特色小镇、休闲农业、田园综合体、农业遗产、庄园经济、现代农业技术产业园是国家政策特别支持的。

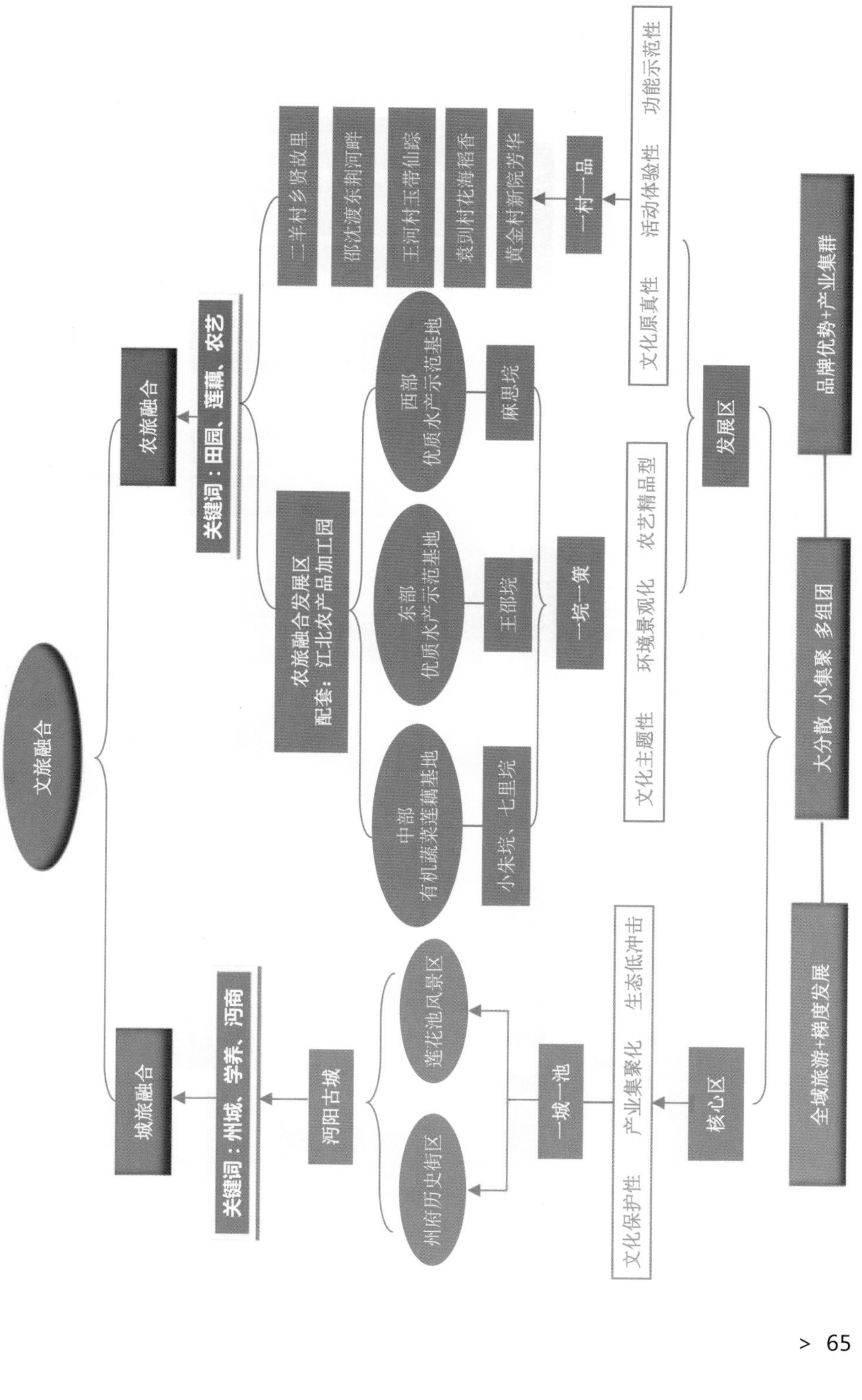

文旅融合

城旅融合

关键词：州城、学养、沔商

沔阳古城

州府历史街区

莲花池风景区

一城一池

文化保护性　产业集聚化　生态低冲击

核心区

农旅融合

关键词：田园、莲藕、农艺

农旅融合发展区
配套：江北农产品加工园

中部
有机蔬菜莲藕基地

小朱垸、七里垸

东部
优质水产示范基地

王邵垸

西部
优质水产示范基地

麻思垸

一垸一策

文化主题性　环境景观化　农艺精品型

二羊村乡贤故里

邵沈渡东荆河畔

王河村玉带仙踪

袁刘村花海稻香

黄金村新院芳华

一村一品

文化原真性　活动体验性　功能示范性

发展区

全域旅游+梯度发展

大分散　小集聚　多组团

品牌优势+产业集群

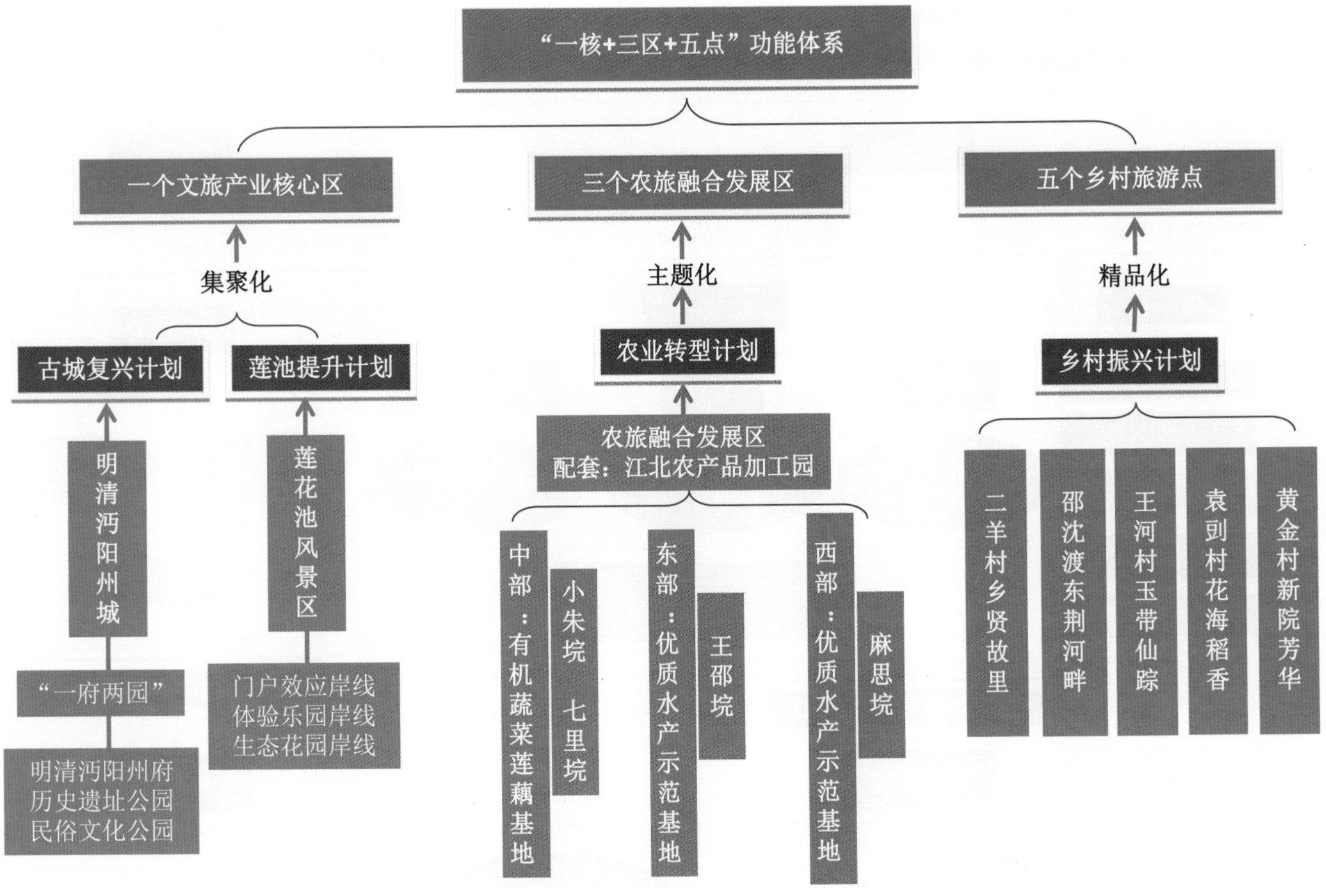

“一核+三区+五点”功能体系

- 一个文旅产业核心区 ← 集聚化
  - 古城复兴计划
    - 明清沔阳州城
      - “一府两园”
        - 明清沔阳州府
        - 历史遗址公园
        - 民俗文化公园
  - 莲池提升计划
    - 莲花池风景区
      - 门户效应岸线
      - 体验乐园岸线
      - 生态花园岸线
- 三个农旅融合发展区 ← 主题化
  - 农业转型计划
    - 农旅融合发展区
      配套：江北农产品加工园
      - 中部：有机蔬菜莲藕基地（小朱垸　七里垸）
      - 东部：优质水产示范基地（王邵垸）
      - 西部：优质水产示范基地（麻思垸）
- 五个乡村旅游点 ← 精品化
  - 乡村振兴计划
    - 二羊村乡贤故里
    - 邵沈渡东荆河畔
    - 王河村玉带仙踪
    - 袁刭村花海稻香
    - 黄金村新院芳华

四个产业计划（复兴—提升—转型—振兴）

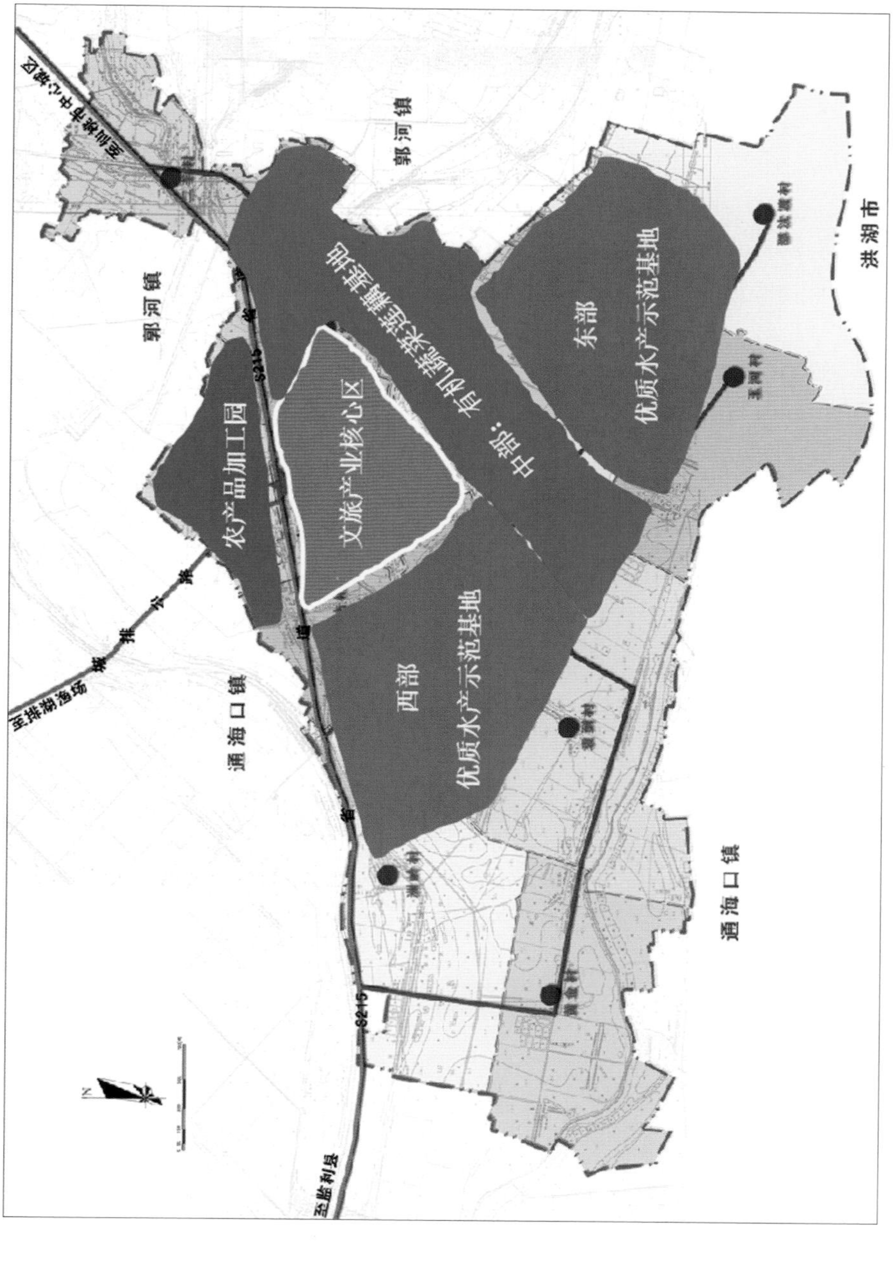

五个产业集群

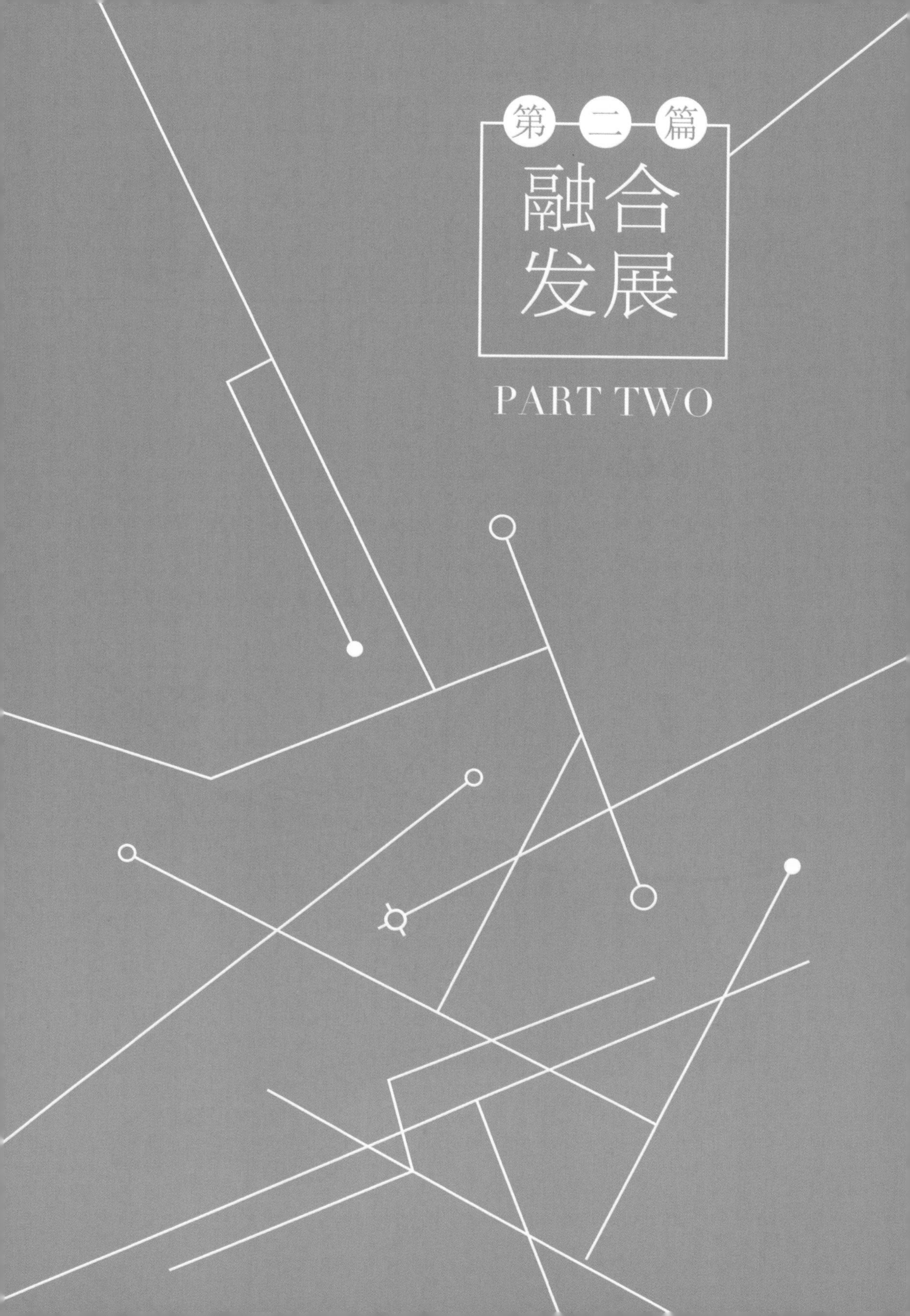
第二篇
融合发展
PART TWO

第五章
古城 + 旅游：龙头崛起

一、区域范围

2016 年，有关部门组织了《明清沔阳州城复原设计》课题，对明清沔阳州城遗址区的历史文化进行了系统的深入研究。

复原明清时期的沔阳州城，对沔城回族镇的景城一体化创建国家文化旅游景区和跨越式发展旅游业有支撑性战略意义。

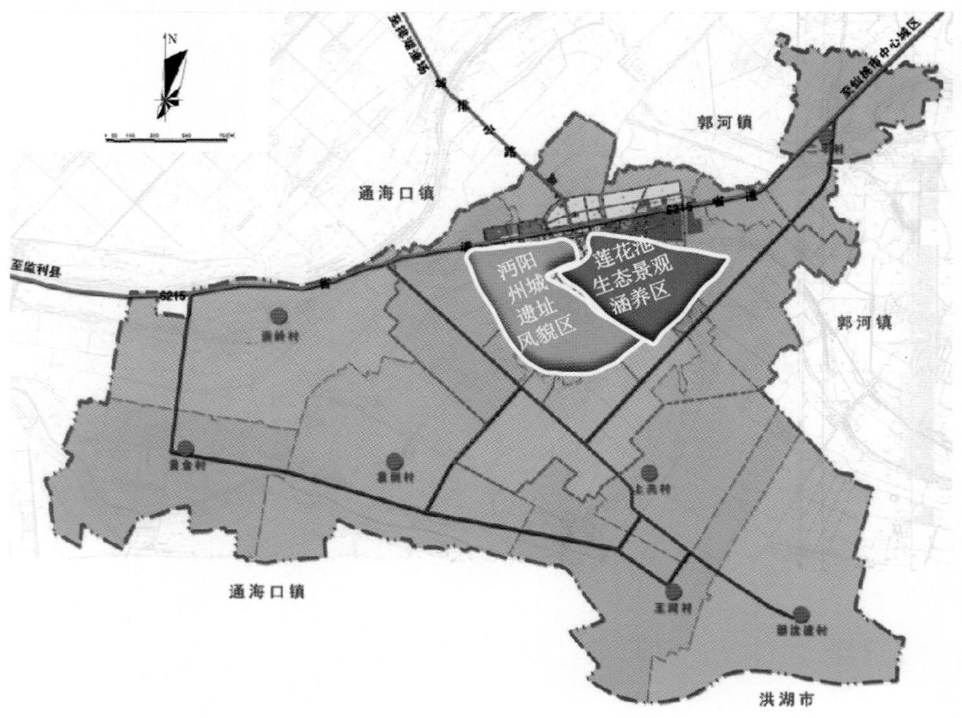

这里，主要是在课题研究基础上进行文旅产业核心区的文化 + 古城 + 旅游融合发展规划。

文旅产业核的空间范围包括明清沔阳州城遗址风貌区和莲花池风景区以及沔城回族镇建成区。

地理范围包括沔城居委会、七红村、古柏门村、江北村、城郊村、南桥村的部分区域。

二、导向原则

从公元 551 年（西魏）起先后 16 次设郡（府、路、州）治所，历时 426 年，县治所 1133 年，城池屡建屡毁。明初，建沔阳蟹形州城，周长 3800 多米。清代重修。1938 年，被日军炸毁。1941 年，国民党 128 师放火烧城，古城变成废墟。1952 年，沔阳县治所搬迁至汉江岸边的仙桃镇。

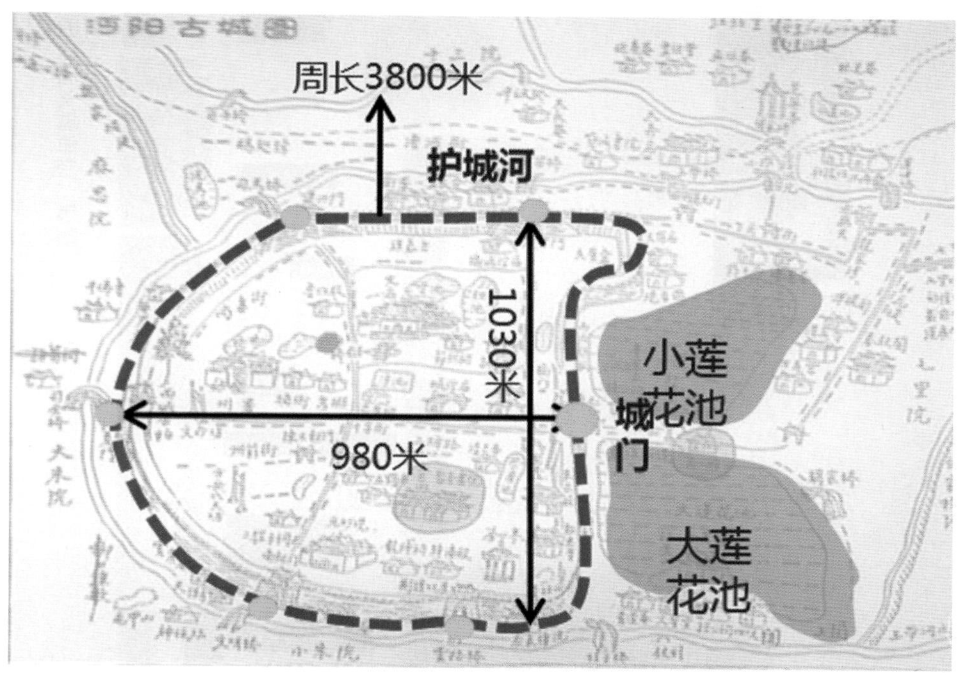

造景：以明清时期的沔阳州城为基准点

-1000
2000

云梦古泽水系导向空间结构和功能布局
建制之始
沔阳郡
沔阳历史文化导向景观设计和业态创新

孔子
汉代古墓
普佛寺
诸葛武侯祠
狄梁公问政处遗址
千里送鹅毛礼轻人义重
沔城东岳庙（天齐庙）（仙桃革命烈士纪念馆）
接官亭
沔城清真寺
沔城孔圣
陈友谅故居
玄妙观
沔阳州改属安陆
广长律院准提阁
禹公祠

为郧国、州国地
属楚地
楚平王游云梦，驻跸排湖
五乐台
屈原遇渔父歌沧浪之水
沧浪驿
属南郡
属南郡
属吴国南郡
沔阳郡，治所今沔城
降沔阳县为镇，属玉沙县
沔阳府
降沔阳府为州
沔阳州改属承天府
沔阳州降为散州
改属汉阳府

塑魂：以传统水系和历史文化为逻辑线

古城复兴传承历史文化

古城复兴集聚旅游产业

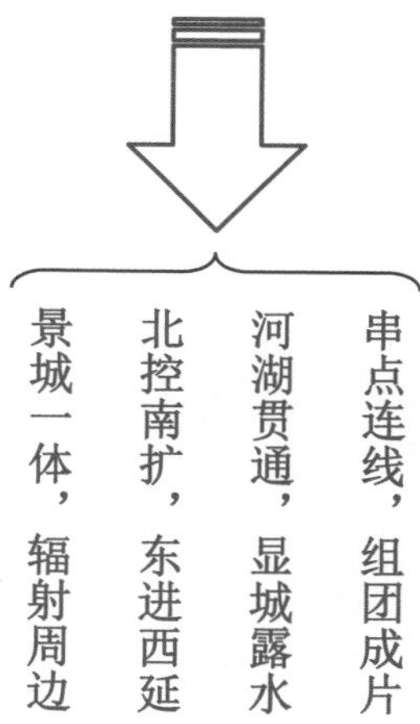

兴业：以州城形态特征和明清文化特色为增长极

三、技术路径

“保护、造景、塑魂、兴业”四步走，打造城旅融合产业核心区。

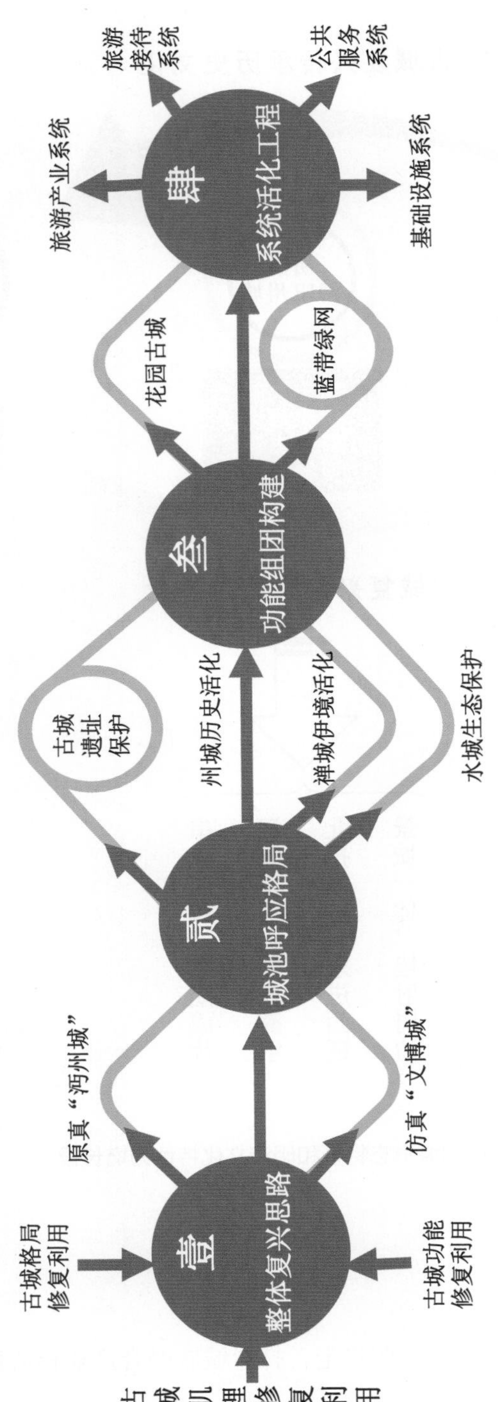
古城肌理修复利用
古城格局修复利用
古城功能修复利用
壹
整体复兴思路
原真“泗州城”
仿真“文博城”
贰
城池呼应格局
古城遗址保护
州城历史活化
禅城伊境活化
水城生态保护
叁
功能组团构建
花园古城
蓝带绿网
肆
系统活化工程
旅游产业系统
旅游接待系统
公共服务系统
基础设施系统

技术路径

（一）一个整体复兴思路

复兴沔阳州城是一个意义重大的基础性工作。

沔阳州城是仙桃的历史之根和文化之魂，曾经是江汉平原地区名副其实的中心城市。复兴沔阳州城并不是复原城市，更不是复古城市，而是要深入挖掘原有城市的形态特征和文化特色，为城市传统文化复兴和创新旅游体验活动提供坚实的基础。

复兴沔阳州城要扎实推进四个方面的基础性工作：山水城市特征、州府城市规模、明清城市特色和旅游古城格局。

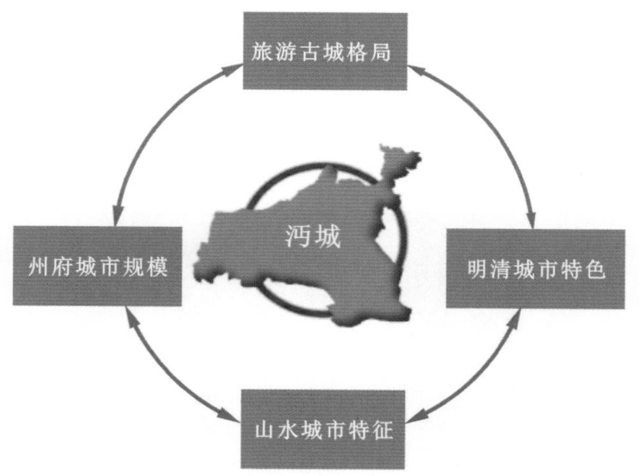

紧扣“保护生态、传承文化、拥抱科技”的三大时代主题，用“蓝带绿网”的规划策略，整合青林山、屯甲山、福星山的“三山锁关”，梳理东荆河、通州河、柴河、玉带河与南灌渠、南支渠、青兰渠等“四河十渠”，统筹戚家口潭和大莲花池、小莲花池、洗马池、御池等“一潭九池”，形成梦里水乡的“生态城”风格。

用“文博小城”的景观设计，修复“四十八寺庙、四十八牌坊、四十八古井”，整修环池路、文化路和十字街、下关街、永盛关街、龙家湾街、红花堤街、七里城街、小桥河街、上关街等“四路十九街”，修缮“三大丛林”和“沔城八景”，修葺“七里三分的环形城”，串点联线结网，形成怀古思远的“文化城”格调。

用建筑设计通过“材料工艺”让千年古城焕发活力，用现代技术通过“旅游+”让传统工艺再现张力，用信息技术通过“互联网+”让传统文化绽放魅力，打造拥抱科技的“旅游城”形象。

（二）两个城池的呼应格局

沔阳古城的历史文化和生态格局是沔城回族镇旅游业发展的战略支撑点，同时也是沔城回族镇创新旅游业态体系和开拓客源市场的战略增长极。

因此，原真性地保护沔阳古城的历史文化和生态格局，对于沔城回族镇发展旅游业具有基础性的战略意义。

规划设立“沔阳州城遗址风貌区”和“莲花池风景区生态涵养区”，形成城池呼应的沔阳古城格局。

为了整体复兴明清沔阳州城的风貌特征，本规划将现有仙监公路以南的集镇建成区纳入“沔阳州城遗址风貌区”范围。

（三）两个功能组团

城旅融合产业核心区打造州府历史街区和莲花池风景区两个功能主团，主导功能分别为休闲及康养。

功能组团
城旅融合产业核心区
1 州府历史街区
2 莲花池风景区

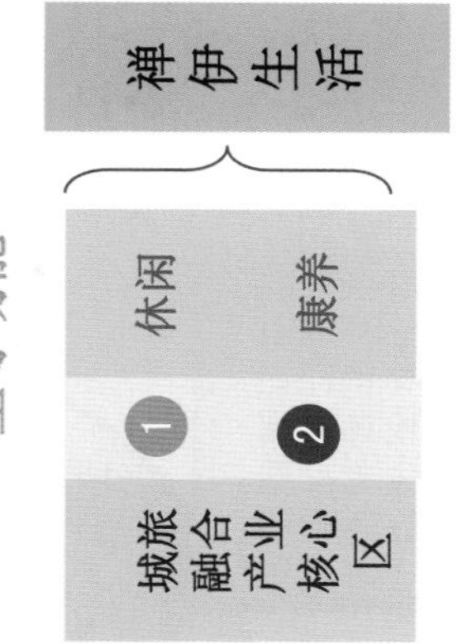
主导功能
城旅融合产业核心区
1 休闲
2 康养
禅伊生活

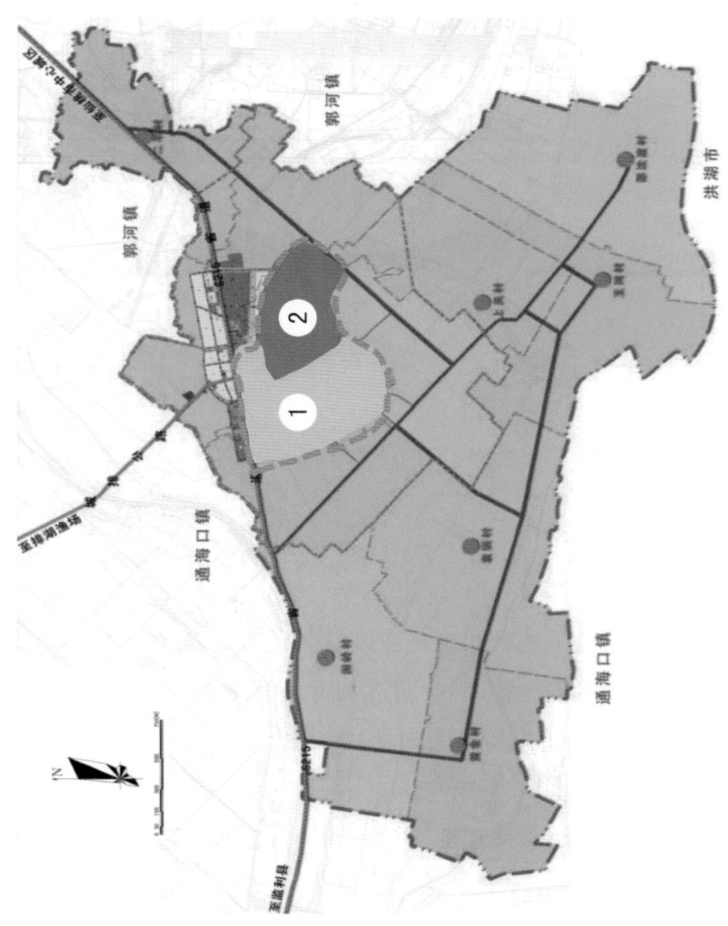
郭河镇
郭河镇
通海口镇
通海口镇
洪湖市
至排湖渔场
至监利县
S215

（四）四个系统活化工程

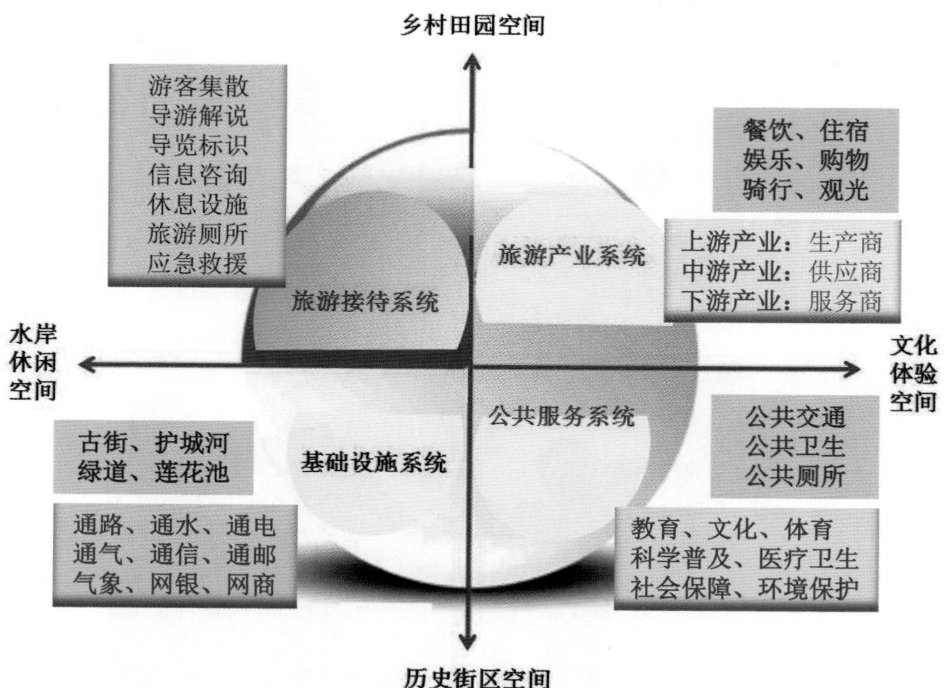

四、功能组织

（一）功能组织结构

以沔阳州城遗址风貌区和莲花池风景区生态涵养区为核心载体。

以仙监公路、沔排公路、产业通道和青兰渠路为对外连接通道。

以九贺门正街和莲花大道为南北主轴线，组织沔城旅游业核心区的景观体系。

实施古城复兴计划和莲花池提升计划，打造城池呼应的旅游功能格局。

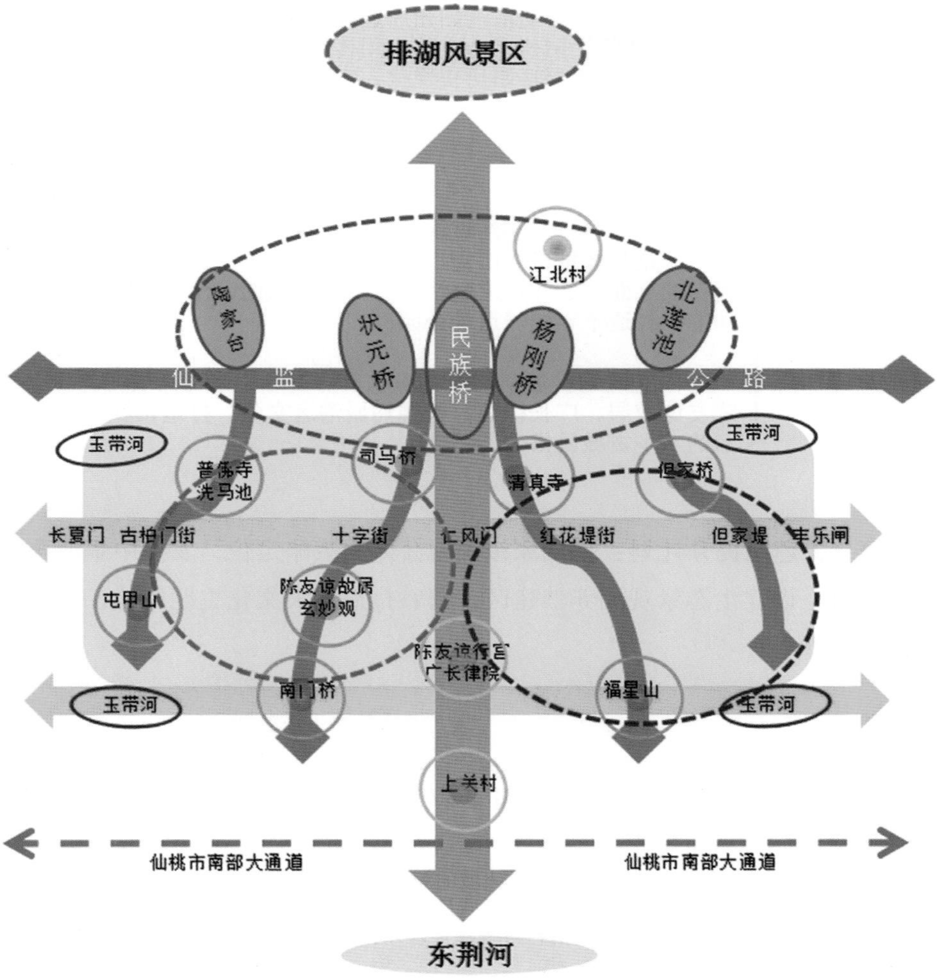

（二）功能组织计划

实施两个计划，打造城池呼应的旅游精品格局。

第一，古城复兴计划：以国家级文化遗产为战略定位，“一府两园”展现千年古城、汉王故里、五教并存、沔商雄风的辉煌成就与气势魅力。

一府两园

“一州府”——明清沔阳州府遗址博物馆。

以明清沔阳州府为主体，用传统建筑景观和现代多媒体技术复兴沔阳历史文化，打造沔城全域旅游的品牌极核。

“两公园”——千年沔城遗址公园；水乡古城民俗公园。

一是整体推进东门街、九贺门正街、下关街、红花堤街的立面改造和街道整治，复兴古城风貌，激活古街功能，打造千年沔城遗址公园。

二是疏通护城河，玉带串联普佛古寺、诸葛武侯祠、陈友谅故居、广长律院，挖掘沔城漕运文化，打造带状形的水乡古城民俗公园。

第二，莲池提升计划：以国家级湿地公园为战略定位，发挥中华沔藕的品牌优势，设立生态景观涵养禁建区，精心打造三大文化主题岸线，彰显水城格局。

三个岸线

“门户岸线”——拓展建设莲花大道，配套建设具有多元功能的莲花文化休闲广场；在莲花大道与青兰渠连接处建设沔城全域旅游集散中心，形成千年沔阳古城的门户效应。

“乐园岸线”——以复州城的城墙和城楼为景观主体，建设家庭亲水乐园、荷塘月色帐篷营地、自驾车生态营地、水乡风情村落等满足娱乐性消费的滨水体验乐园。

“花园岸线”——用蓝草坪、百果园、花卉廊、艺术林、亲水栈道等具有场地感的大地艺术，连接七红村的民族风情街、红花堤的沔商古街、莲花池的风华妖娆，将莲池半岛打造成曲院风荷的生态艺术花园，满足日益增长的亲子型消费需求。

（三）核心区功能组织

核心区功能组织：一州府、两公园、三岸线。

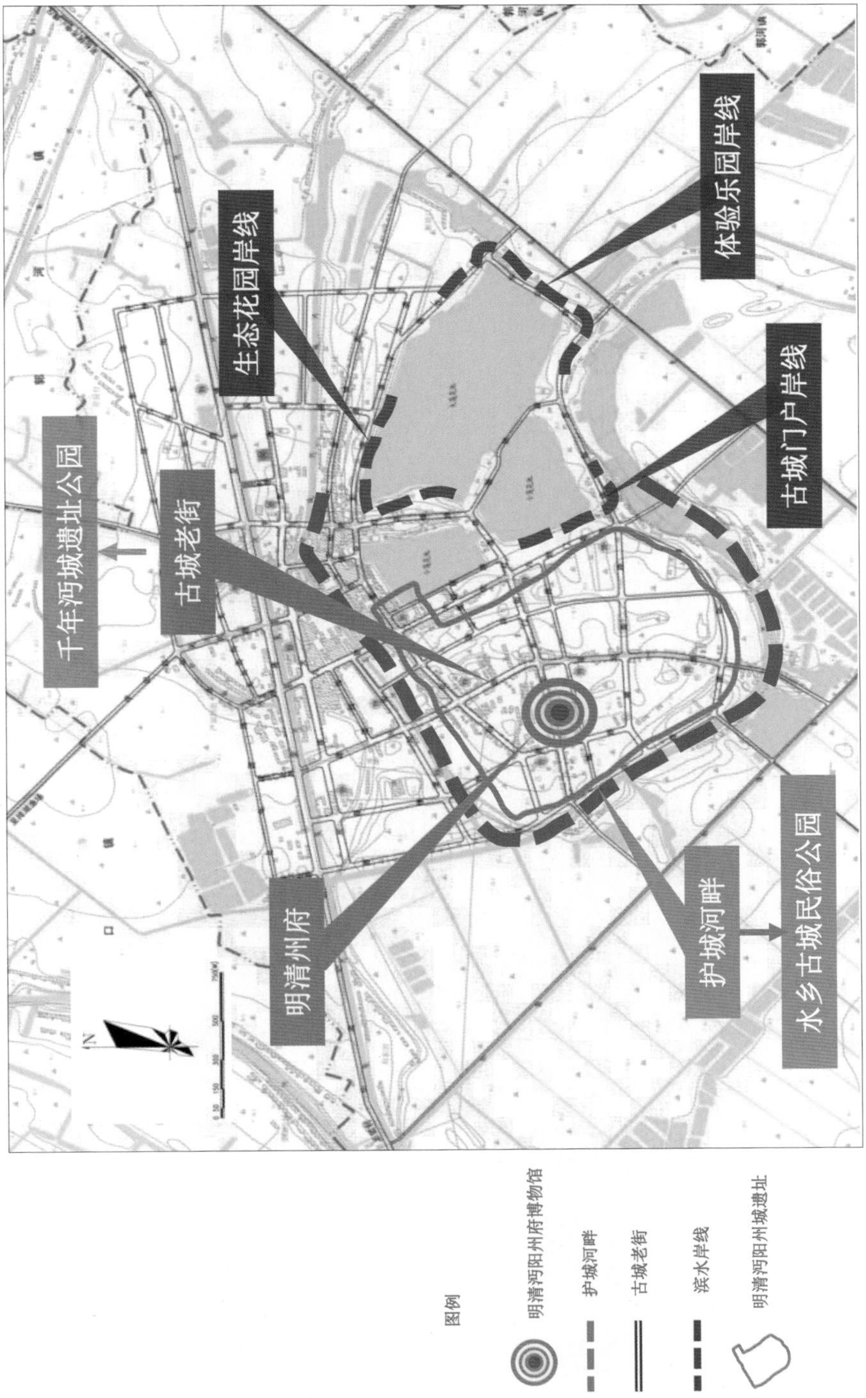

千年泗城遗址公园
古城老街
生态花园岸线
体验乐园岸线
古城门户岸线
明清州府
护城河畔
水乡古城民俗公园

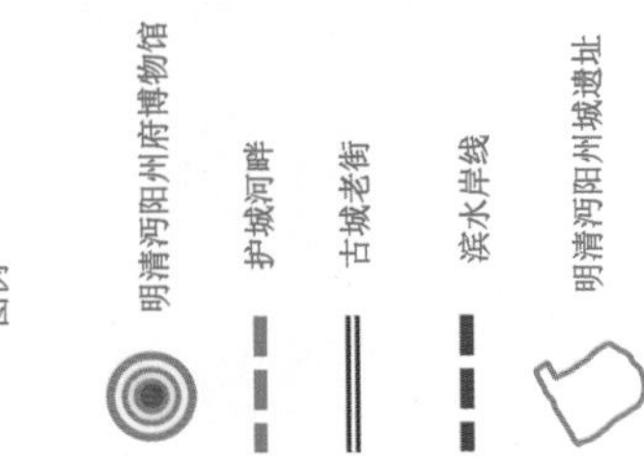

蓝带绿网，花园古城。

梦里水乡的“生态城”风光，怀古思远的“文化城”格调，雅致生活的“旅游城”形象。

第六章
沔阳州城：文化复兴

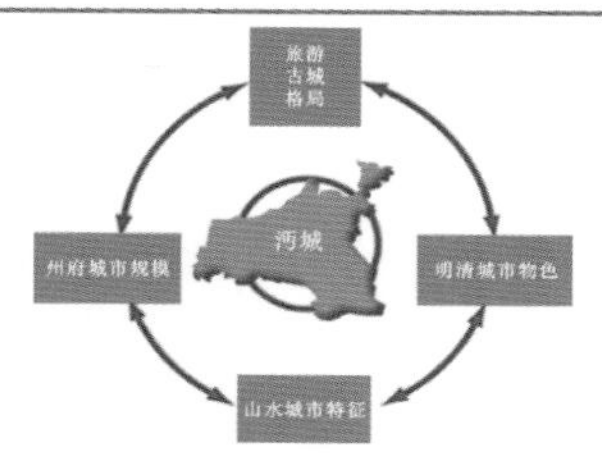

一、整治街道，活化古城格局

明·嘉靖《沔阳州志》记载：国初乙巳指挥沈友仁循故址筑。街道随之形成，嘉靖《沔阳州志》上已有十字街、南门街、北门街、东门街、西门街（中衢南、中衢北、中衢东、中衢西）、漕河、江北、七里城、红花堤街的记载。当时的城区辖三坊、二厢、二村，城内东北隅一坊，东南隅二坊，城外上关为一厢，下关为一厢，护城河北（玉带河）为江北村、漕河村。

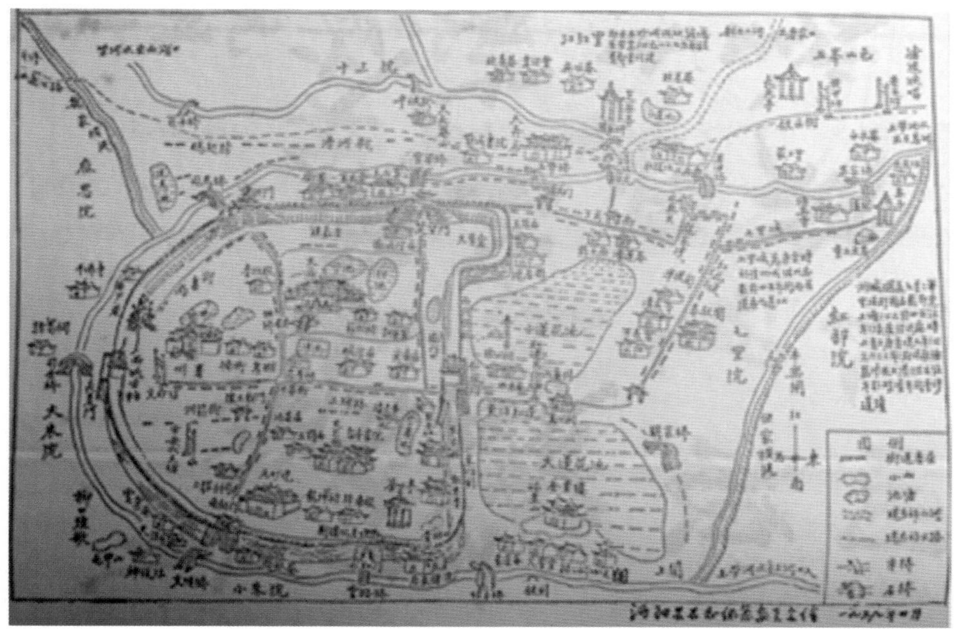

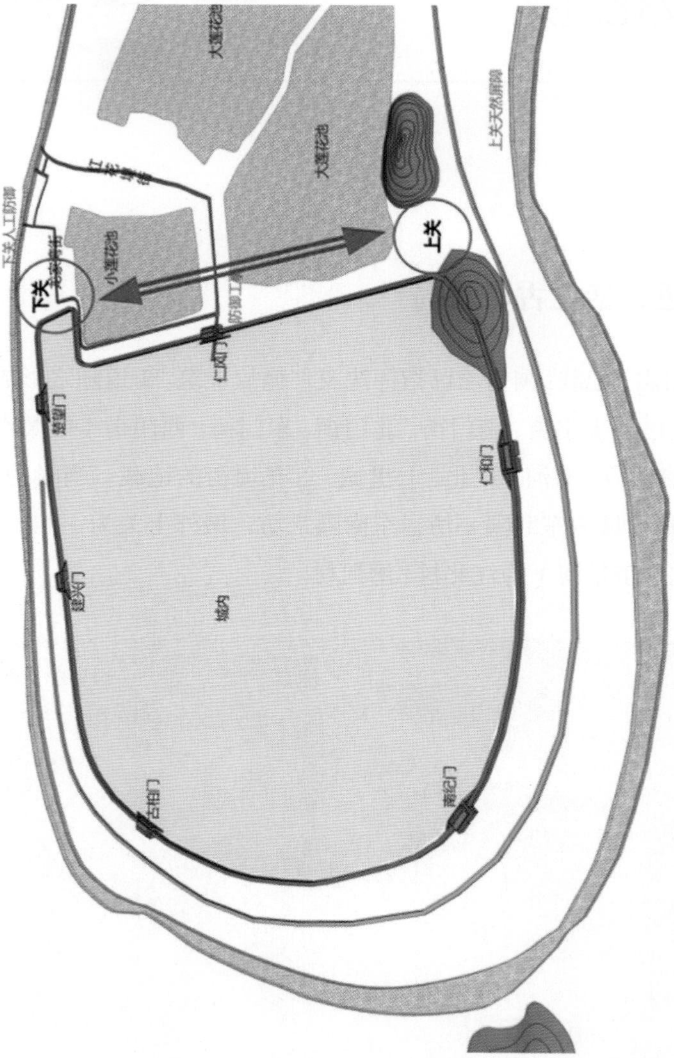
下关人工防御
下关
上关
小莲花池
大莲花池
大莲花池
上关天然屏障
城内
通望门
建兴门
古柏门
南纪门

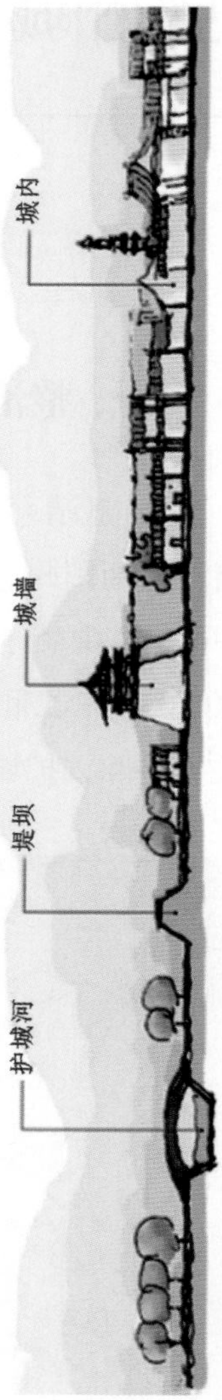
城内
城墙
堤坝
护城河

街道分类整治措施

类型	街巷名录	复兴措施
文物保护主导型	十字街（古柏门街、东门街）、文化路（尚书街、旗纛街）、漕河街	1.加强文物单位修复工作 2.拆除不和谐的建筑和构筑物 3.绿化美化周边环境
情景还原主导型	东岳庙街、红花堤街、龙家湾街、河堤街、环池路	1.复建重点文物古迹 2.主题化改造建筑外立面 3.主题化配置街区景观小品 4.主题化配置旅游业态 5.优化标识系统 6.加强交通管制
业态优化主导型	九贺门正街、建兴门正街、集贸市场街、下关正街、头天门街	1.优化建筑风貌 2.主题化配置旅游业态 3.营造休闲氛围 4.加强交通管制
风貌提升主导型	民族大道（东、中、西）、宝炬街、团结街、椅子湾街、永盛关街、小桥正街、七里城街、严家牌坊	1.拆除不和谐建筑和构筑物 2.主题化改造建筑外立面 3.完善公共设施 4.民居院落提升与对外开放
交通疏导主导型	交通路、学田路、建兴门路、南纪门路	1.合理拓宽路面，设置集散节点 2.设置交通标志，杜绝违规驾驶 3.杜绝乱停乱放现象 4.人车分流，旅游公共交通先行

集中力量，重点打造东门街、九贺门正街、下关街、红花堤街，形成具有明清时期古色古香的历史文化街道，构建特色形象与品牌优势。

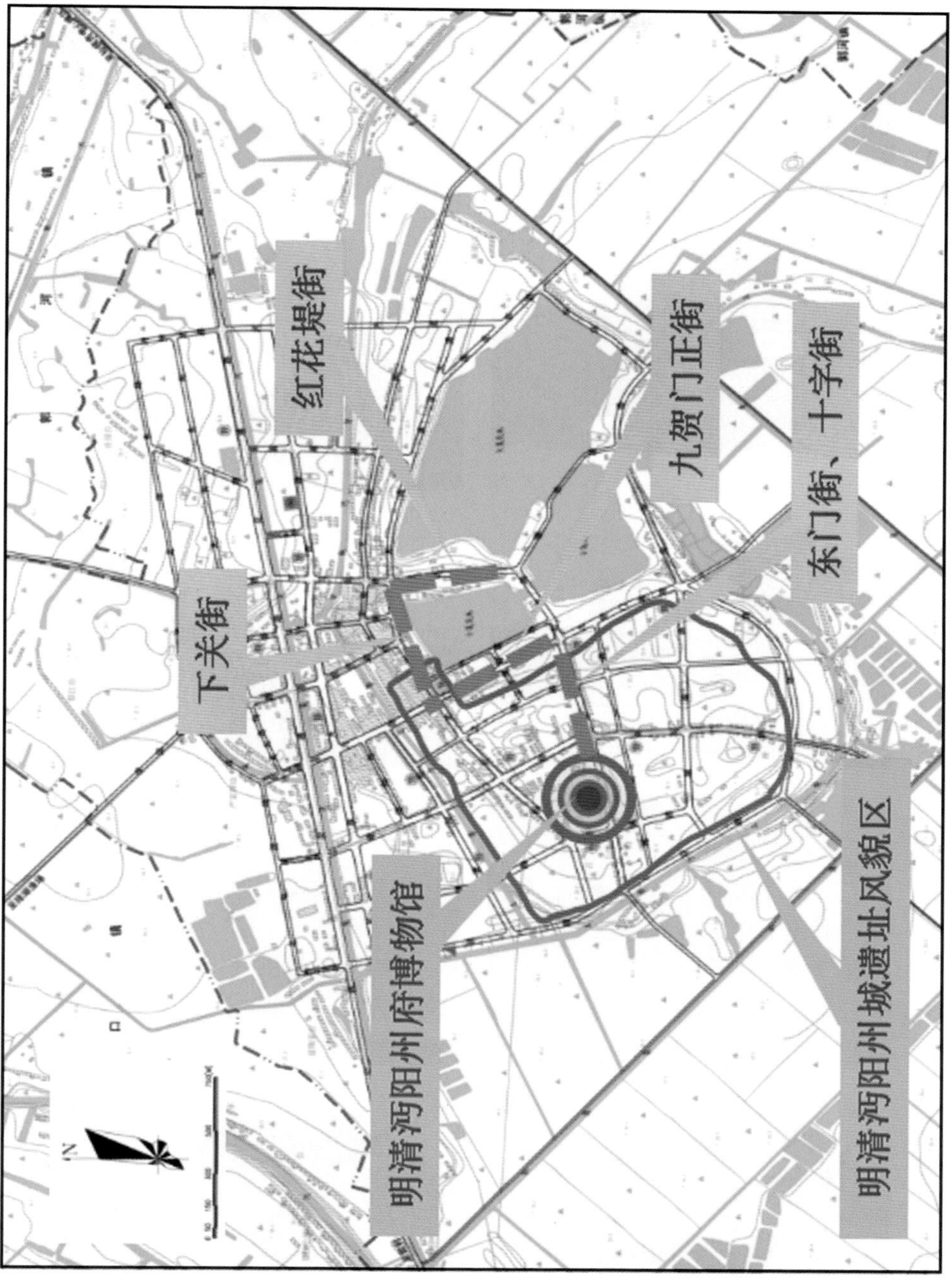

红花堤街
九贺门正街
东门街、十字街
下关街
明清沔阳州府博物馆
明清沔阳州城遗址风貌区

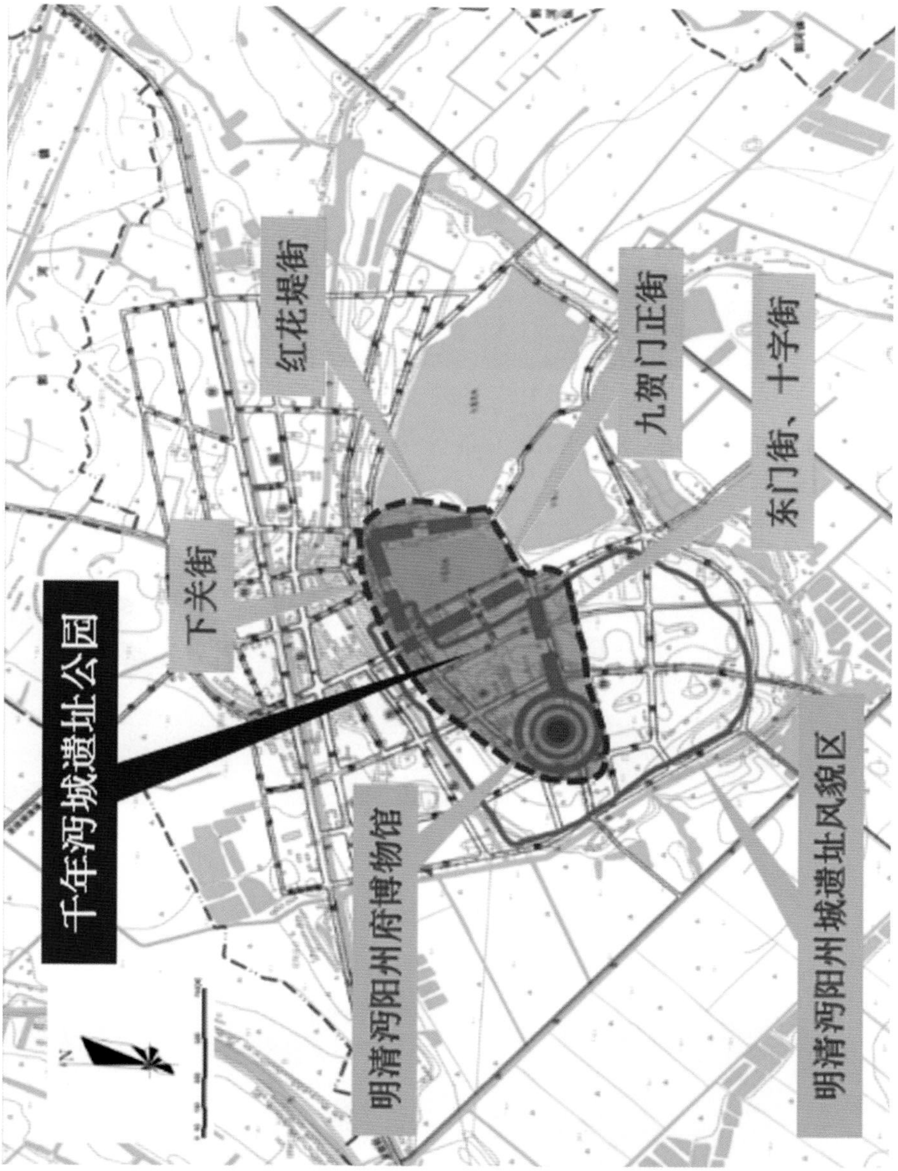

千年泗城遗址公园

下关街

红花堤街

九贺门正街

东门街、十字街

明清泗阳州府博物馆

明清泗阳州城遗址风貌区

古建古街古风尚的千年泗城遗址公园

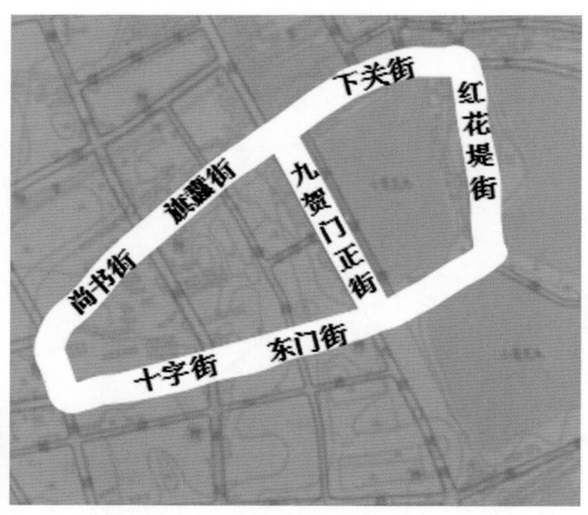

1. 青砖灰瓦马头墙

2. 州府衙门古书院

3. 庭院店铺石板街

4. 茶楼会馆老戏台

5. 水乡古城赶庙会

二、梳理水系，活化水城特征

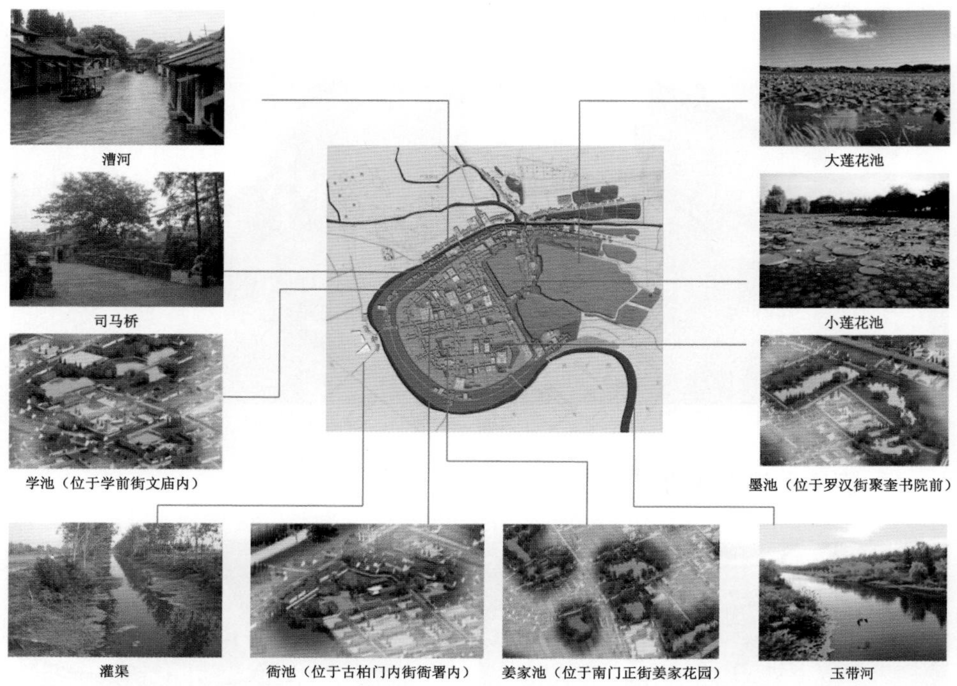

关键是疏通护城河，玉带串联普佛古寺、诸葛武侯祠、陈友谅故居、广长律院，挖掘沔城的沔商文化、漕运文化、三国文化和耕读文化，打造带状形的水乡古城民俗文化公园。

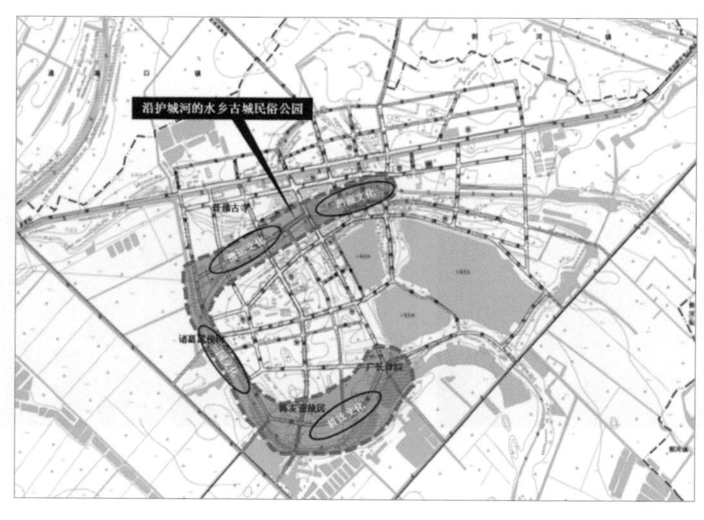

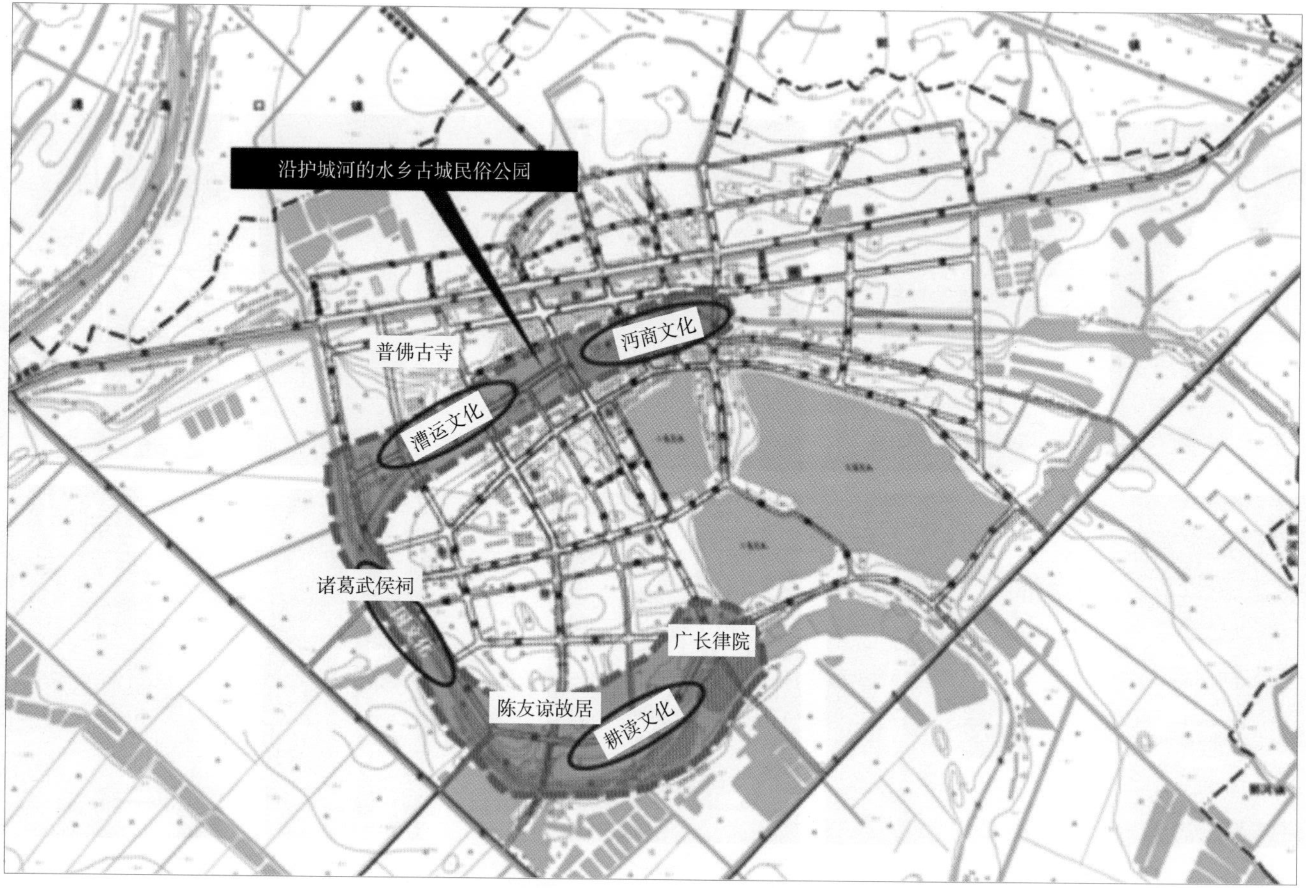

护城河畔的水乡古城民俗公园

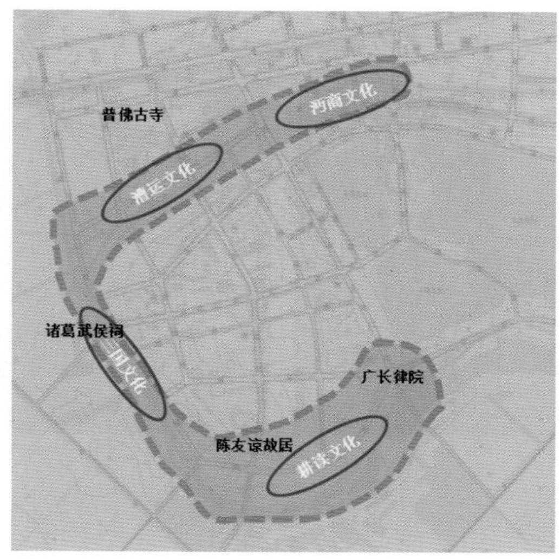

1. 沔阳风味小吃街

2. 沔城老街手艺坊

3. 沔商店铺生意巷

4. 小桥流水书香家

5. 漕运码头古商道

为了保障护城河和莲花池的水量稳定和水质优良，必须充分发挥沔城现有水系的优势，打通莲花池与护城河，护城河与青兰渠，护城河与中排渠，青兰渠与中排渠，中排渠与通州河，中排渠与南支渠，南支渠与东荆河的河、渠、池之间的水路连接，形成可以调控的系统，进一步突显沔城的水乡格局和古城特色。

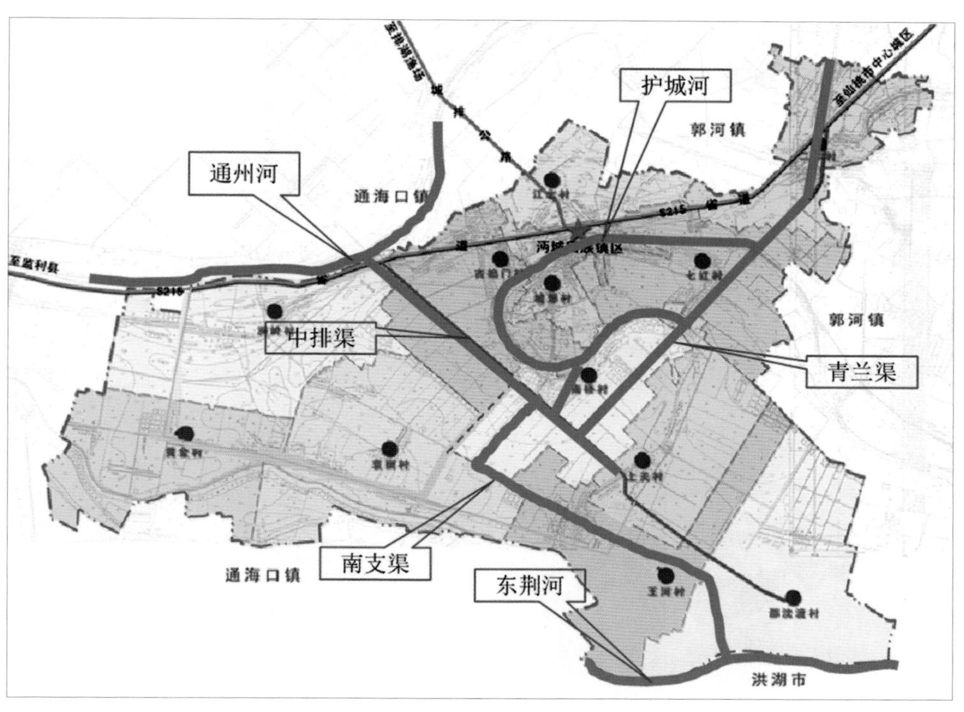

四水连通工程：东荆河、通州河、护城河、莲花池的水系贯通

三、修复建筑，活化州城风貌

以明·嘉靖《沔阳州志》、清·乾隆《沔阳州志》和清·光绪《沔阳州志》记载的沔阳州城建设历史为依据，以民国时期的明清沔阳州城为蓝本，以主题博物馆的形式为载体，复建明清沔阳州府办公建筑群。

打造明清沔阳州城遗址风貌区的战略性支撑点，构建明清沔阳州城的品牌形象格局，夯实沔阳古城旅游目的地的核心竞争力。

官方办公建筑群　官方祭祀建筑群

官方办公区鸟瞰

行政街道视图

沔阳州衙署

沔阳州衙署建筑群

汉津桥——水府庙

仁风门八卦剅

仁风门黄莲关牌楼

头天门——玉带河

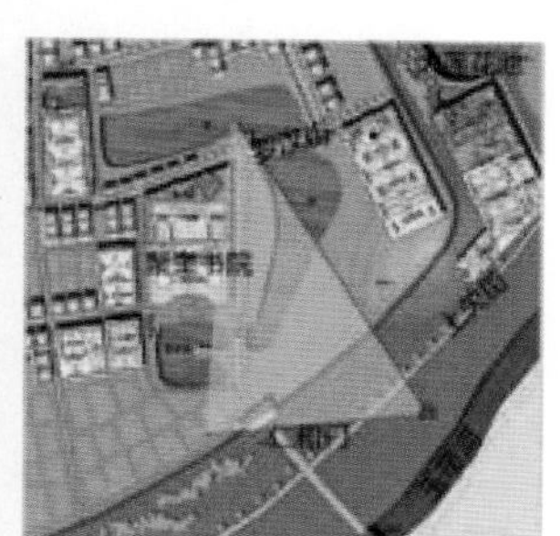

聚奎书院——墨池

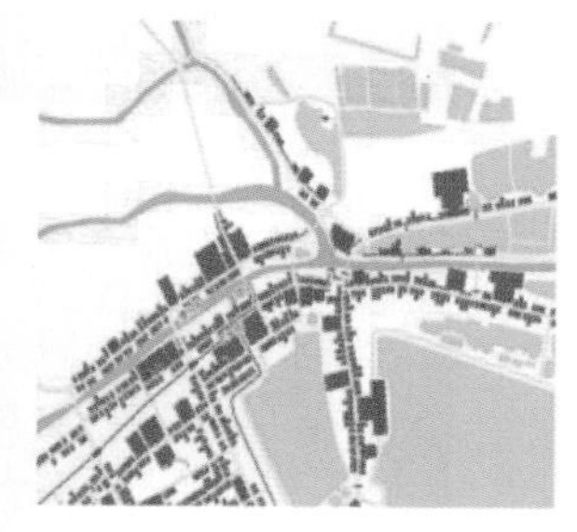

漕河水系

古柏门复原半鸟瞰图

荆楼玩月（仁和门）景观复原效果图

沔阳州城古柏门

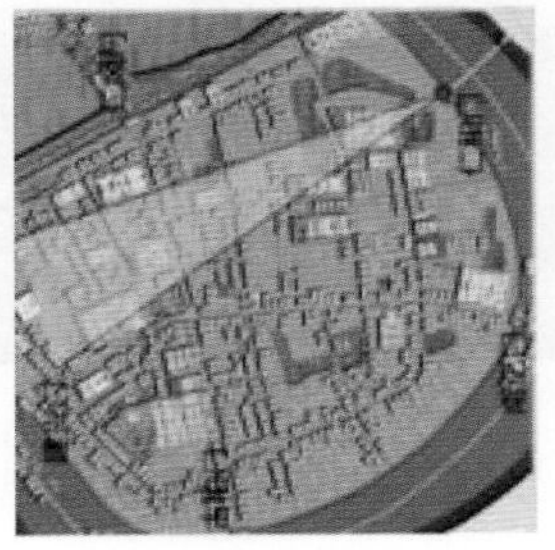
沔阳州城仁和门

上关街区复原鸟瞰图

下关街区复原鸟瞰图

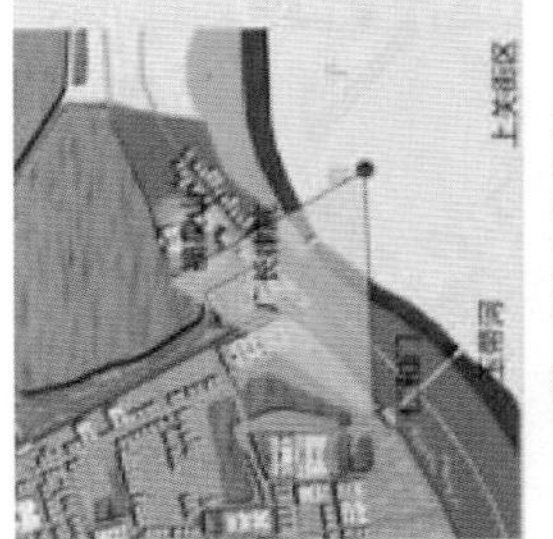

沔阳州城上关街区

沔阳州城下关街区

福星山复原远景图

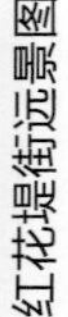

红花堤街远景图

沔阳州城上关——福星山

沔阳州城红花堤街

四、繁荣文化，活化禅伊特色

2000 年 7 月第一版《沔城志》（增订本）记载了 45 座古寺庙。其中，报恩寺是沔城修建年代最早的寺庙，明·嘉靖《沔阳志》记载建于明朝之前。文圣庙、玄妙观、广长律院、水符庙是修建于明代的寺庙，明·嘉靖《沔阳志》、清·乾隆《沔阳志》、清·光绪《沔阳志》都有记载。其他，多数寺庙修建于清代，2000 年 7 月第一版《沔城志》（增订本）记载，尽管累毁累建，但在 1941 年之前，这些寺庙都是存在的。1941 年，许多寺庙毁于战火。可见，当年的沔阳州城，宗教活动场所甚多，佛、释、道、儒以及伊斯兰，五教共城，多元融合。尤其是佛教居于主体地位，是一座名副其实的禅意之城。

类型	数量	名称
庙	13	文圣庙、城隍庙、东岳庙、水府庙、卫城隍庙、五显庙、关帝庙、沔庵庙、药王庙、三宝街庙、天符庙、马侯庙、泰山庙
院	1	广长律院
寺	6	报恩寺、千佛寺、天保寺、普佛寺、清真东寺、清真西寺
观	1	玄妙观
庵	11	严华庵、天赐庵、青莲庵、延寿庵、映莲庵、白衣庵、达士庵、天长庵、涌莲庵、慈林庵、云窟庵
殿	2	鲁班殿、梓潼殿
堂	2	皇经堂、火星堂
祠	4	昭宗祠、龙神祠、二程子祠、狄梁公祠
阁	4	文昌阁、准提阁、观音阁、四元阁
社	1	聚奎社
塔	1	仁风塔
台	1	乐台
根据《沔城志》（2000年7月）第170—176页内容整理		

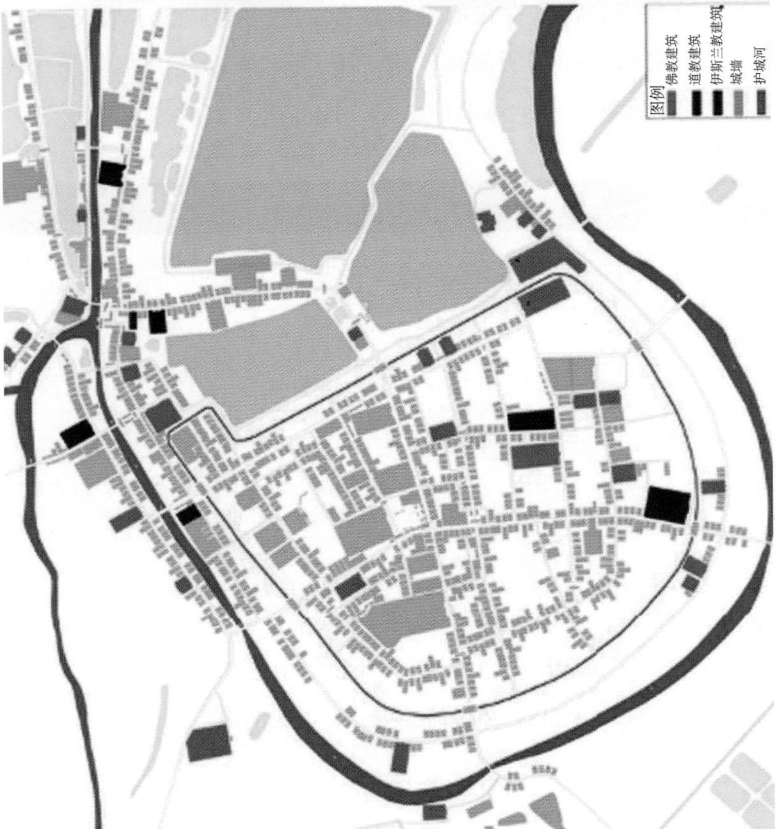

图例
佛教建筑
道教建筑
伊斯兰教建筑
城墙
护城河

修缮寺院　多元融合

“宗教兴盛，多元融合”。明清沔阳古城的宗教文化，佛教、道教、伊斯兰教高度融合，多元而丰富，别具特色，在中国古代的州府城市中独树一帜。沔阳古城多民族、多宗教高度融合的文化现象，值得深入思考和系统研究。

从宗教建筑的布局来看，主要分布在古城的城墙内外，不受传统城市的城禁制度影响，更加贴近民间生活。沔阳古城的宗教活动，不仅代表了民间主流文化活动，而且丰富多彩，经久不衰，值得深度挖掘和系统研究。

目前统计，沔阳古城的宗教建筑有 40 座。其中，佛教建筑 32 座，道教建筑 6 座，伊斯兰教建筑 2 座。佛教建筑以佛寺为主，广长律院被传曾为湖北省三大丛林之一，僧侣 50 多人，在兴旺的时候，求戒者常达 500 人以上。可以说，沔阳古城寺院林立，有关寺院内的活动丰富多彩。

明清时期的宗教建筑统计表

建筑类型		色块	数量（处）
宗教建筑	佛教建筑		32
	道教建筑		6
	伊斯兰教建筑		2
合计		40处	

玄妙观位于沔阳古城的南门内，坐东朝西。根据嘉靖《沔阳州志》记载，玄妙观原为元朝末年农民起义领袖陈友谅的故居，明乙巳年沈友仁改建为道观。

光绪七年（1881）重建。1941 年大火之前，玄妙观有灵官殿、三师殿、三清殿、雷祖殿、吕祖殿（玉虚阁）、救苦殿、观音殿、老祖殿、龙神祠、蚌姥阁、皇经堂等建筑群，俗称“一观十殿”，是沔阳古城道教建筑的典型代表。

广长律院又名广长社，建于明代天启年间，坐落在大莲花池西南岸的青林山上。台基高出地面 5—7 米，广长律院位于台地中央，沔阳古城的湖光水色和田园风光尽收眼底。昔日律院，为名显赫，闻名遐迩，是湖北省的三大丛林之一。山门上的“广长律院”四个大字是明末书法家董其昌的手迹，建筑规模宏伟壮观，庙内铜佛五百多尊，泥塑菩萨一百多尊，其规模远胜于汉阳的归元寺。

玄妙观鸟瞰图

广长律院半鸟瞰图

报恩寺位于沔阳古城内的东南角，和广长律院一墙之隔，是沔阳古城最早的寺庙建筑。根据嘉靖《沔阳州志》记载，报恩寺建于明朝以前，毁于元末，明洪武戊辰年（1388）重建，占地十亩六分五厘（7100平方米），后殿台基与城桓等高，山门内两翼有池，中为鉴心亭、观音殿、弥勒殿，后增修大雄宝殿、僧正司宿舍（明清两代的僧正司一直设在报恩寺），明清两朝多次修缮，是沔阳古城重要的佛教建筑。

报恩寺半鸟瞰图

弘扬佛教　禅城意境

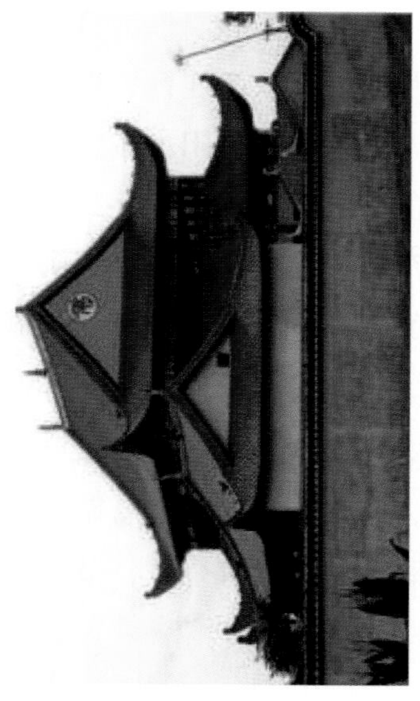

“东岳城隍，商肆傩礼”。明清沔阳城，由于水运交通便利，多民族聚居，宗教兴盛，物质丰富，商业繁荣，因此，民间庙会文化兴旺发达，影响周边地区。较著名的有东岳庙会、城隍庙会和傩礼会。

东岳庙会是沔阳古城的一大盛事。从农历腊月三十晚上开山门，到正月十五关山门，为期十五天。烧香拜佛的人很多，日夜川流不息，特别是初九的“会香日”，附近各县甚至湖南都有香客来朝拜。各路香客，由头天门至二天门，过玉带桥进入东岳庙参加祭拜活动，在漕河街庙门前有庙会广场，玩狮子，舞龙灯，唱戏，耍把戏，文娱活动日夜连场，两侧民居的前店商肆繁忙不停，十分热闹。

从城隍庙会和傩礼会，从四月二十八日至五月初一，双会连台，也是沔阳古城的盛大节事。傩礼会是少数民族的傩舞和傩戏，属于沔阳古城独特的节事活动，体现了明清沔阳古城少数民族文化特色。农历四月二十七日，被称为“的确子”的人员不戴头盔面具，从城外天符庙迎天符菩萨进城，到城隍庙做“客”。二十八日，城隍菩萨送“客”，“的确子”抬着天符菩萨和城隍菩萨，一前一后，游遍全城，送天符菩萨归位。这一天，沔阳古城举办迎神赛会，沿街商家店铺根据行业特点，张灯结彩，例如药店的是寿星、麻姑采药等题材的彩灯。沔阳古城子弟则要穿着彩装，骑着彩马，跟着菩萨同游全城。各行各业组织的龙灯、蚌壳精、高跷方队紧跟菩萨同游全城，节事活动热闹有趣。

东岳庙会的活动主要集中在庙宇、庙会广场及其周边区域，而城隍庙会的活动主要集中在城隍庙内。城隍庙正门前有一个可以容纳千人的广场，与正门相对方向有一个戏台，广场两侧有侧廊、看台、石朝殿等设施，规模宏大，显得气势雄伟。庙会和看戏好戏连台，喜庆热闹。明清时期，东岳庙会和城隍庙会是沔阳古城对周边地区影响比较大的特色文化活动。

庙会社火　寓教于乐

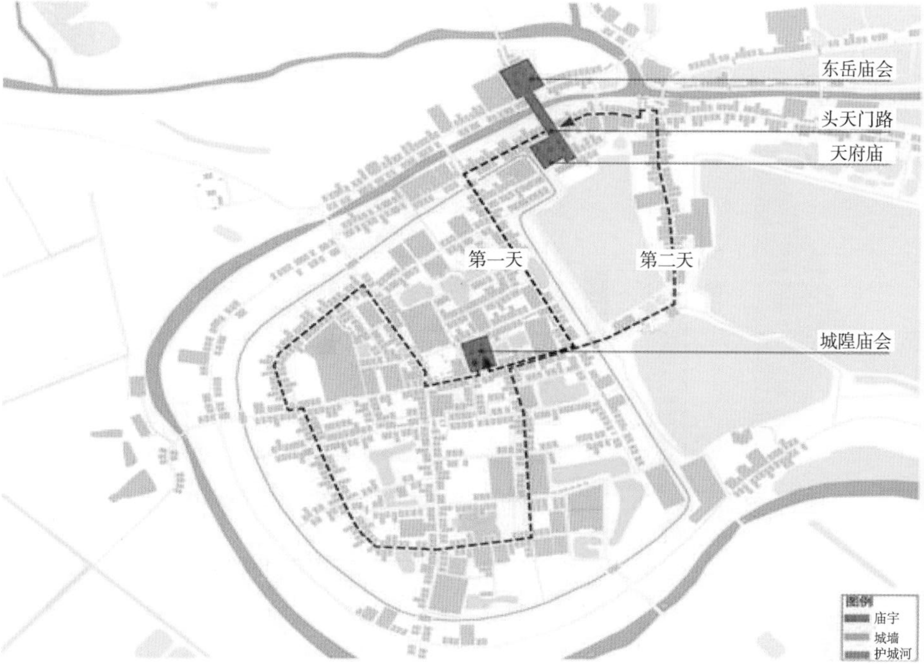

东岳庙会
头天门路
天府庙
第一天
第二天
城隍庙会
图例
庙宇
城墙
护城河

第七章
红莲花池：品质提升

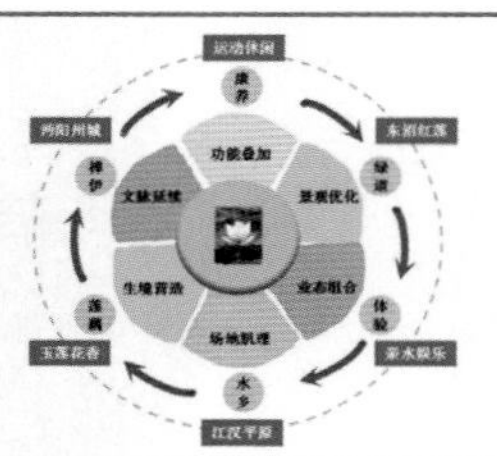

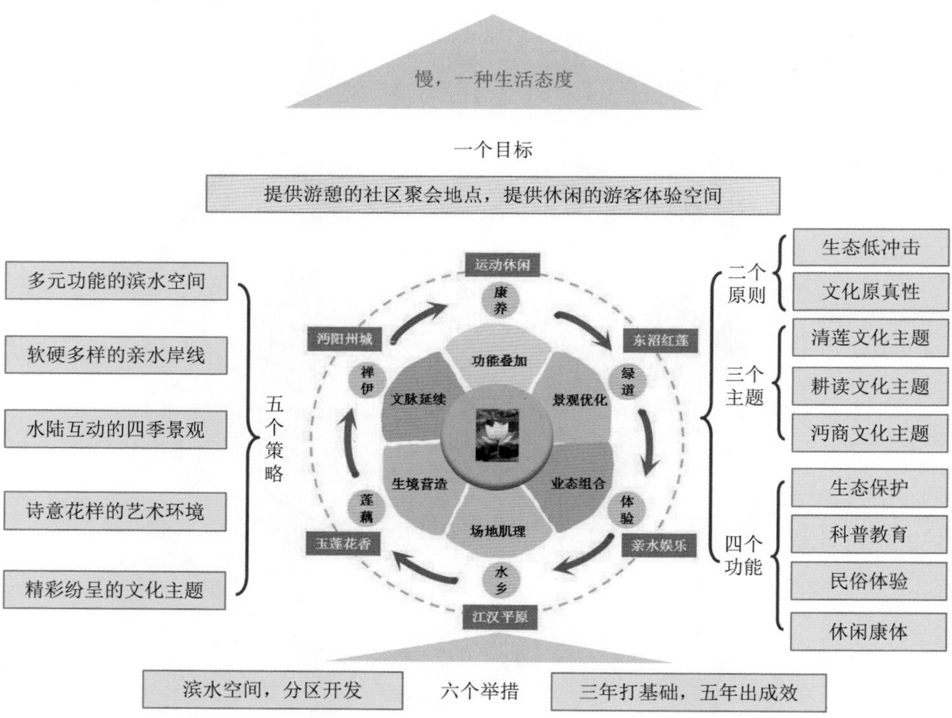

莲花池风景区品质提升：123456的技术路径

一、场地肌理，保护水乡田园痕迹

遵循莲花池的场地肌理，保持内连外通的水系结构，保护水乡田园痕迹，保育长江汉水冲积平原的云梦古泽生态基底。

规划沿青兰渠、莲花大道（规划）、九贺门正街、玉带河（澧河）的区域范围为莲花池生态涵养区，建立生态保护和景观控制的管理机制，确保生态环境和文化意境。

现状评价：

（1）莲花池是由三个自然遗存和人工修筑的池塘连体而成。周边地势平坦，属于长江汉水冲积平原的云梦古泽生态基底。

（2）东部岸线是人工修筑的青兰渠，南部岸线是玉带河遗存，西部岸线是明清沔阳州城遗址（现在的建成区），北部岸线是集镇建成区和玉带河遗存南部的农田。红花堤形如半岛，延伸进入三个池塘的结合部。

（3）莲花池具备蓄滞洪水、净化水质、涵养地下水、生物生境保护、再生水循环利用等方面的生态功能。通过生态恢复，维护自然生物与非生物过程的健康。

（4）莲花池兼顾沔阳古城和水乡田园的景观风貌。东沼红莲是明清沔阳州城的八景之首。

（5）人工修筑了环池路、九曲桥、鸳鸯亭、八角亭、人工岛、东沼红莲牌坊、绿色长廊、逍遥楼和复州城仿古楼等设施。栽种了多种名贵树种和花草。

（6）莲花池具备生态保护、莲藕种植、游憩休闲的基本功能。

根据《仙桃市沔城回族镇总体规划（2012—2030）》第十三条、第二十四条、第三十二条的规定，莲花池周边区域划分为建成区、限建区和禁建区，莲花池及其周边区域的开发建设必须符合相应的空间管制要求。

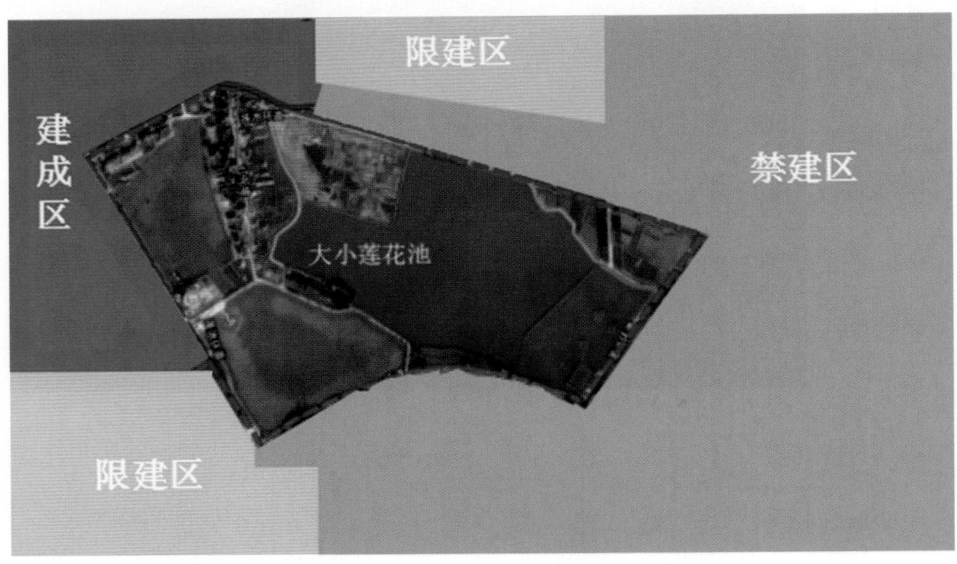

莲花池周边禁建区的大部分区域属于基本农田，应该遵循国家基本农田保护的相关法律法规，建立生态保护和景观控制的严格管理机制，确保莲花池的生态环境和文化意境。

水系统是构成莲花池风景区的基础要素，水质又是决定水系统功能的关键因素。莲花池风景区应该在三个方面对水质进行控制：一是青兰渠、柴河、

玉带河遗存河道的上游河流来水的水质控制；二是莲花池风景区生态涵养区的水质控制和自然净化；三是莲花池风景区西部区域建成区的雨水和生活污水等水质净化项目或设施对水质的调节和控制。

禁建区的田园生态

二、生境营造，保育池塘生态环境

沔城回族镇地处江汉平原农业主产区，无大面积林地，缺少生态屏障，生活污染物、工业污染及农业污染很难通过自然生态链进行降解，生态环境十分脆弱。因而，必须加强莲花池的水质控制。

一是建设莲花池的多功能雨水调蓄系统，进行自循环处理。

二是规划扩建现有污水处理厂，使其处理能力达到 7000 吨 / 日，并达到二级处理深度要求，镇区污水经处理达标后排入柴河。截断莲花池的污水源。

三是通过增加莲花池内的水生生物多样性和驳岸周边 30 米的陆上生物多样性，提高莲花池水体的自然降解能力，从而控制水质。

田园生态环境

多功能雨水调蓄系统

行道树
吸收雨水，净化空气，提供树荫

路缘开口
引导路侧径流

人工湿地
蓄溜过滤渗透
加强生物多样性

连贯植草沟
蓄溜过滤渗透径流，
为行道树提供生长空间

溢流排水管
将植草沟或绿色土坡的溢流水量排入莲花池

雨水利用

污水处理

河水流动

池塘基质
LAKE

湖面基质
LAKE

岛屿斑块
ISLANDS

建筑斑块
ISLANDS

草地斑块
LAWN

竹林斑块
TREE

树木廊道
TREE

道路廊道
ROAD

河流廊道
RIVER

改善河水与池水的自然流动条件

从源头、通道、终端上对雨水进行“渗、蓄、滞”一体化引导控制

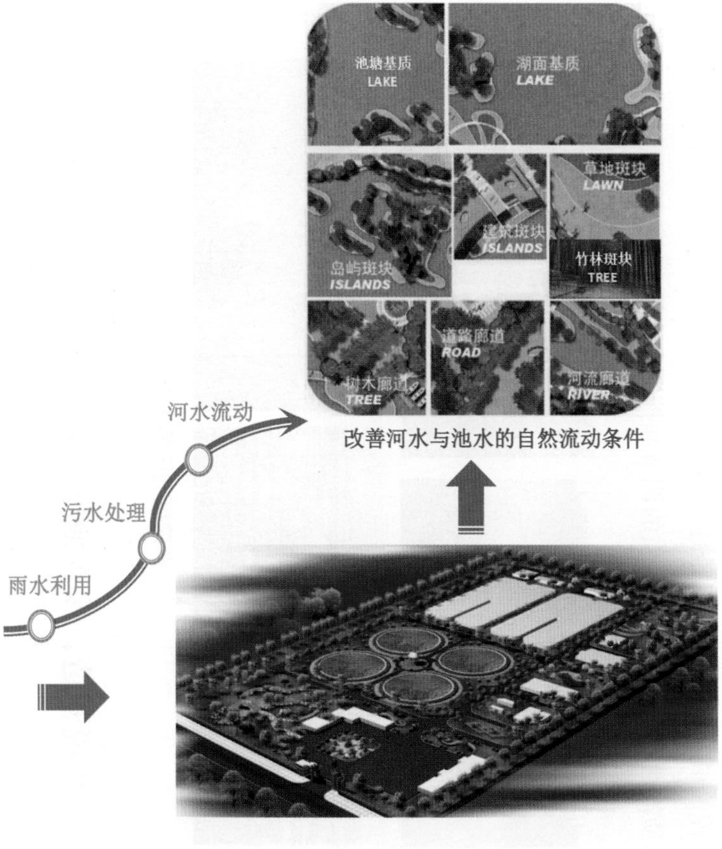

镇南新建污水处理厂，提高日处理能力，确保达到二级处理深度要求

自然式驳岸

自然式驳岸

自然式驳岸

自然式驳岸

阶梯式驳岸

阶梯式驳岸

阶梯式驳岸

自然式驳岸

自然式驳岸

垂直驳岸

垂直驳岸

垂直驳岸

垂直驳岸

自然式驳岸

阶梯式驳岸

垂直、阶梯式组合驳岸

三、文脉延续，弘扬沔阳州城文化

（一）清莲文化主题岸线

根据2000年7月第一版《沔城志》（增订本）记载，沔城盛产莲藕，素有莲乡藕城之称。明代，卢滋在复州（治所即今沔城）为官时，曾赋诗云：

湖水平桥近古城，
红莲花好镜中明。
亭亭不受污泥染，
花与濂溪心共清。

沔城莲藕尤以城东大小莲池中的最为著名。由于这里的莲花美，气味香，因此，"东沼红莲"便成了沔城优美的八景之一。

（二）沔商文化主题岸线

根据清·乾隆《沔阳州志》记载，沔阳古城的商贾花园和商业会馆主要集中在红花堤街、龙湾街、漕河街等靠近大小莲花池与漕河（玉带河）岸边的区域，体现了沔阳人坐贾行商的文化现象。

根据清·光绪《沔阳志》记载，莲花池西北岸线附近有福建会馆（天后宫）、鄂城会馆（鄂城书院）、江西会馆（万寿宫）、瞎子会馆（五行宫）等临水而建的商业会馆，代表了沔阳水乡园林的建筑特色。

（三）耕读文化主题岸线

根据清·光绪《沔阳志》记载，莲花池西南岸线附近有玄妙观、复州书院、仁风书院、玉带书院、纪恩书院、聚奎书院和广长律院等历史建筑群，体现了沔阳人兴学重教的文化现象。

根据明·嘉靖《沔阳志》记载，玄妙观原为陈友谅的故居，陈友谅青少年时期在这里读书启蒙、训练习武和捕鱼务农。陈友谅是元末明初时期著名的农民起义领袖。

陈友谅（1320—1363年），沔阳人，居沔城南门，自幼聪颖，曾入私塾读书，家贫辍学，在其父指点下，不仅学会了捕鱼，而且练就了一身好武艺，同辈好友无不折服。

元至正十一年（1351年）八月，陈友谅投奔徐寿辉兴兵起义。

元至正十八年（1358年）正月，陈友谅率兵攻克安庆城。随后，攻克安徽、浙江、江西的多座城市，占据长江以南半壁江山，军威大振，致使元军望而生畏，陈友良成为三楚大地的农民起义领袖。

元至正十九年（1359年），陈友谅与朱元璋发生冲突，争夺江南城池。

元至正二十年（1360年）五月，陈友谅在安徽涂县即皇帝位，国号汉，年号大义。

元至正二十三年（1363年）八月，陈友谅与朱元璋争夺天下，大战于鄱阳湖，突围受伤而亡，葬于武昌的蛇山之麓，终年44岁。

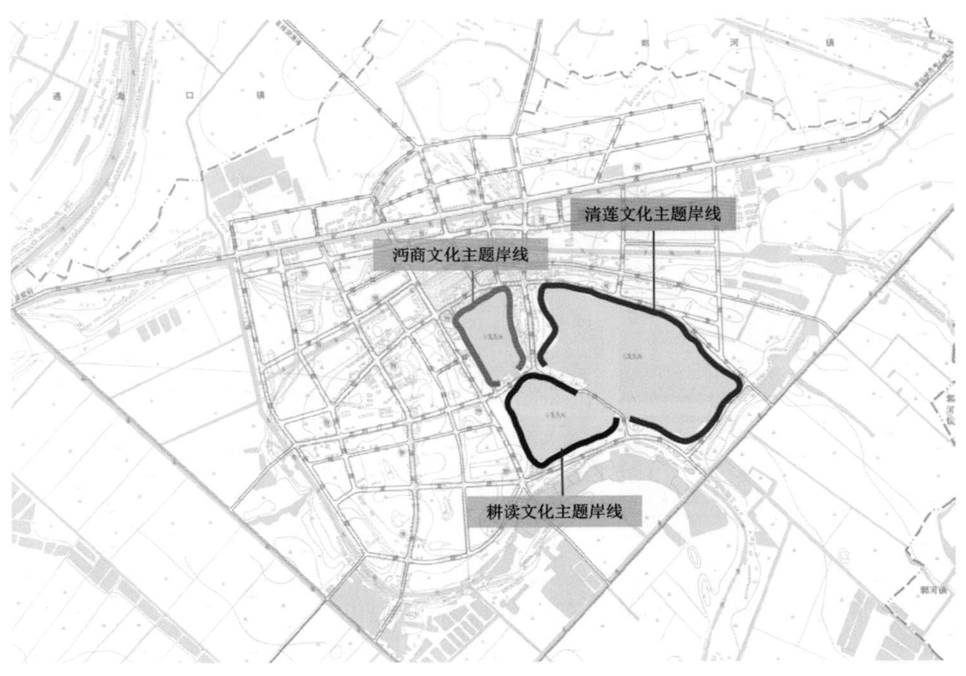

水乡文化

春日耕读会

清莲文化主题岸线

沔商文化主题岸线

耕读文化主题岸线

耕读文化

步行街（九贺门正街、下关街、龙家湾街、红花堤街、七里城街）

传统书院（复州书院、仁风书院、玉带书院、纪恩书院、聚奎书院）

四、景观优化，打造多样活力空间

打造“五个一”工程。

（1）一个充满历史记忆的沔商文化街区。

（2）一个具有耕读情怀的文化休闲广场。

（3）一个体现荆风楚韵的水乡风情村落。

（4）一个满足新型消费的亲水体验乐园。

（5）一个具有多元功能的生态艺术花园。

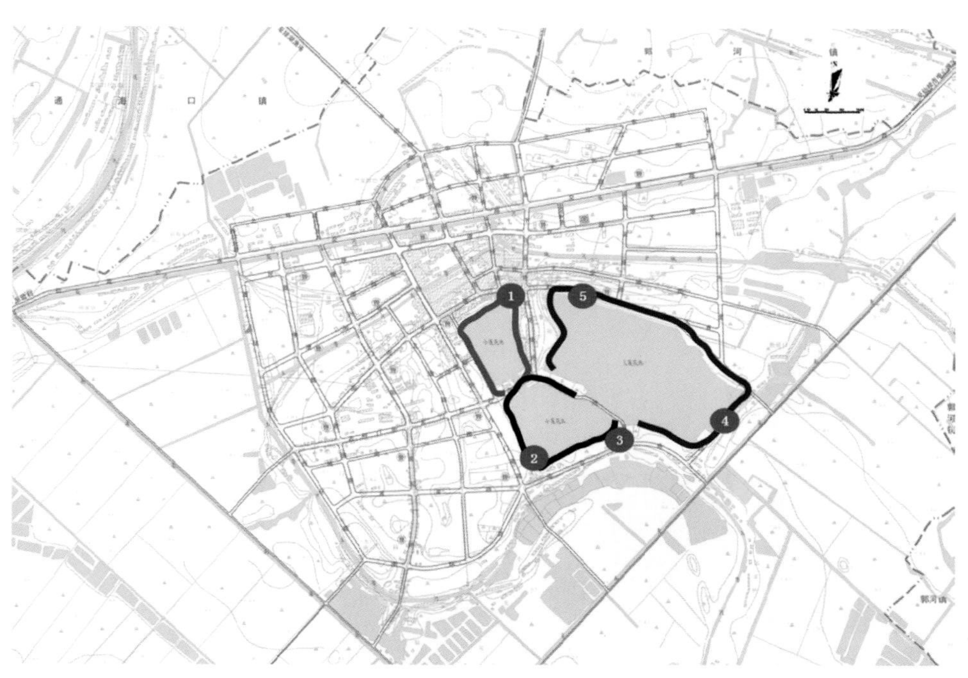

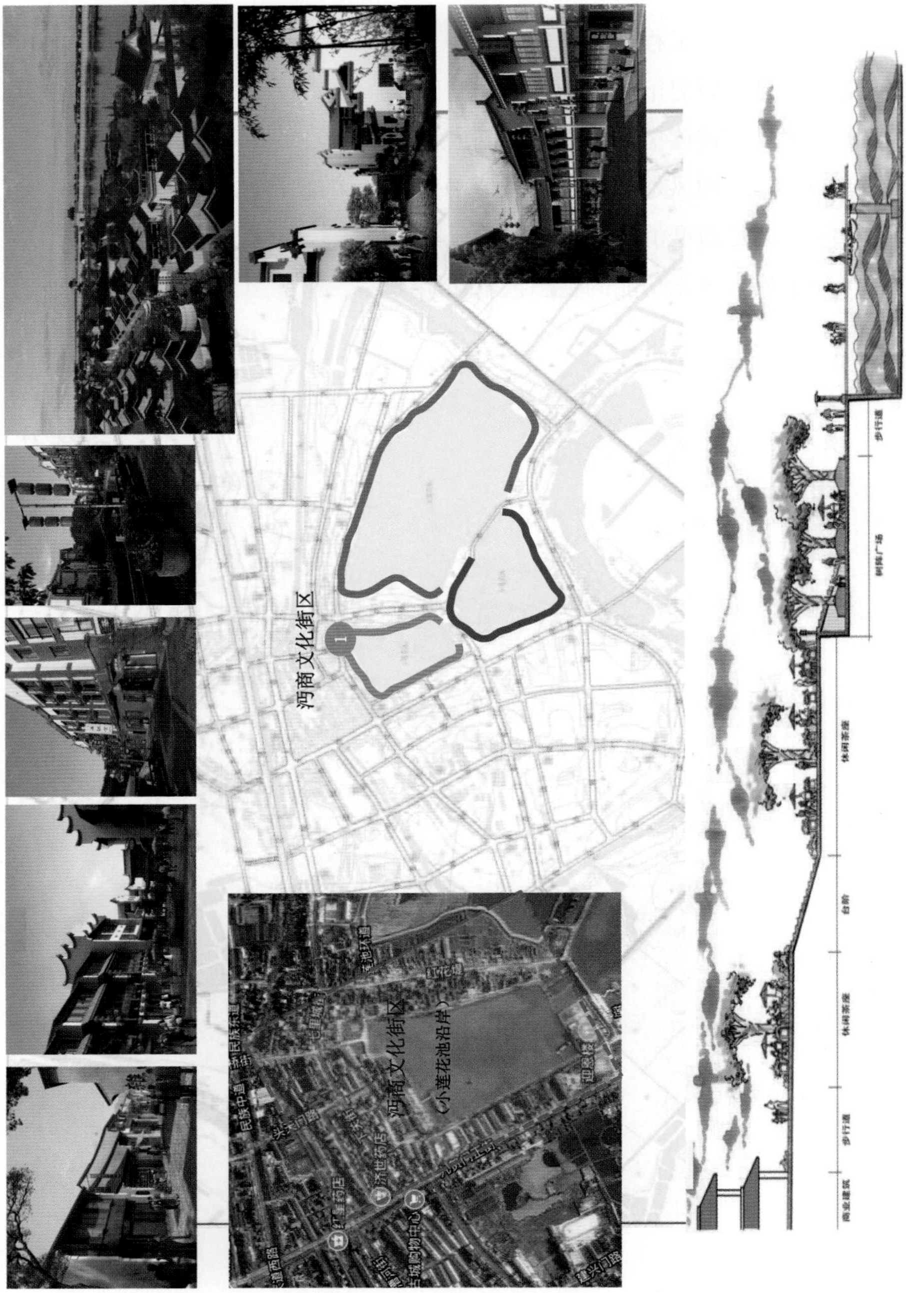

一个充满历史记忆的沔南文化街区

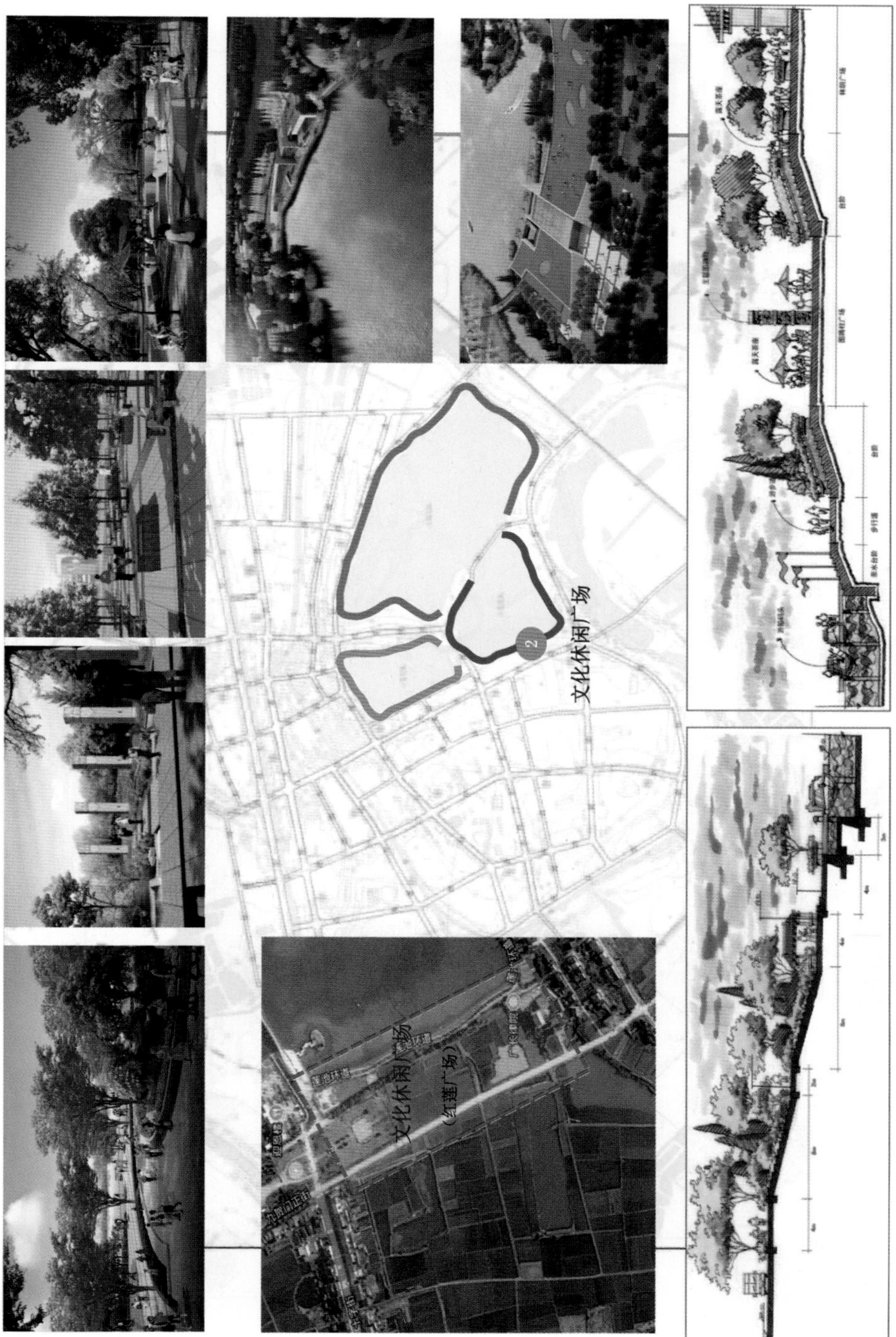

一个具有耕读情怀的文化休闲广场

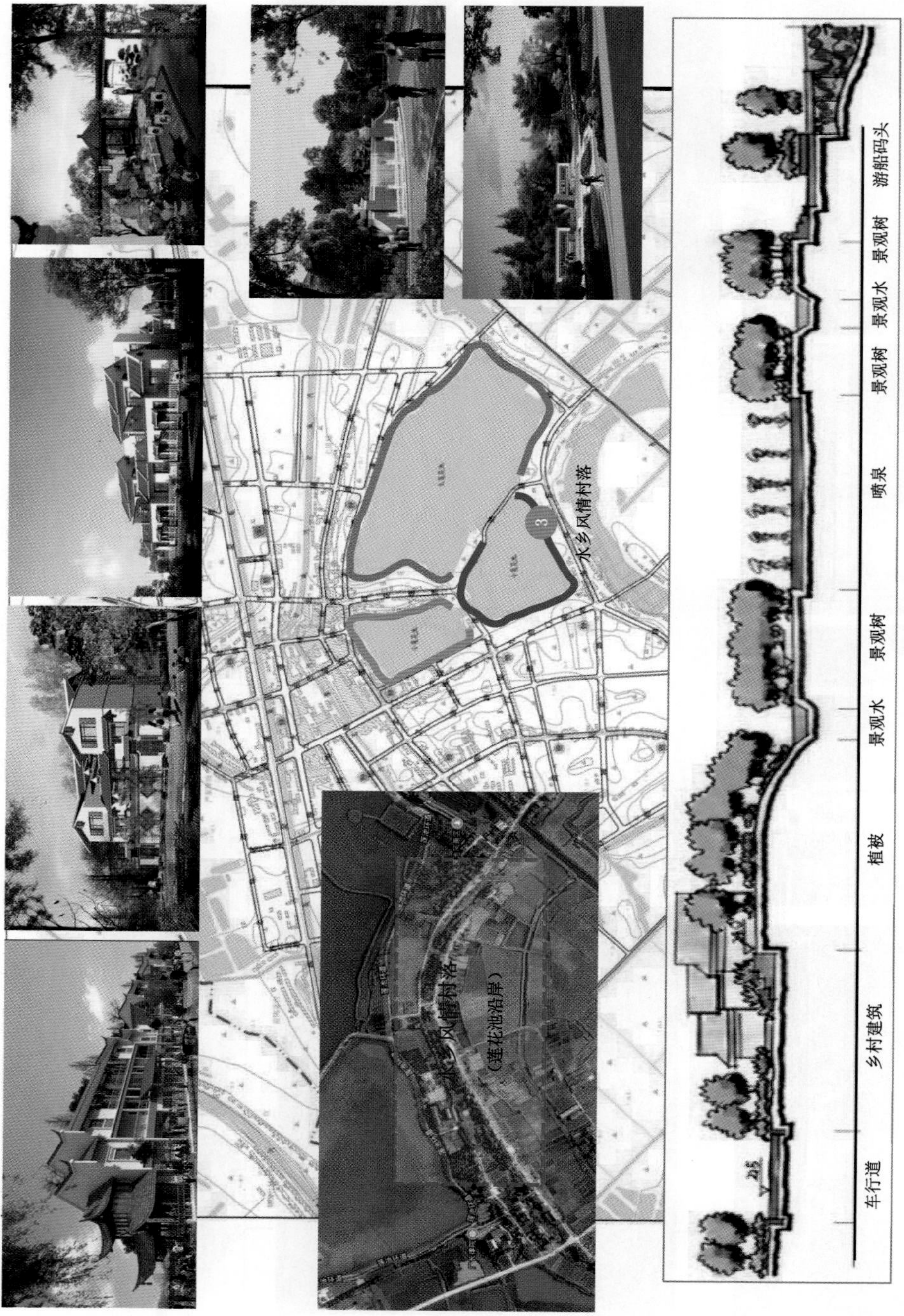

水乡风情村落

水乡风情村落（莲花池沿岸）

车行道
乡村建筑
植被
景观水
景观树
喷泉
景观树
景观水
景观树
游船码头

一个体现荆风楚韵的水乡风情村落

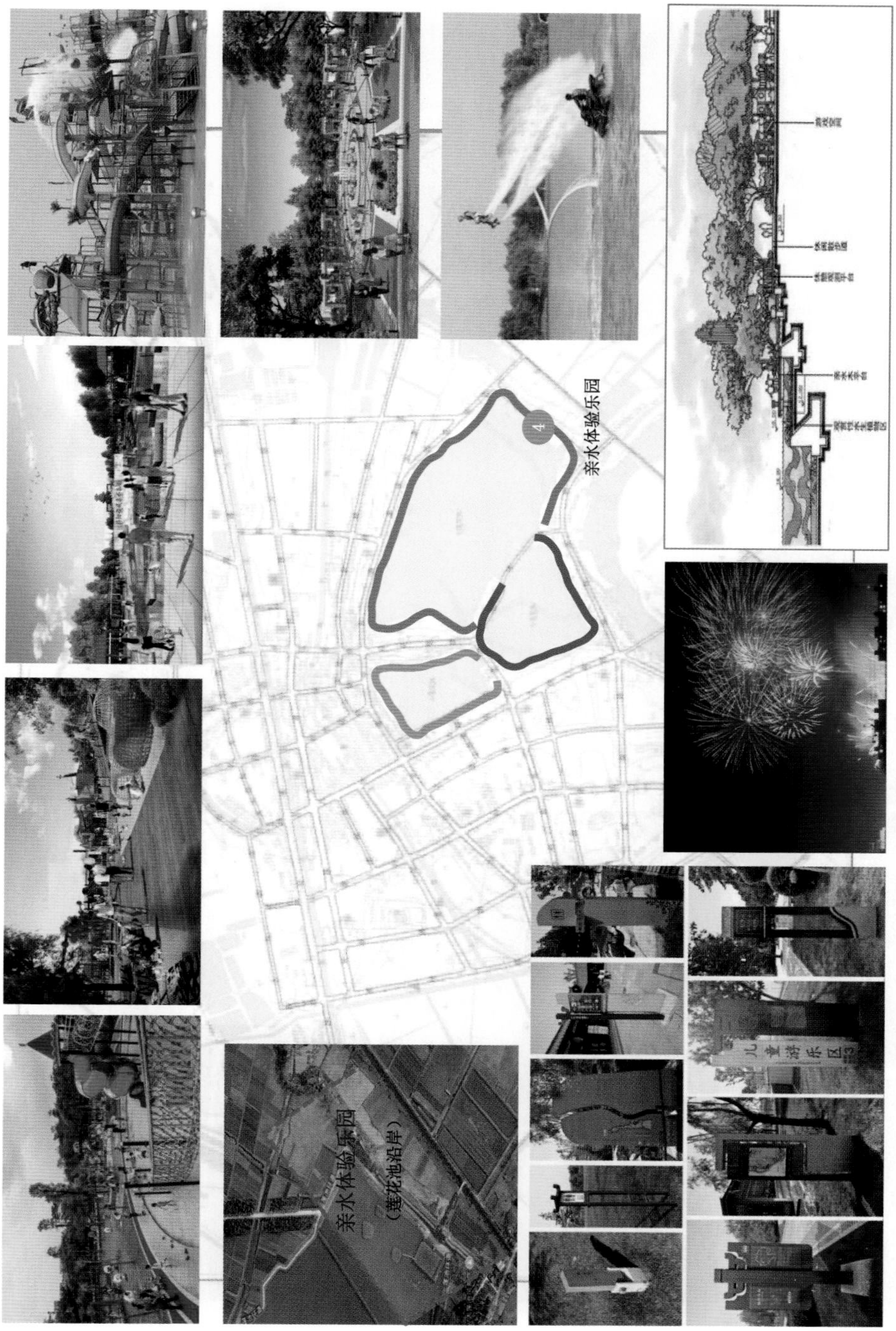

亲水体验乐园

亲水体验乐园
（莲花池沿岸）

儿童游乐区

一个满足新型消费的亲水体验乐园

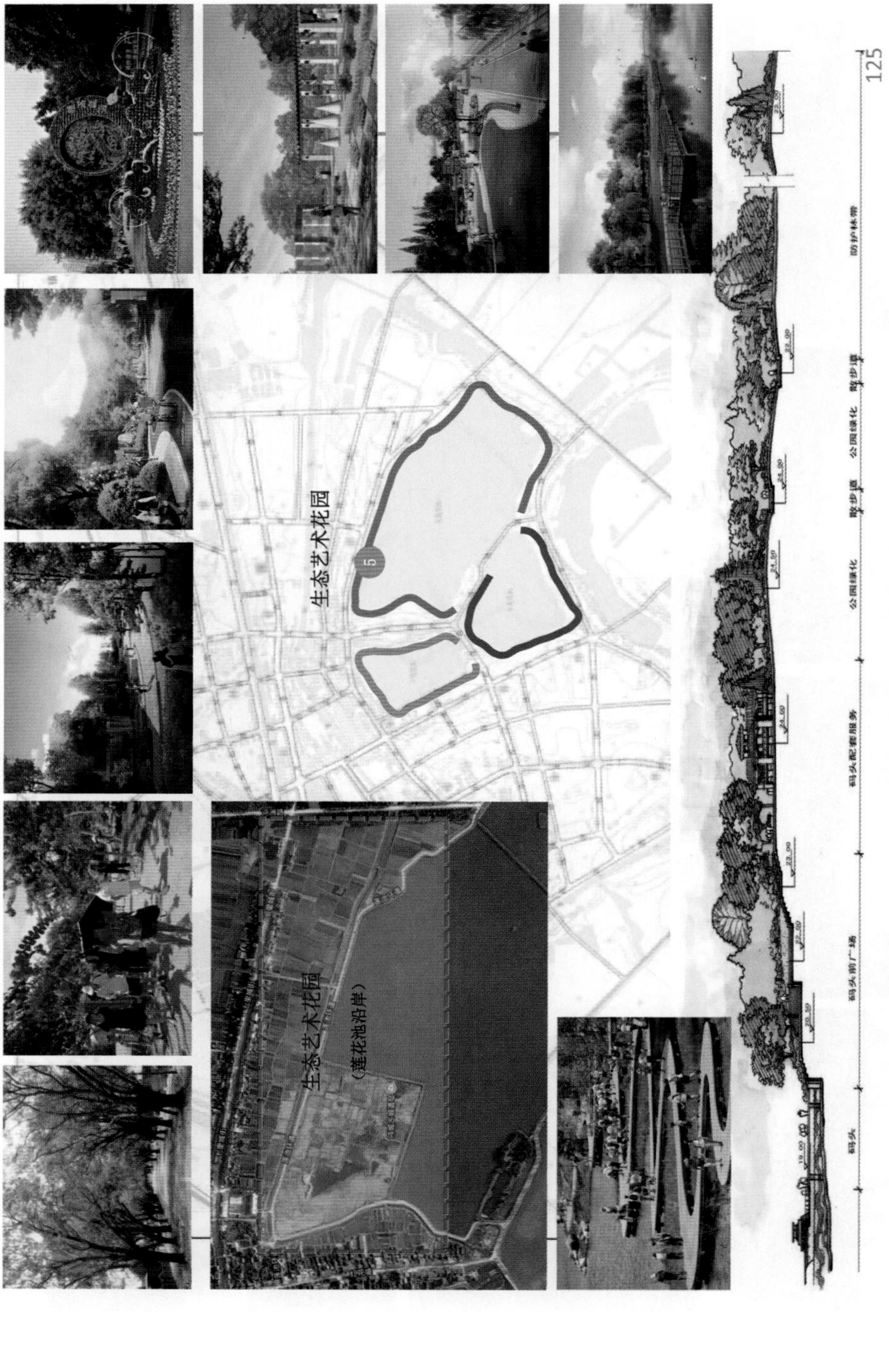

生态艺术花园

生态艺术花园（莲花池沿岸）

防护林带　散步道　公园绿化　散步道　公园绿化　码头配套服务　码头前广场　码头

一个具有多元功能的生态艺术花园

五、功能叠加，强化亲水娱乐优势

为了满足日益多样化的旅游消费需求，需打造功能叠加的景区，景区不仅有消费型功能，还有体验型功能。

消费型功能包含观光旅游、休闲旅游、度假旅游、学养旅游等方面。

体验型功能包含养心、养老、养生等方面。

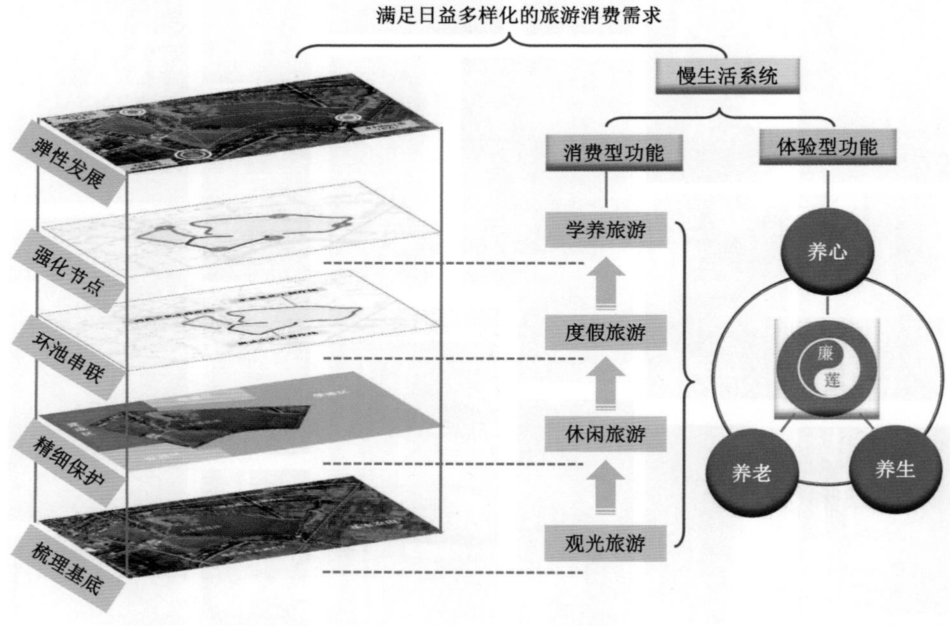

莲花池风景区的功能布局围绕“一条绿道、两个节点、三个岸线、四个码头、五个景元”展开。

莲花池
文化意境

往事越千年，仙境可采莲。
读书破万卷，沔城莫等闲。

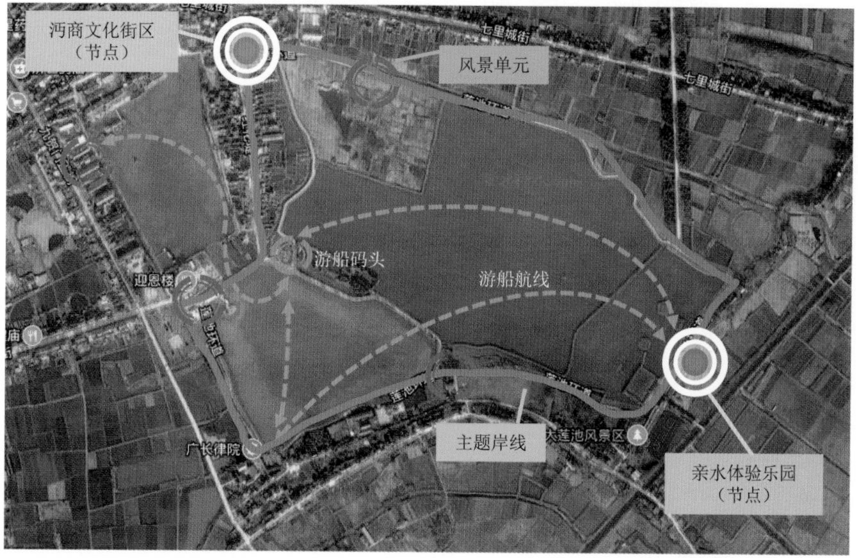

“白天休闲，夜晚繁华”

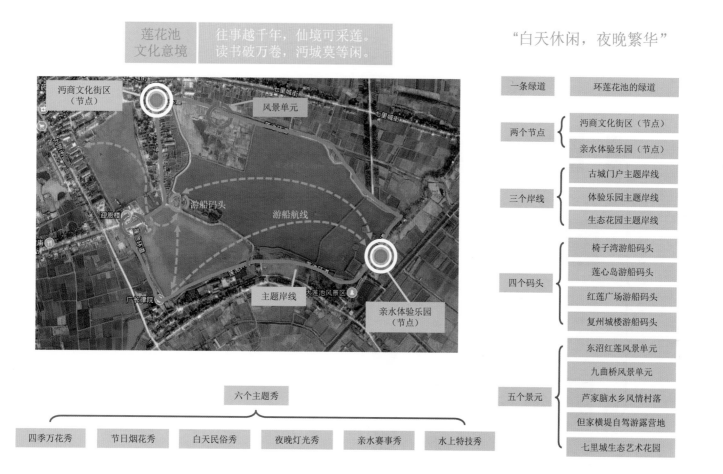

沔商文化街区
（节点）

风景单元

游船码头

游船航线

主题岸线

亲水体验乐园
（节点）

七里城街

迎恩楼

广长律院

大莲池风景区

一条绿道：环莲花池的绿道

两个节点：
- 沔商文化街区（节点）
- 亲水体验乐园（节点）

三个岸线：
- 古城门户主题岸线
- 体验乐园主题岸线
- 生态花园主题岸线

四个码头：
- 椅子湾游船码头
- 莲心岛游船码头
- 红莲广场游船码头
- 复州城楼游船码头

五个景元：
- 东沼红莲风景单元
- 九曲桥风景单元
- 芦家脑水乡风情村落
- 但家横堤自驾游露营地
- 七里城生态艺术花园

六个主题秀：
- 四季万花秀
- 节日烟花秀
- 白天民俗秀
- 夜晚灯光秀
- 亲水赛事秀
- 水上特技秀

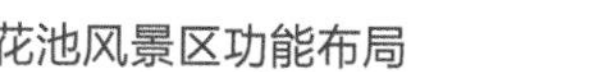

莲花池风景区功能布局

六、业态组合，构建休闲康养体系

第八章
农业 + 旅游：强势发力

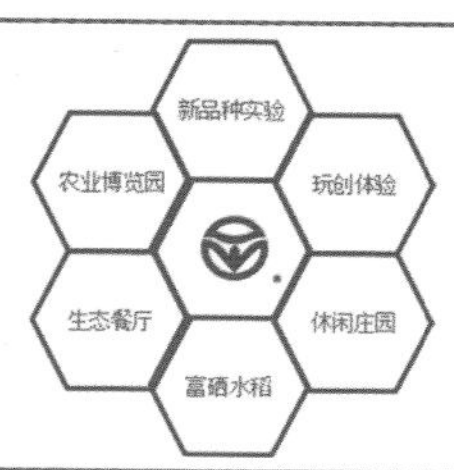

一、农旅融合区域范围

沔城回族镇总面积 36.71 平方千米，规划文旅融合产业核心区占地 8.21 平方千米，农旅融合产业发展区占地 28.5 平方千米。

农旅融合发展区域的地理范围为二羊村、上关村、王河村、邵沈渡村、袁刭村、洲岭村、黄金村，以及七红村东部、古柏门村西部、城郊村西部、南桥村南部的部分区域。

二、农旅融合功能组织

（一）农旅融合核心理念

农旅融合的核心理念为共建共享。

（1）坚持以农民为中心的发展思想。

（2）坚持以农业为基础的发展定位。

（3）坚持以绿色为主轴的发展方式。

（4）坚持以文化为导向的发展特色。

（5）坚持以创新为动力的发展路径。

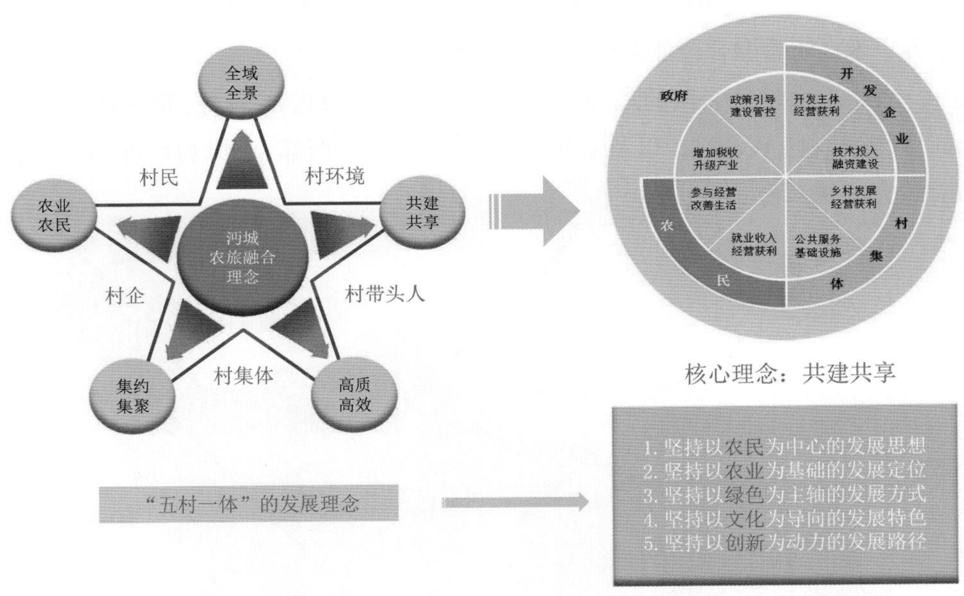

（二）农旅融合推进重点

农业发展阶段		亮点	关键点	切入点
农业 1.0	小农经济	1. 原住民 2. 原生态	1. 稳态社会 2. 生产力低下	1. 农耕文化 2. 农事活动
农业 2.0	工厂化农业	设施化种植技术	在规模化和集约经营的基础上，拉长产业链	1. 调整结构 2. 成片种植 3. 规模经营
农业 3.0	景观化农业	把自然资源变成景观农业资产	1. 地理标志 2. 绿色农业 3. 养生农业	1. 农家乐 2. 四季风景 3. 休闲旅游
农业 4.0	社会化生态农业	1. 农业+互联网+金融 2. 传统文化多样化	1. 创意策划 2. 社会化服务 3. 生态化环境 4. 分享经济	1. 个性化 2. 定制化 3. 社会参与式的食品安全保障体系
主体		农村——农民——农业		

沔城农旅融合推进重点：农业4.0版的社会化生态农业

农旅融合配套八大件：生态停车场、旅游厕所、旅游购物点、民俗农家乐、民宿客栈、游客医疗站、游客咨询站、旅游富民宣讲站

（三）农旅融合产业结构

农旅融合产业链：由核心产业、支持产业、配套产业、衍生产业四个层次构建的产业集群。

核心产业：以特色农产品和农业园区为载体，从事农业生产和休闲农业活动的企业。

支持产业：以研发、加工、推介和促销为职能，涉及文化、农技、教育、金融、媒体等直接支持休闲农业的企业群。

配套产业：为创意农业提供良好的环境和氛围的企业群，如旅游、商务、会展、餐饮、住宿、交通、酒吧、娱乐、培训等等。

衍生产业：以特色农产品和文化创意成果为要素投入的其他企业群。

民以食为天：沔城回族镇的农旅融合应该以“美食”为产业对接的聚焦点，念好“藕蒸牛”的三字经，构建核心产业、支持产业、配套产业和衍生产业的产业集群，实现产业链的价值一体化。

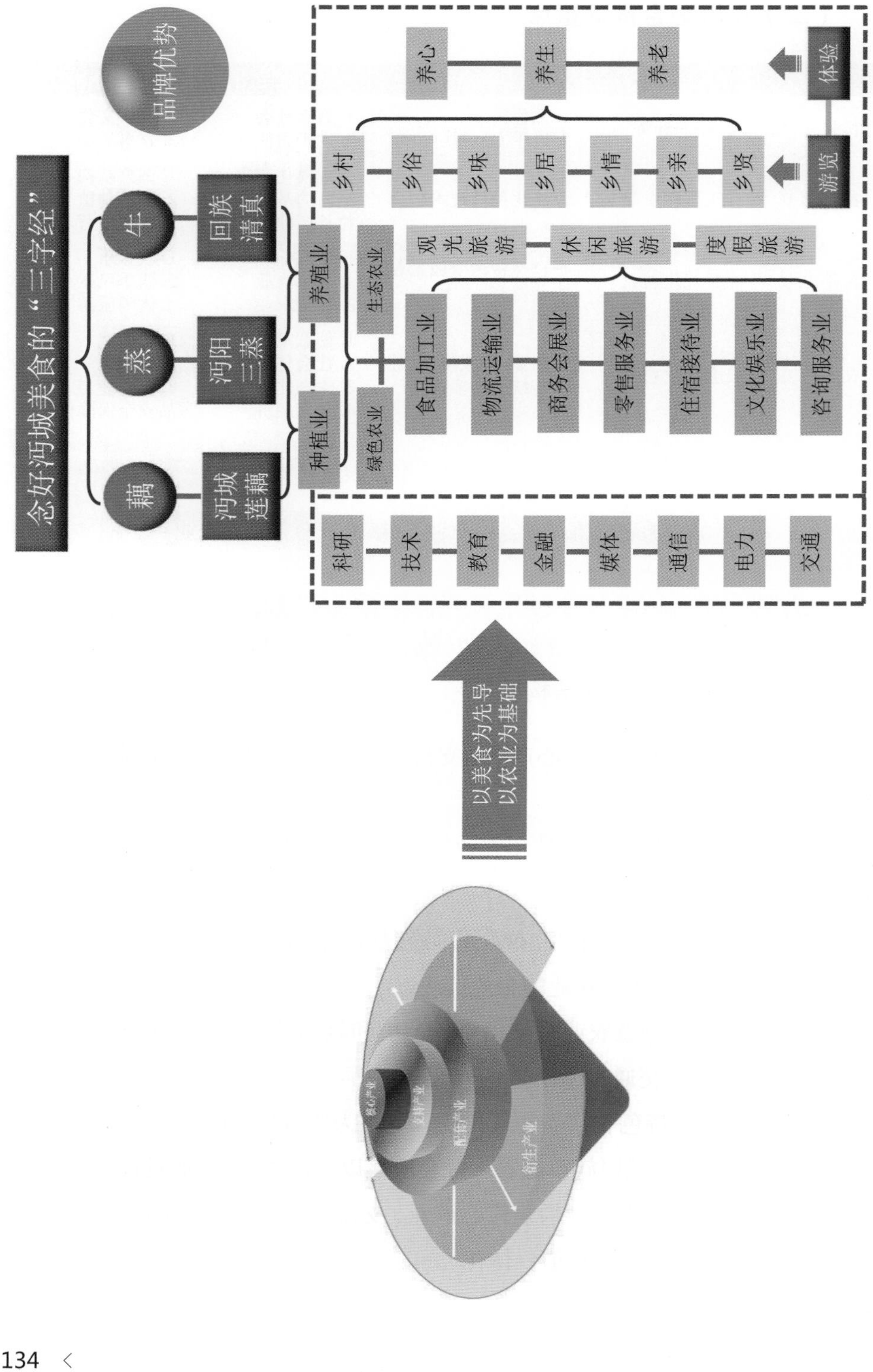

念好沔城美食的“三字经”

品牌优势

藕 — 沔城莲藕
蒸 — 沔阳三蒸
牛 — 回族清真

种植业
养殖业
绿色农业
生态农业

食品加工业
物流运输业
商务会展业
零售服务业
住宿接待业
文化娱乐业
咨询服务业

观光旅游
休闲旅游
度假旅游

乡村
乡俗
乡味
乡居
乡情
乡亲
乡贤

养心
养生
养老

游览
体验

科研
技术
教育
金融
媒体
通信
电力
交通

以美食为先导
以农业为基础

核心产业
支持产业
配套产业
衍生产业

（四）农旅融合项目布局

农旅融合的项目布局主要有江北农产品加工园，麻思垸优质水产示范基地，小朱垸、七里垸有机蔬菜莲藕基地，王邵垸优质水产示范基地。

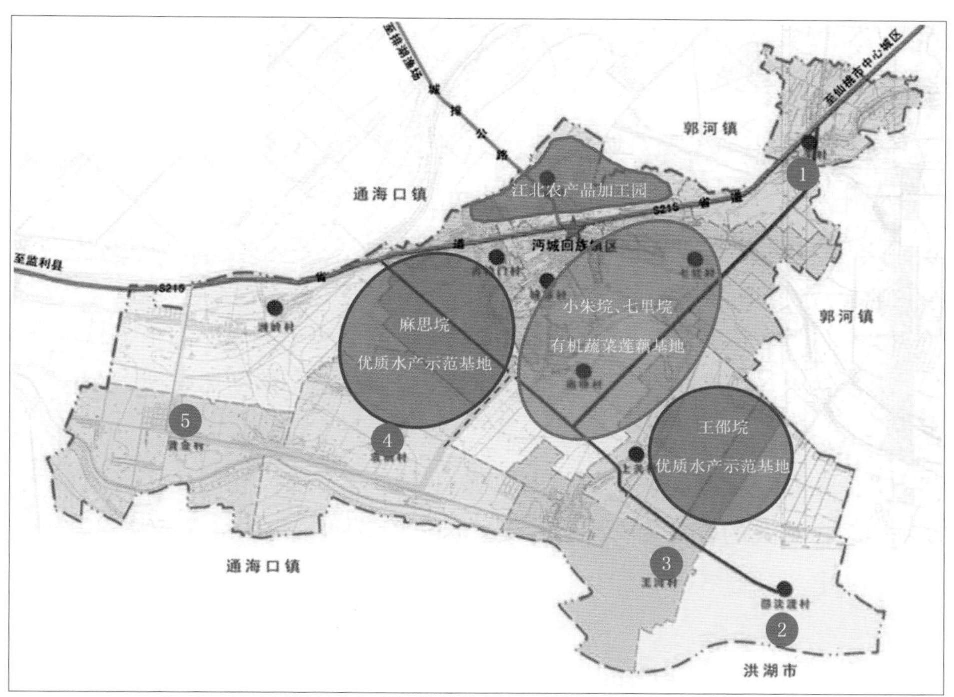

三、有机蔬菜莲藕基地

七里垸

（1）利用仙监公路、沔排公路的便利条件，发展以旅游为导向的莲藕产业。

（2）利用环绕大小莲花池的区位优势，与莲花池风景区融为一体，发展创意农业。

（3）落实中央1号文件精神，执行国家发展田园综合体的政策，发展创意田园综合体。

（4）招商引智，在有序组织村民广泛参与的条件下，组建合伙制企业，实行公司化的规模经营和专业管理。

（5）打造中华沔藕的品牌形象，建设以沔城莲藕为主题的休闲旅游地和综合交易平台。

小朱垸

（1）利用青兰路、莲花大道、产业通道的便利条件，发展以旅游为导向的蔬菜产业。

（2）利用环绕沔阳州城遗址风貌区的区位优势，发展耕读文化的生态农业。

（3）利用紧邻莲花池风景区的区位优势，发展亲子娱乐型的生态教育。

（4）利用互联网和自驾车机遇，发展文化原真性、活动体验性、功能示范性的乐活公园。

（5）在有序组织村民广泛参与的条件下，实行规模化的庄园经营模式，构建社会参与式的食品安全保障体系，精准对接仙桃市主城区和武汉都市区的市场需求。

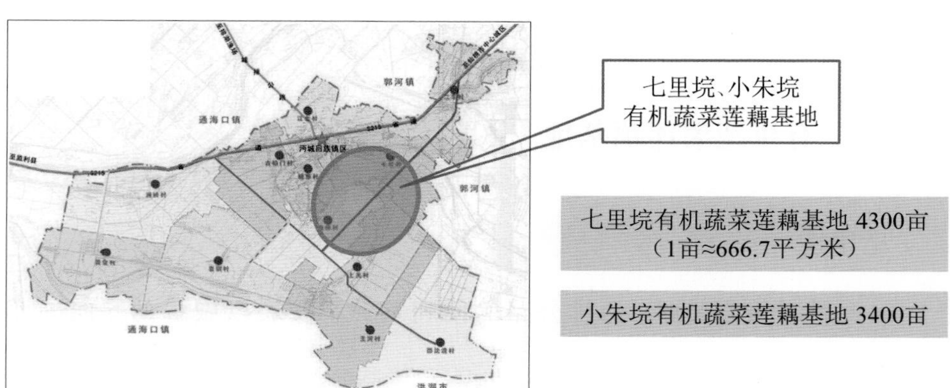

（一）有机蔬菜莲藕基地功能布局

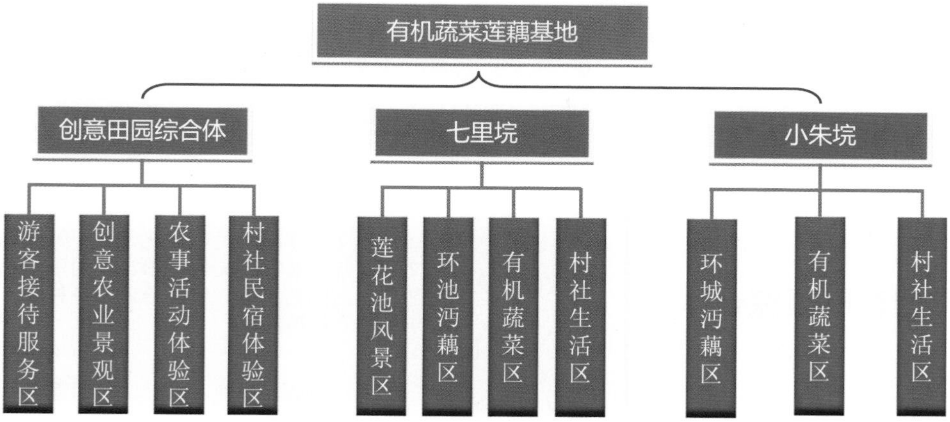

- 有机蔬菜莲藕基地
  - 创意田园综合体
    - 游客接待服务区
    - 创意农业景观区
    - 农事活动体验区
    - 村社民宿体验区
  - 七里垸
    - 莲花池风景区
    - 环池沔藕区
    - 有机蔬菜区
    - 村社生活区
  - 小朱垸
    - 环城沔藕区
    - 有机蔬菜区
    - 村社生活区

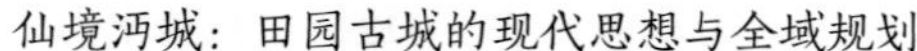

（二）创意田园综合体项目指引

创意田园综合体

四季田园多彩景观

农村特色生活空间

乡村风情体验活动

类型	具体内容
特色交通	徒步、骑单车、坐牛车、乘小船
特色餐饮	农家土菜、乡村酒吧、乡村烧烤
文化体验	稻米文化体验、民俗文化节日、婚庆文化体验、非物质文化传承、民间手工艺、农艺园艺培训、厨艺培训、乡村音乐会、农耕博物馆
农事体验	车水、耕地、播种、栽培、田间管理、田园采摘、捕鱼、喂养小动物、植树
开心农场	家庭农场、主题农场
手工体验	磨豆腐、酿酒、制作麦芽糖、培育豆芽菜、养蚕、织布、编草鞋、编竹筐
竞技赛事	赛龙舟、搬粮食、运瓜果、推架子车、撑船、扎稻草人、捉鸡、捉鸭、赶鸭子上架、绿色迷宫、单车杂技
乡间文艺	踩高跷、扭秧歌、跑旱船、舞龙灯、花灯节、花鼓戏、皮影戏、露天电影
娱乐活动	打陀螺、推铁环、夫妻农活趣味赛、家庭农活运动会、抓鱼、斗鸡、斗养、斗牛
亲子活动	喂养鸽子、捉泥鳅、捉蝴蝶、捉蜻蜓、捉萤火虫、采摘瓜果、采竹笋、采蘑菇、拔萝卜、收割庄稼、玩游戏
儿童活动	童话森林、外婆的模拟田园、趣味农博园、泥巴园、陶艺花园

四、优质水产示范基地

麻思垸

（1）利用仙监公路便利条件，以旅游为导向，发展套种养殖的稻虾科技农业。

（2）利用紧邻沔城和通海口两个镇区的区位条件，以科技为支撑，发展集约农业。

（3）落实中央1号文件精神，实施乡村振兴战略，发展农科田园综合体。

（4）招商引智，在有序组织村民广泛参与的条件下，组建合伙制企业，实行公司化的规模经营和专业管理。

（5）对接互联网和自驾游，发展文化主题性、环境景观化、农艺精品型休闲农业。

（6）与古柏门村、城郊村的西部区域共同构建现代农业博览园，形成规模化的定制农业园区。

王邵垸

（1）利用紧邻东荆河的区位优势，发展水乡休闲农业。

（2）抓住仙桃市发展南部乡村旅游带的机遇，发展优质水产示范基地的休闲农业。

（3）对接互联网和自驾游，发展文化主题性、环境景观化、农艺精品型休闲农业。

（4）在有序组织村民广泛参与的条件下，坚持农业＋科技＋旅游的发展模式，实现公司化的规模经营和专业管理。

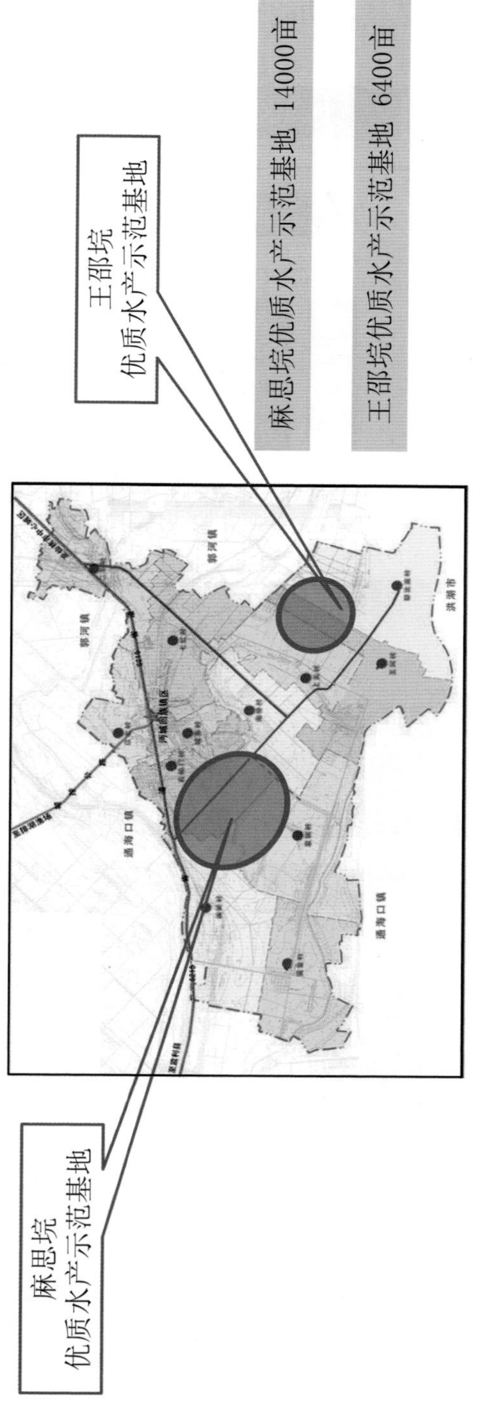
麻思垸优质水产示范基地 14000亩
王部垸优质水产示范基地 6400亩
王部垸
优质水产示范基地
麻思垸
优质水产示范基地

（一）优质水产示范基地功能布局

（二）农科田园综合体的种植技术指引

<table>
<tr><td rowspan="7">栽培技术</td><td rowspan="3">技术</td><td>嫁接技术</td><td>一株多果、一树多果等</td></tr>
<tr><td>空中结薯技术</td><td>空中红薯等</td></tr>
<tr><td>树式栽培技术</td><td>茄子树、番茄树等</td></tr>
<tr><td rowspan="4">模式</td><td>设施基质栽培</td><td>螺旋管道栽培、垂吊式栽培等</td></tr>
<tr><td>设施水培</td><td>DFT水培、高空管道水培等</td></tr>
<tr><td>设施气雾培</td><td>圆柱气雾培、梯形气雾培等</td></tr>
<tr><td>复合式栽培</td><td>储气储液栽培、复合果菜栽培等</td></tr>
<tr><td rowspan="2">灌溉方式</td><td rowspan="2">滴灌</td><td colspan="2">滴灌带</td></tr>
<tr><td colspan="2">滴箭</td></tr>
<tr><td rowspan="2">养分类别</td><td colspan="3">无机营养液</td></tr>
<tr><td colspan="3">有机营养液</td></tr>
<tr><td rowspan="7">病虫害防治</td><td rowspan="3">生物防治技术</td><td>植物诱控技术</td><td>性诱捕虫器等</td></tr>
<tr><td>生物天敌防控技术</td><td>捕食螨、寄生蜂等</td></tr>
<tr><td>植物源农药防治技术</td><td>苦参碱、生物肥皂等</td></tr>
<tr><td rowspan="2">微生物防治技术</td><td>以菌治菌</td><td>木霉菌等</td></tr>
<tr><td>以菌治虫</td><td>苏云金杆菌等</td></tr>
<tr><td rowspan="2">物理防治技术</td><td colspan="2">硫磺熏蒸技术</td></tr>
<tr><td colspan="2">粘虫板等</td></tr>
</table>

（三）欢乐农科田园项目指引

以农业景观为背景

以农时节庆为主线

以农事活动为内容

类型	具体内容
交通系列	徒步、骑单车、坐牛车、乘小船
餐饮系列	农家土菜、田园野餐、乡村烧烤
观光系列	渔舟古道、古渡人家、水乡牧歌、荷塘月色、二十四节气创意坊、油菜花海、稻花香村、金秋大地、四季采摘走廊
参与系列	钓鱼、捉泥鳅、耕地、除草、播种、灌溉、采摘、收割、趣味家务活
体验系列	休闲渔场、趣味菜园、采摘果园、萤火虫露营地
展示系列	万花筒、百果园、芳草地、园艺植物园、药食同源植物园、农具博物馆
亲子系列	丰收大院、昆虫童趣园、农具工艺坊、农业创意坊
教育系列	农业科普走廊、果蔬梦工场、果蔬科普园、生态农业实验园、湿地鸟类观察站、土壤检测站、气象观测站
娱乐系列	乐活田园、欢乐农园、乡间快乐大本营、乡村拓展训练营
民宿系列	乡村酒庄、乡村豆腐坊、乡村客栈、稻田民宿、园艺民宿、客船民宿
购物系列	沔城莲藕、沔城有机蔬菜、沔城生态鱼、沔城富硒稻米、沔城豆奶、沔城米糕、沔城牛肉干

五、农产品加工园

江北

（1）利用仙监公路、沔排公路的便利条件，发展以旅游为导向的农工商产业。

（2）利用融入沔阳古城的区位优势，提升农工商企业的经营管理能力，扩大名特优产品生产规模。

（3）落实中央1号文件精神，实施乡村振兴战略，发展农产品深加工业。

（4）招商引智，在有序组织村民广泛参与的条件下，组建合伙制企业，实行公司化的规模经营和专业管理。

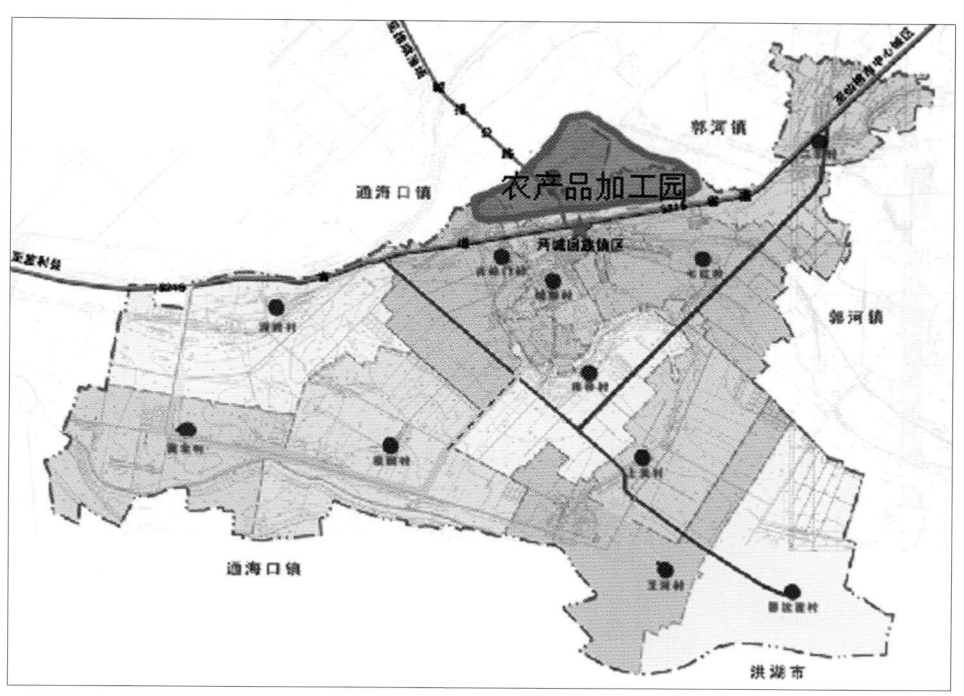

江北农产品加工园

总体定位	沔阳记忆和地理标识的绿色食品产业园
基本理念	绿色生态、安全食品、产业融合
核心产业	食品加工、冷链物流、商贸旅游
运作模式	品牌优势 + 企业集群 + 沔商伙伴
技术路径	水乡田园景观—绿色食品产业—沔商渠道网络—都市消费客群
实施举措	沔商文化+企业联盟+产业基金+引领政策

六、乡村旅游亮点

（一）乡村旅游发展基础

情怀，寻找童谣故事的浪漫之旅
水系成网
道路连通
乡村风貌本真
农田集中连片
地势平坦
优势
农家
民宿、餐饮
村落
民俗活动
生态环境
休闲农业
农事体验
农副产品
劣势
人才短缺
分户耕种
基础单薄
景观单调
机遇
1. 国家政策特别支持发展乡村旅游、休闲农业、田园综合体、农业遗产、庄园经济、现代农业高新技术产业园等涉农产业。
2. 仙桃市沔排旅游公路的规划建设。
3. 仙桃市创建国家全域旅游示范市。
4. 沔城镇实施沔阳州城复兴计划，发展旅游产业。

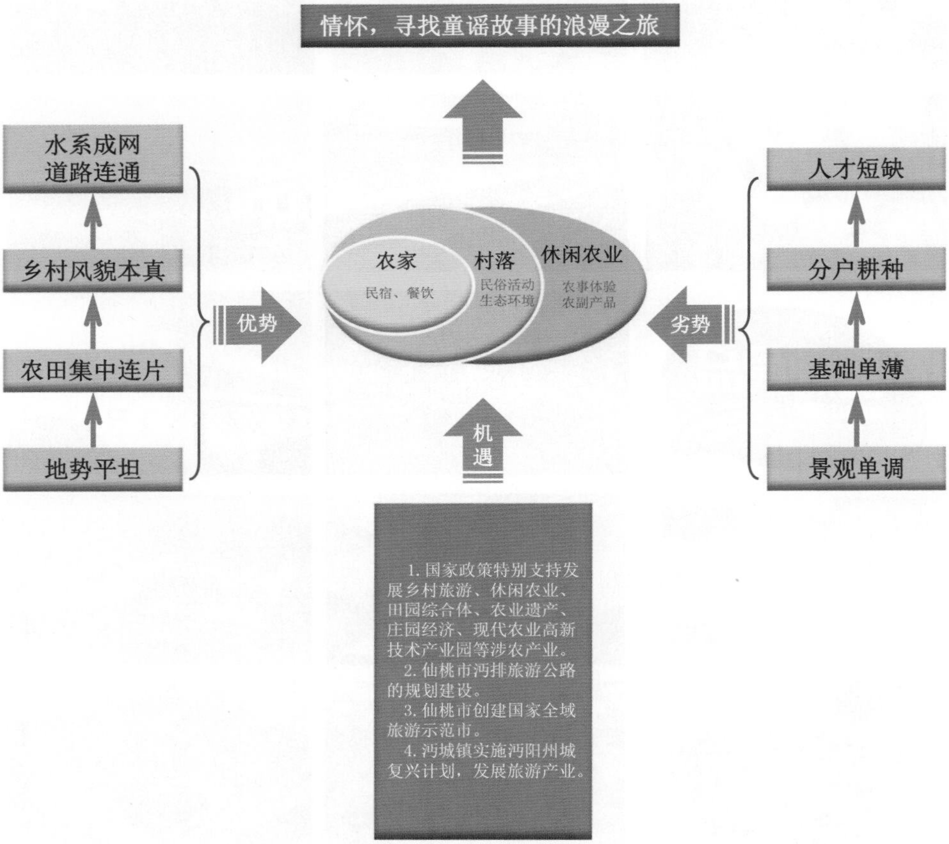

（二）乡村旅游发展思路

二羊村——乡贤文化

（1）利用仙监公路的便利条件，发展绿色农业。

（2）利用灌溉系统的水利设施，发展景观化的绿色农业。

（3）利用自然村落的社区分布，发展乡贤文化主题的景观化的绿色农业。

（4）利用互联网和自驾车机遇，发展定制化、主题化、景观化的绿色农业。

（5）在有序组织村民广泛参与的条件下，实行定向预约、定单生产、定制供给的经营模式，构建社会参与式的食品安全保障体系，精准对接武汉都市社区的市民向二羊村社区的村民租赁承包地和民居，共同建设社区实验农庄。

邵沈渡村、王河村——渡口文化

（1）利用东荆河的滨水优势和南灌渠的灌溉条件，发展生态农业。

（2）利用邵沈渡村的渡口基础，发展“渔舟古道”文化体验旅游。

（3）地势平坦，邵沈渡村、王河村沿东荆河堤分布，优化水乡田园风光，发展乡居式主题度假农场。

（4）落实中央1号文件精神，招商引智，在有序组织村民广泛参与的条件下，实行“沔阳味道”材质定制化的规模经营和专业管理。

袁剅村、黄金村——民俗文化

（1）利用南灌渠的水利条件，发展集约利用土地的现代农业和休闲农业。

（2）利用丰富的民俗文化资源，发展“沔阳乡村民俗”文化深度体验旅游。

（3）利用富硒的土壤条件，品牌化生产“沔阳三蒸”的“富硒蒸肉粉”水稻。

（4）落实中央1号文件精神，招商引智，在有序组织村民广泛参与的条件下，实行“沔阳味道”材质定制化的规模经营和专业管理。

（三）乡村旅游亮点选址

努力把乡村建设成为经济发展、社会和谐、文化繁荣、民族团结、生态优美、风情浓郁的美丽乡村。

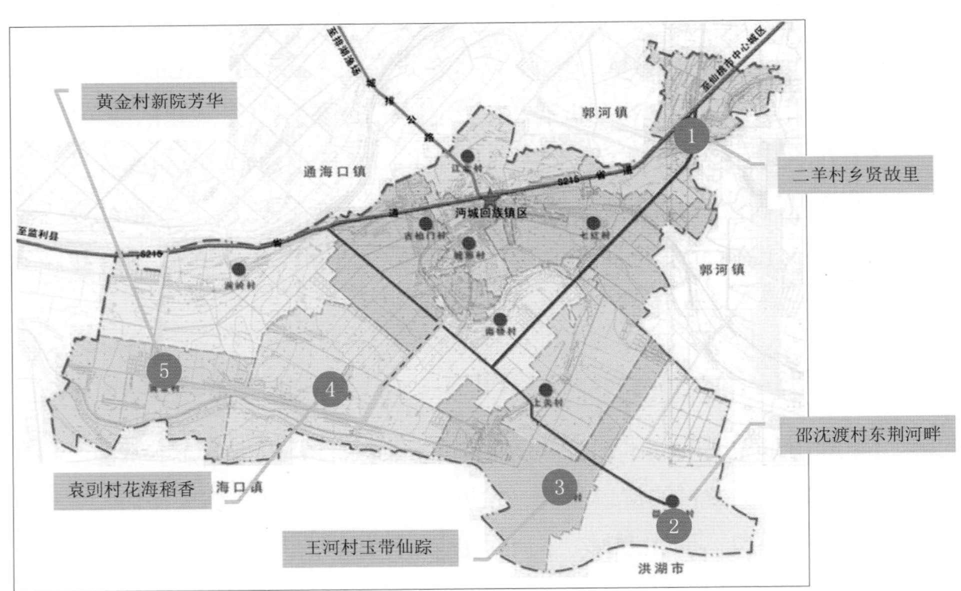

乡村旅游亮点选址

（四）乡村旅游项目设置

乡村旅游的项目设置围绕三个文化内容展开。

乡贤文化——二羊村乡贤故里。

渡口文化——邵沈渡东荆河畔。

民俗文化——王河村玉带仙踪、袁刘村花海稻香、黄金村新院芳华。

- 乡村旅游亮点
  - 乡贤文化
    - 二羊村乡贤故里
  - 渡口文化
    - 邵沈渡东荆河畔
  - 民俗文化
    - 王河村玉带仙踪
    - 袁刘村花海稻香
    - 黄金村新院芳华

乡村旅游项目设置

1 二羊村乡贤故里

2 邵沈渡东荆河畔

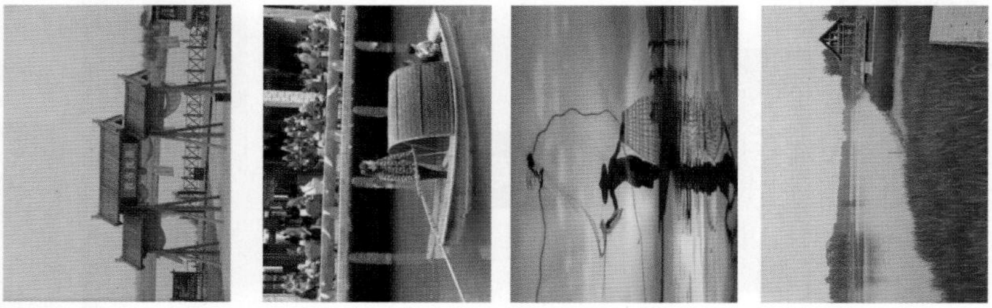

3 王河村玉带仙踪

4 袁刘村花海稻香

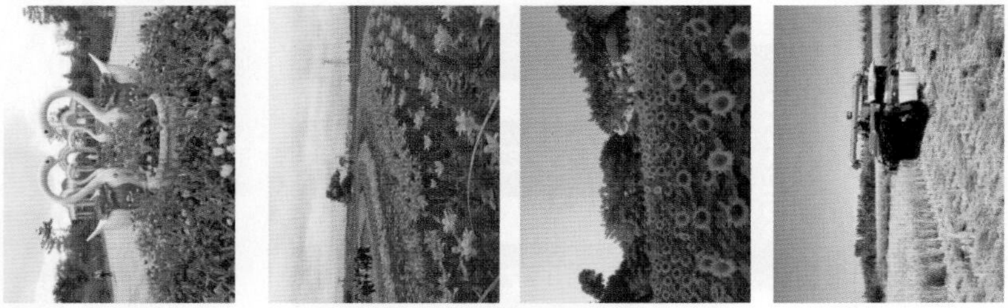

5 黄金村新院芳华

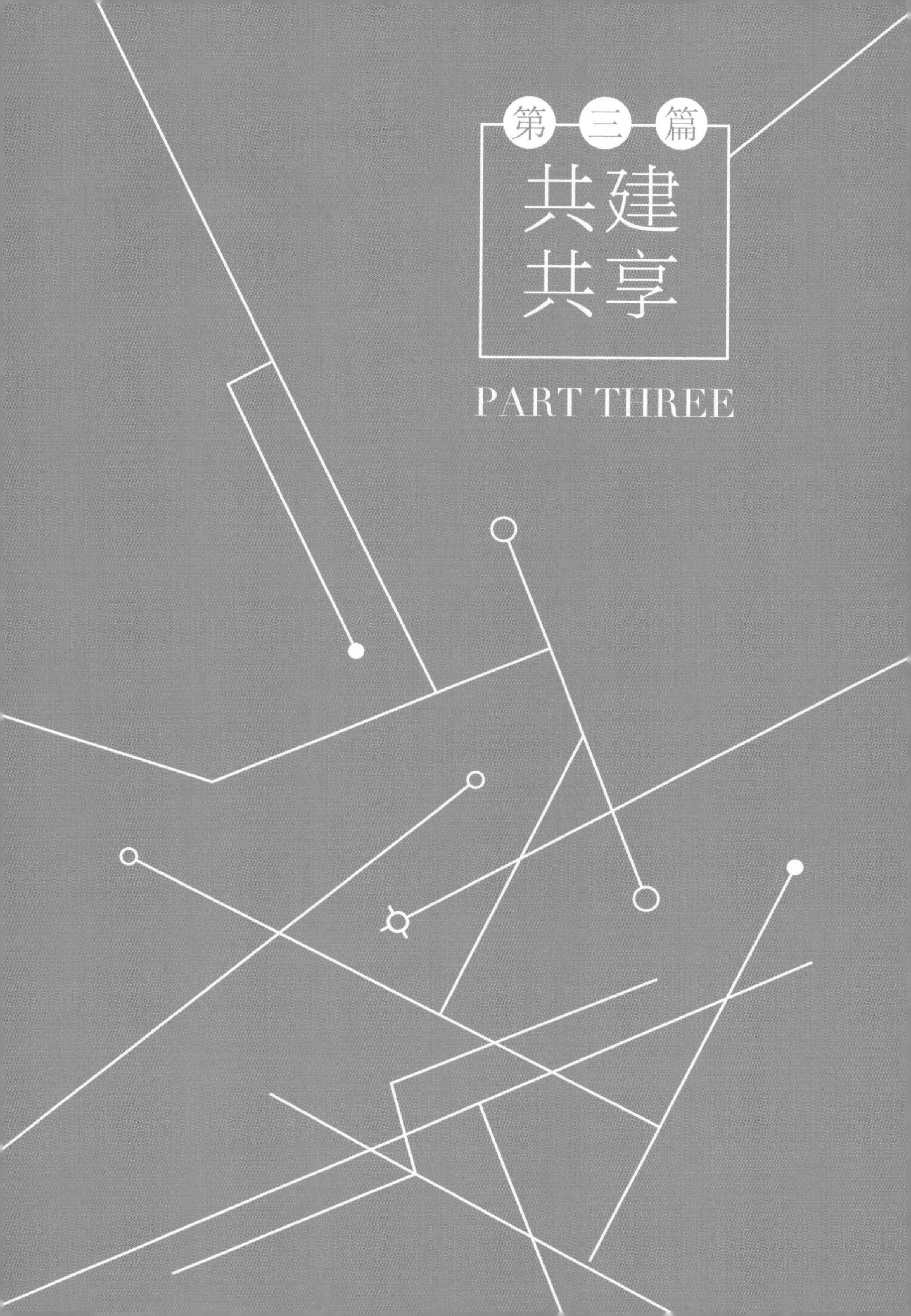

第三篇 共建共享

PART THREE

第九章
市场营销

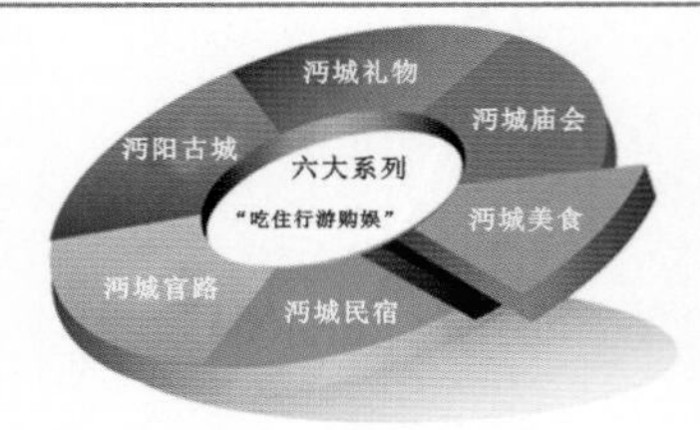

一、旅游需求趋势

（一）国内旅游需求总体保持上扬的趋势

国家旅游局公布（现文化和旅游部）的《中国旅游业统计公报》，2017 年，国内旅游市场高速增长，入出境市场平稳发展，供给侧结构性改革成效明显。国内旅游人数为 50.01 亿人次，比上年同期增长 12.8%；入出境旅游总人数 2.7 亿人次，同比增长 3.7%；全年实现旅游总收入 5.40 万亿元，增长 15.1%。从 2007 年与 2016 年的数据比较来看，接待入境游客增加了 612.67 万人次，国际旅游外汇收入增加了 780.81 亿美元，国内旅游人数增加了 28.3 亿人次，国内旅游收入增加了 3.12 万亿元人民币，中国公民出境旅游人数增加了 8104.60 万人次，分别比 10 年前增长 4.65%、186.27%、175.78%、401.51% 和 197.90%，不管是绝对数，还是相对数，这 10 年，中国旅游业都实现了"翻两番"的宏伟目标。

初步测算，全年全国旅游业对 GDP 的综合贡献为 9.13 万亿元，占 GDP 总量的 11.04%。旅游直接就业 2825 万人，旅游直接和间接就业 7990 万人，占全国就业总人口的 10.28%，达到了世界的平均水平。

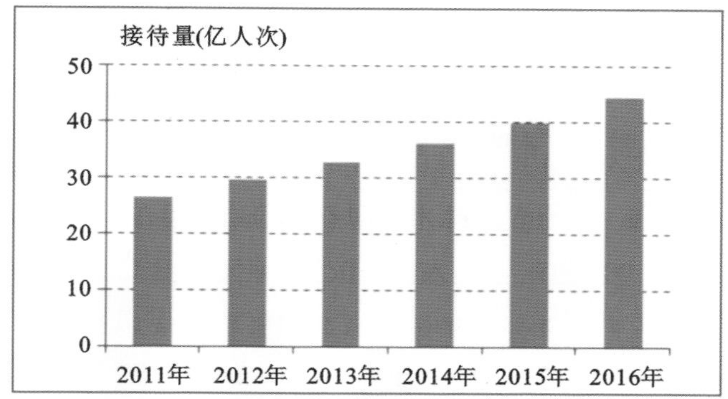
接待量(亿人次)
50
40
30
20
10
0
2011年
2012年
2013年
2014年
2015年
2016年

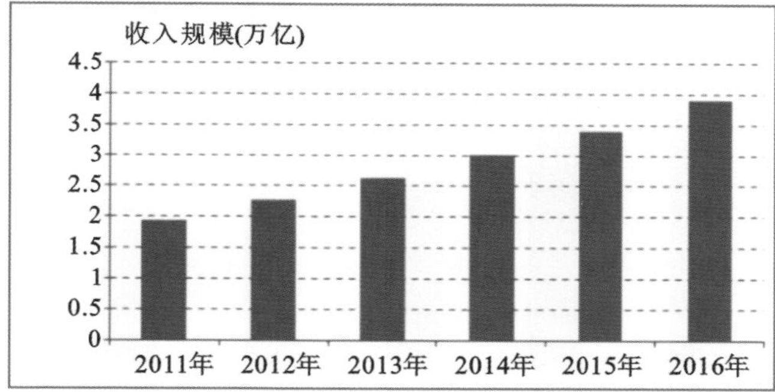
收入规模(万亿)
4.5
4
3.5
3
2.5
2
1.5
1
0.5
0
2011年
2012年
2013年
2014年
2015年
2016年

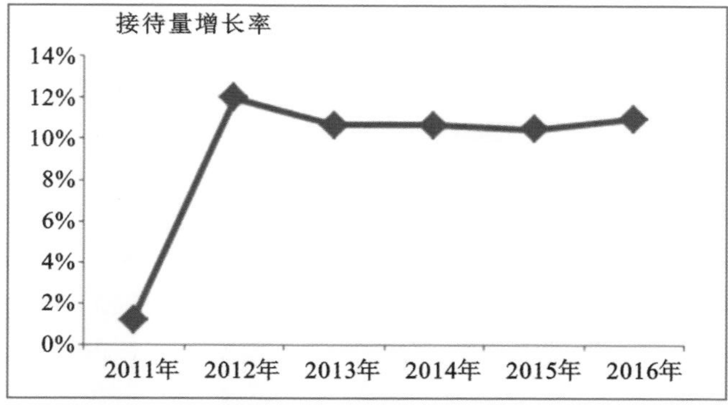
接待量增长率
14%
12%
10%
8%
6%
4%
2%
0%
2011年
2012年
2013年
2014年
2015年
2016年

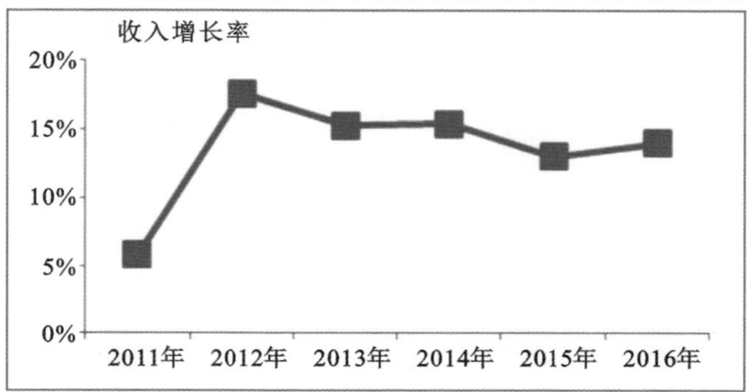
收入增长率
20%
15%
10%
5%
0%
2011年
2012年
2013年
2014年
2015年
2016年

（二）湖北省旅游需求总体保持高位增长的趋势

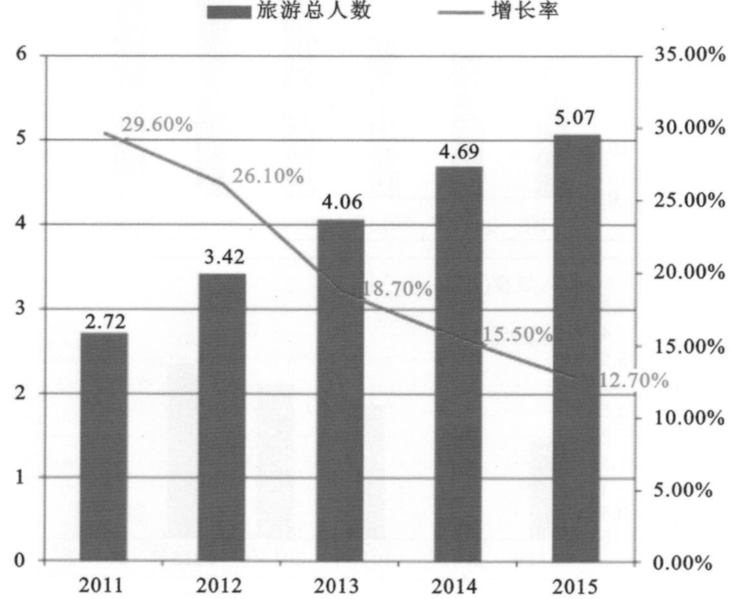

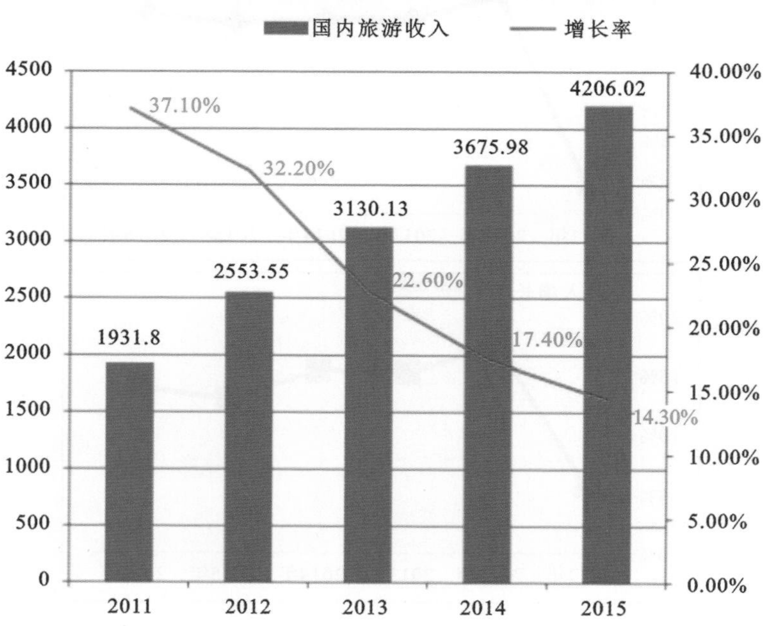

（三）国内旅游市场中旅游形式对应的旅游产品类型

健康旅游

产品形式：高科技诊疗中心、健康管理机构、美容保健机构、疗养 SPA 中心、运动场所（高尔夫球场、马术俱乐部等）、健康有机食品、高端度假物业（私人飞机别墅、奢享度假村、低密度度假酒店、顶级会所）等。

适宜打造的地点：环境一流、特色鲜明的核心景区或古村落。

家庭亲子游

产品形式：科技展览馆、主题乐园 / 亲子乐园、休闲农场、动植物园、亲子培训、国学等传统教育书院、历史文化教育基地、古村落旅游、乡村博物馆、民族民俗文化体验、主题休闲商业、文化创意机构、疗养 SPA 中心、自驾营地、主题度假酒店等。

适宜打造的地点：腹地经济相对发达的中心城镇周边、历史文化古村落。

白领度假

产品形式：疗养 SPA 中心、登山等户外拓展运动、极限挑战、自驾营地、古村落旅游、民族民俗文化体验、主题休闲商业、度假酒店、特色精品酒店等。

适宜打造的地点：环境优美、特色鲜明的核心景区或古村落，惊险刺激或风景独特的旅游地。

情侣蜜月婚庆旅游

产品形式：婚庆 / 蜜月度假胜地、婚庆教堂、婚纱摄影基地、疗养 SPA 中心、户外拓展运动、古村落旅游、民族民俗文化体验、主题休闲商业、婚庆主题酒店等。

适宜打造的地点：环境一流、特色鲜明的核心景区或古村落。

会奖旅游

产品形式：会议会展中心、户外拓展运动、疗养 SPA 中心、运动拓展、民族民俗文化体验、国际高端连锁酒店、主题度假酒店等。

适宜打造的地点：腹地经济相对发达、交通便利的中心城镇周边。

（四）湖北省旅游市场中以自驾车为主体的自助游占比 70% 以上

出游形式	周边游/自驾游/沿高铁线游为主	其中以自驾为主体的自助游成为假日旅游市场的主力军。2015年国庆黄金周首日，湖北全省景区接待游客中，七成以上为自驾游
出游偏好	乡村旅游备受青睐	2015年国庆期间，武陵山区、大别山区以及各城市周边的乡村旅游景区点，特别是湿地公园、生态农庄、森林人家、登山探奇、采摘篱园、农家乐等接待场所，以及热点景区周围的山边、水边、村边等地。据测算，节日期间乡村旅游接待量约占全省接待游客四成
出游半径	中长线旅游增长强劲	中长线旅游增长强劲。出游半径呈现“长线更长、短线更短”的态势，观光游、温泉度假游、城市文化深度体验游、康乐健身游等内容丰富的中长线旅游线路人气高涨。5A级景区客源以中长线游客为主
出游趋势	互联网+智慧旅游兴起	现代网络和通信技术在旅游管理和服务中的作用明显提升。普通游客特别是年轻人的出行对于互联网的依靠程度越来越高，从计划出行到出门成行的准备时期越来越短，来一场“说走就走的旅游”成为时尚，利用手机等平台进行网络订票、支付、咨询
出游时间	错峰出行	越来越多的游客选择错峰出行。携程网《2015中国游客旅游度假意愿报告》显示，八成游客愿意选择避开公共假期，错峰出行

注：湖北省旅游局（现为湖北省文化和旅游厅）介绍，黄金周自驾自助游成为主流。据初步统计，2015年国庆黄金周以自驾为主体的自助旅游者占全省景区接待的75%以上，部分市州和景区达85%以上。

（五）未来旅游消费市场的主导趋势

以人为本，融入生活的旅游体验方式成为未来旅游的主导趋势。

共鸣伙伴
寻求共鸣
时尚热点的忠诚粉丝

自主玩家
自立有闲
追求健康的生活方式

温馨一家
成家立业
积极发掘的幸福基地

压力人士
逃离城市
排解重压的发泄港湾

生活行者
乐享生活
善于发现的旅行达人

新奇时尚
的主题产品

养生健康
的生活方式

智慧生态
的绿色乐园

轻松娱乐
的度假生活

随性而为
的休闲之所

主题节会
新奇游乐
生态运动
养身养心
亲子游乐
生态田园
僻静天地
夜娱商业
休闲度假
创新旅居

二、客源市场定位

（一）客源市场的辐射范围定位

交通条件决定了沔城旅游客源市场的辐射范围，高速铁路、高速公路是决定性因素。

武汉市主城区是核心客源市场。

仙桃市周边城市是基本客源市场。

来到武汉市和仙桃市的人群是机会客源市场。

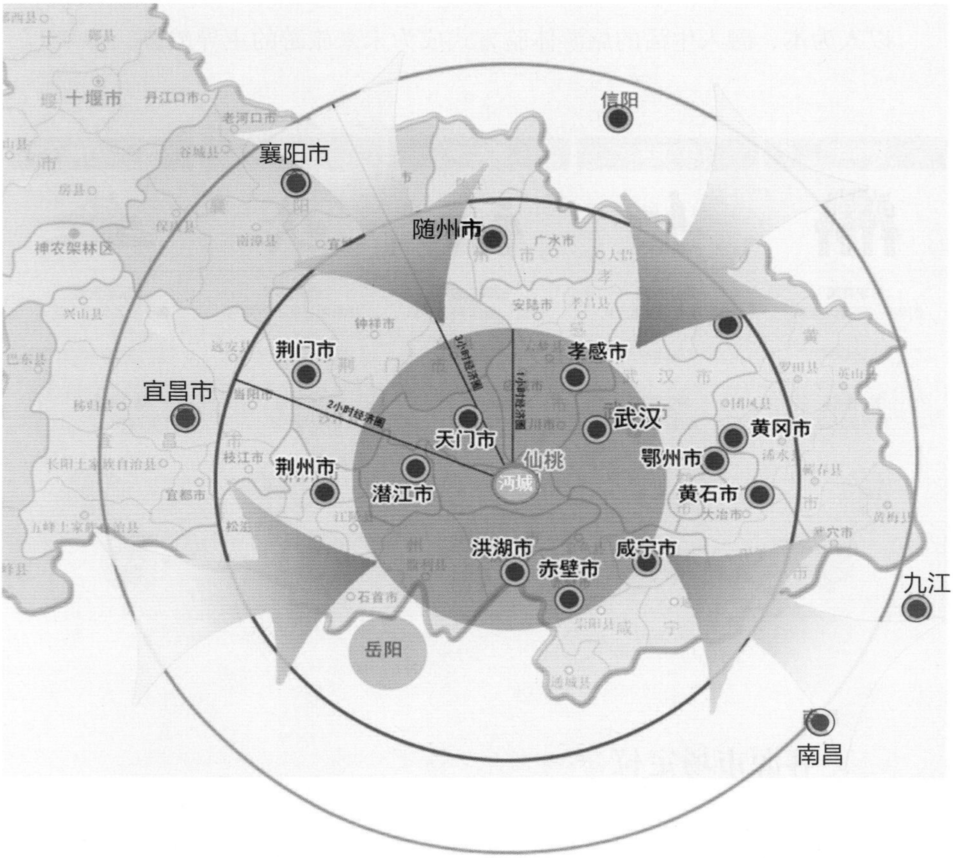

沔城旅游客源市场辐射范围

（二）客源市场的消费形式定位

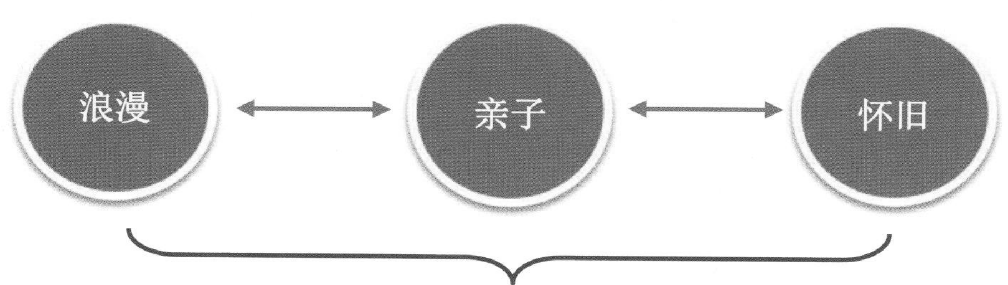

旅游产品	风景道观光、营地体验、汽车拓展、汽车比赛
旅游基础设施	驾车旅游交通标示系统、停车场和加油站
旅游接待设施	自驾车营地和旅馆、车辆救援服务
旅游信息系统	专业网站、自驾车咨询服务站、自驾游实用手册等
旅游者的安全保障	自驾车旅游保险等

（三）客源市场的消费群体定位

“80 后”“90 后”客群，尤其是以自驾游为主体的家庭旅游市场是第一消费客群。

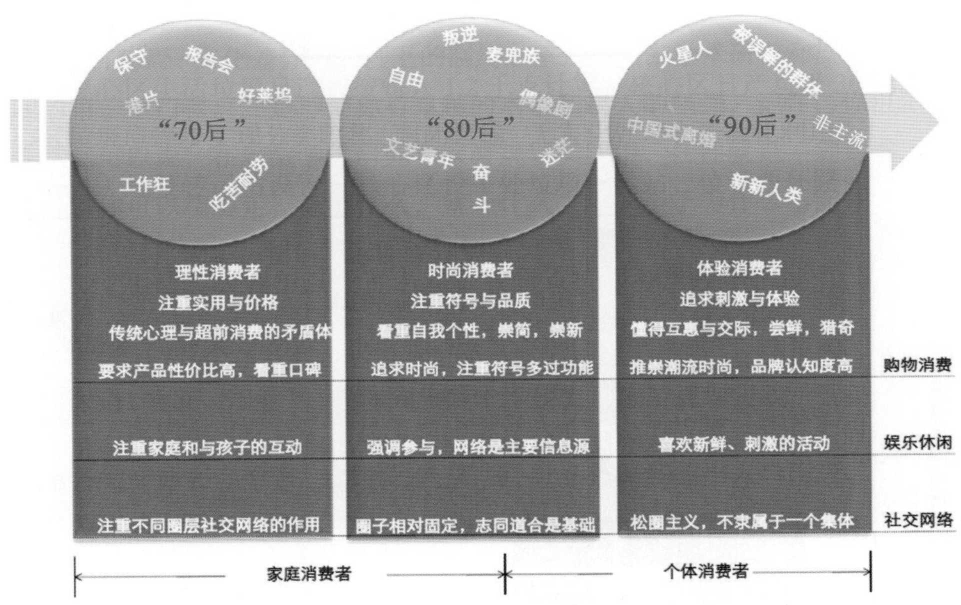

高品质的主题性景区对目标客群有非常大的吸引力，更强调参与和体验的主题性景区是兼顾年轻群体和家庭的优选。

以民宿和避暑为主要需求的旅游市场是第二消费客群。

养生度假市场需求旺盛，更多人向往一种全新的健康生活方式。

严峻的健康环境

我国公民的健康状况不容乐观，亚健康成为严峻的问题，养生度假的需求渐增。

庞大的市场规模

全球参与“养生度假旅游”的人数每年达数百万。

多元的客源结构

生活和工作压力越来越大，养生度假旅游逐步成为青年、中年和老年共同追捧的对象，客源结构逐渐多元化。

理性的消费特征

消费偏好——注重养生度假的活动过程，注重养生文化的体验。

决策内容——内容多元，有生态养生、运动养生、饮食养生、药材养生等。

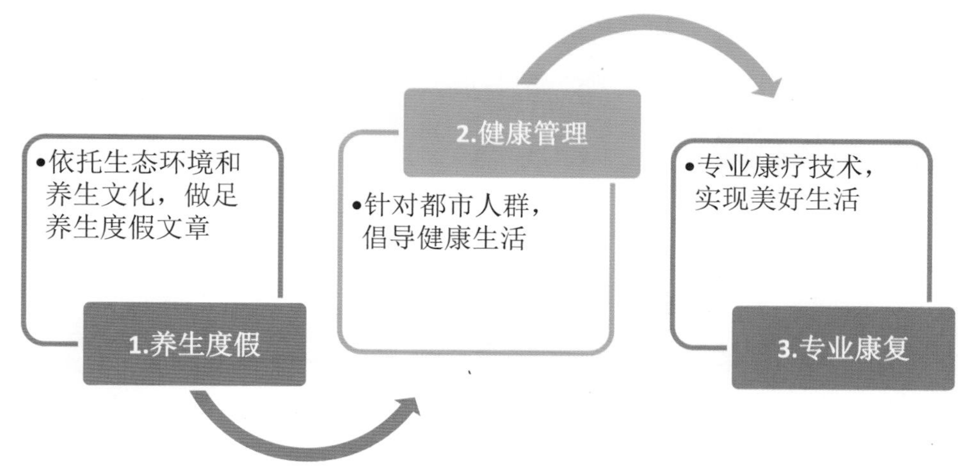

三、品牌形象体系

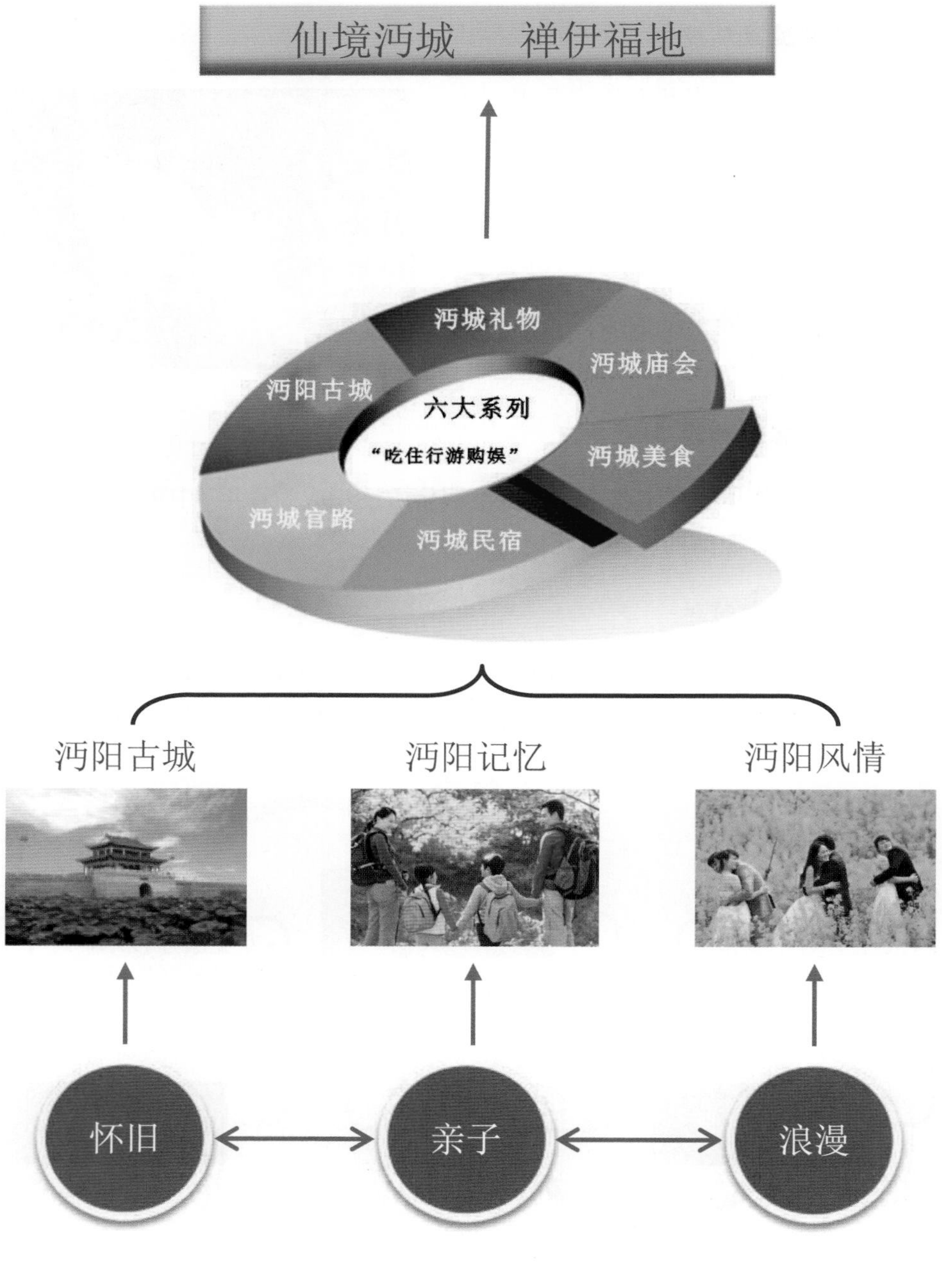

仙境沔城　禅伊福地

沔城礼物
沔城庙会
沔阳古城
六大系列
“吃住行游购娱”
沔城美食
沔城官路
沔城民宿

沔阳古城　沔阳记忆　沔阳风情

怀旧　亲子　浪漫

四、主题精品线路

线路主题	时间安排	主要节点	交通方式	食宿安排
古城寻根线	三日、多日游	复州城、江北城、沔阳城、沔阳八景、莲花池	步行+单车	老字号店、精品酒店特色民宿/客栈
州府文化线	一日、二日游	通州河岸、魏家横堤、杨刚桥、红花堤街、莲花池、城隍庙、十字街、沔阳州府衙署、古柏门街	单车+游览车	老字号饮食店精品酒店特色民宿/客栈
沔商文化线	一日、二日游	漕河街、九贺门正街、下关街、头天门街、学田路、小桥街、七里城街、红花堤街、莲花池	步行+单车	老字号饮食店特色民宿/客栈
宗教祈福线	二日、三日游	文圣庙、玄妙观、广长律院、城隍庙、东岳庙、普佛寺、准提阁、千佛寺、清真西寺	单车+游览车	精品酒店特色民宿菩提精舍
玉莲书香线	一日、夜游	沔城中学、沔城小学、文化路、十字街、文化站、玄妙观、清真西寺、莲花池、莲花古城庄园	步行+单车	精品酒店特色民宿/客栈
美食购物线	一日、二日游	建兴门正街、文化街、漕河街、九贺门正街、下关街、红花堤街、民族大道、学田路	步行+单车	老字号店特色民宿/客栈
绿色农业线	二日、多日游	二羊村、七红村、江北村、莲花池、莲花古城庄园、镇区	单车+自驾车+游览车	精品酒店、露营地特色民宿、乡村客栈
生态农业线	二日、多日游	邵沈渡村、王河口村、上关村、南桥村、镇区	单车+自驾车+游览车	精品酒店、露营地特色民宿、乡村客栈
休闲农业线	二日、多日游	洲岭村、袁刂村、黄金村、镇区	单车+自驾车+游览车	精品酒店、露营地特色民宿、乡村客栈

模拟情景

某中学组织的春游

10：00—10：30　游客服务中心
10：30—12：00　沔阳古城博物馆
12：00—12：30　午餐
12：30—15：00　历史文化街区
15：00—17：00　莲花池风景区
17：00—18：30　生态教育乐活园
18：30—19：00　集合

某事业单位的团队出游

9：00—11：00　创意田园综合体
11：00—12：00　自驾车露营地
12：00—13：00　野餐
13：00—15：00　滨水体验区
15：30—18：30　历史文化街区
18：30—20：00　晚餐
20：00—20：30　集合

某团队骑行者的出游

9：00—9：30　自驾车露营地
9：30—12：30　水乡田园绿道
12：30—13：30　古渡人家用餐
15：30—17：30　生态庄园区
17：30—19：30　旅游集散中心
19：30—20：00　历史文化街区
20：00—20：30　晚餐

情侣游

第一日

11：00—12：00　创意田园综合体
12：00—13：00　莲花池风景区
13：00—14：00　午餐
14：00—16：00　历史文化街区
16：00—18：00　生态教育乐活园
18：00—19：30　晚饭
19：30　精品酒店住宿

第二日

9：00—11：00　绿道骑行
11：00—13：00　生态渔场
13：00—14：00　午餐
14：00—16：00　富硒庄园
16：00—18：00　休闲农业博览园
18：00—19：00　乡村客栈住宿

三口之家的两日游

第一日

9：00—10：00　沔阳古城博物馆
10：00—12：00　生态教育乐活区
12：00—13：00　午餐
14：00—16：00　生态庄园区
16：00—18：30　莲花池风景区
18：30—19：30　晚饭
19：30—21：30　历史文化街区
21：30　主题民宿入住

第二日

9：00—11：00　绿道骑行
11：00—13：00　历史文化街区
13：00—14：00　午餐
14：00—15：00　富硒农业庄园
16：00—18：00　现代农业博览园
18：00—19：00　晚餐

五、宣传推广策略

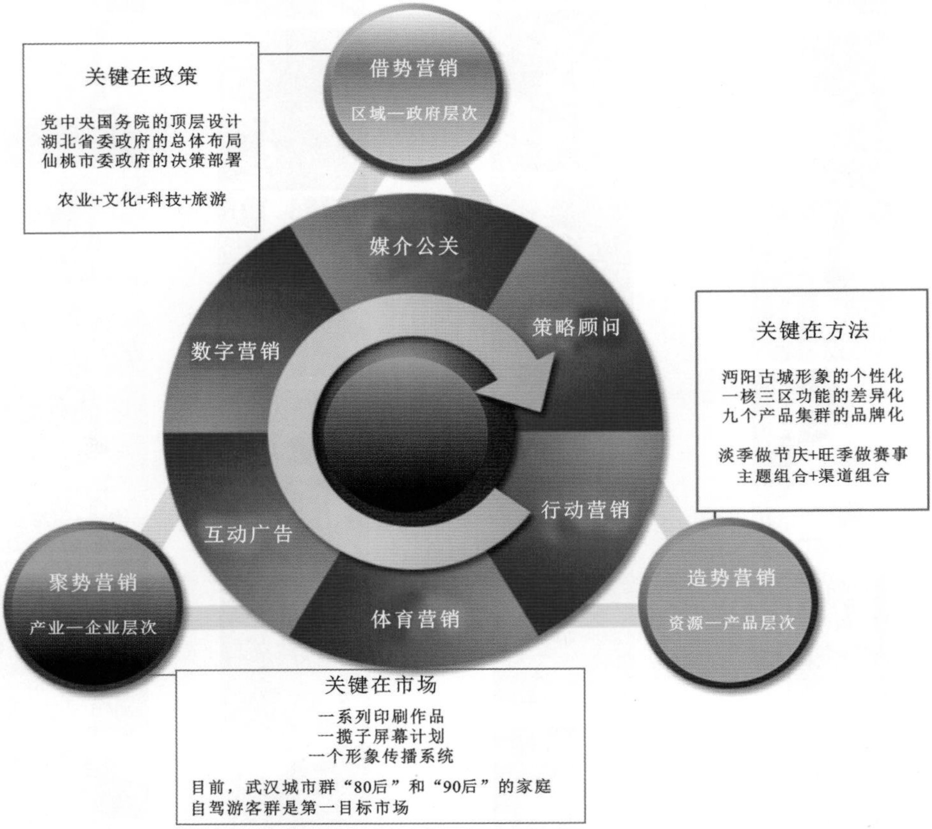

关键在政策

党中央国务院的顶层设计
湖北省委政府的总体布局
仙桃市委政府的决策部署

农业+文化+科技+旅游

借势营销

区域—政府层次

媒介公关

策略顾问

数字营销

关键在方法

沔阳古城形象的个性化
一核三区功能的差异化
九个产品集群的品牌化

淡季做节庆+旺季做赛事
主题组合+渠道组合

行动营销

互动广告

聚势营销

产业—企业层次

体育营销

造势营销

资源—产品层次

关键在市场

一系列印刷作品
一揽子屏幕计划
一个形象传播系统

目前，武汉城市群“80后”和“90后”的家庭自驾游客群是第一目标市场

营销策略

1. 借势政策，区域联动

2. 政府主导，企业运营

3. 叠加优势，整合营销

4. 节庆赛事，网络营销

5. 产业融合，打造品牌

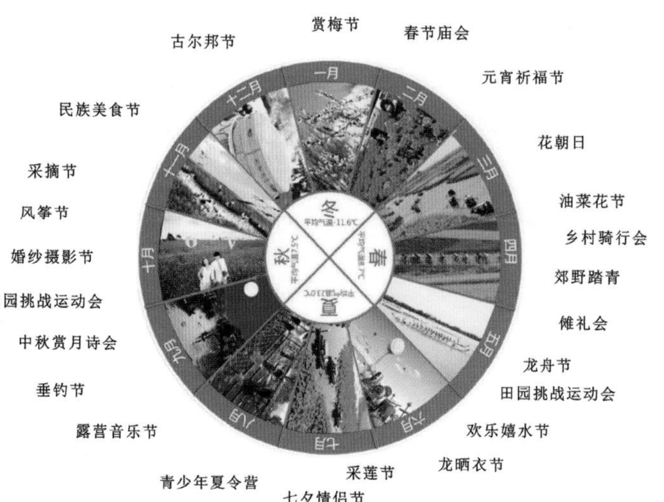

品牌营销

设计沔城旅游形象识别系统，设计沔城旅游标识系统，制作宣传视频和推送App的主题片，拍摄影视片，推广“仙境沔城，禅伊福地”品牌形象。

体验营销

邀请武汉市区的主流媒体、骨干旅行社、旅游行业协会、高等院校的师生社团、专业性社会团体的主要成员到访沔城采风踩线。

网络营销

拥抱互联网科技，利用社会网络媒体，引导移动自媒体，建立沔城旅游官网和旅游企业官网，全方位宣传推广沔城旅游品牌形象。

节庆营销

利用国家法定节假日、民俗节庆、主题活动，整合资源，组织节庆营销活动，打造沔城春节庙会、端午龙舟赛、六月六龙晒衣、夏季露营音乐节、开斋节、古尔邦节、田园挑战运动会等节庆品牌。

六、招商选资策略

社区优先，开放合作

重点定位，精准对接

共谋共建，扶强培优

共享多赢，持续发展

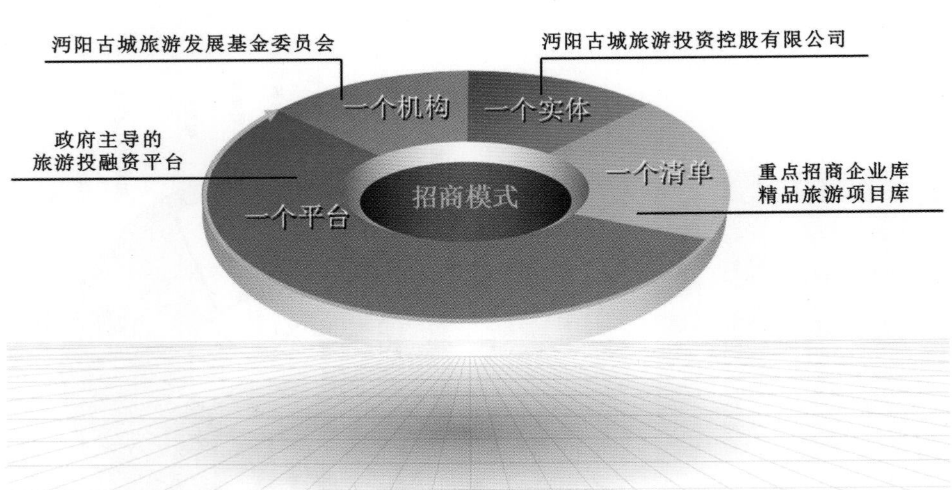

汭城旅游采用“产权入股+劳动联合”的双重合作机制

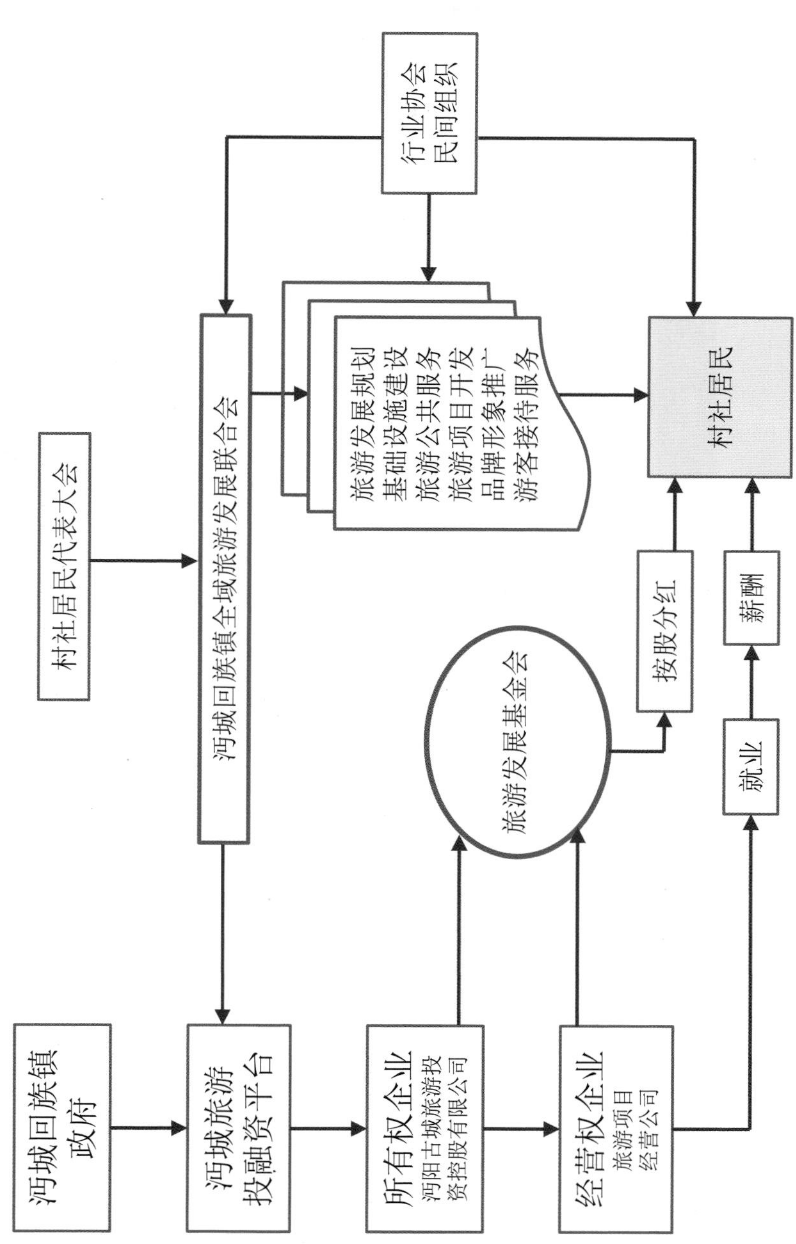

招商项目投资建设规划

主题系列	序号	项目名称	建设内容	投资区域	投资主体	投资估算（亿元）	投资节奏	备注
建设一个中心	1	旅游集散中心	游客服务中心、生态停车场、沔阳民俗博物馆、福星山奎星楼、游船码头、沔阳广场	莲花大道东西两侧	合作模式	2.6	一期	沔阳广场为政府投资
构建两个平台	2	智慧旅游平台	智慧旅游管理平台、智慧旅游服务平台、智慧旅游营销平台	游客服务中心	合作模式	0.2	一期	服务外包
	3	商贸旅游平台	名特优产品的全域旅游供应链信息平台	仙监公路北侧（江北村）	企业+政府	3	二期	服务外包
复兴三个街区	4	州府文化街区	十字街（古柏门街、东门街）、文化路（尚书街、旗纛街）、漕河街等文物保护主导型街区，以及情景还原主导型、业态优化主导型、风貌提升主导型、交通疏导主导型等街区	镇区中环线	合作模式	12	全程	招商选资
	5	沔商文化街区	红花堤街、下关街、七里城街、九贺门正街、漕河沿岸的经营性项目	镇区东环线	企业	5.3	全程	
	6	书院文化街区	文圣公园、聚奎书院、玉带书院、复州书院、仁风书院、纪恩书院、南纪门街、陈友谅故居	镇区中环线	企业	1.5	二期	

续表

主题系列	序号	项目名称	建设内容	投资区域	投资主体	投资估算（亿元）	投资节奏	备注
打造三个基地	7	小朱垸、七里垸有机蔬菜莲藕基地	莲花池风景区、创意田园综合体、沔城莲藕基地、滨水体验乐园	七红村南桥村	龙头企业+合作社+农户	15	一期	规模化合作经营
			百果园、乐活田园、欢乐田园、乡间乐满地	上关村南桥村		3.2	二期	
	8	王邵垸优质水产示范基地	国际垂钓赛场、生态养殖示范区、休闲渔场	王河村邵沈渡村		3	一期	
	9	麻思垸优质水产示范基地	农业博览园、农业科技实践区、休闲农业创意区	城郊村、古柏门村、洲岭村、袁剅村		5	二期	
重塑五个村落	10	七红村	民族风情区、生态艺术花园、主题民宿	七红村	农户+企业+政府	0.5	一期	特色化合作经营
	11	南桥村	生态莲藕庄园、中华沔藕博物馆、水乡风情村落	南桥村	农户+企业+政府	0.8	一期	
	12	上关村	水乡主题民宿、生态教育乐活园	上关村	农户+企业+政府	1.2	一期	

续表

主题系列	序号	项目名称	建设内容	投资区域	投资主体	投资估算（亿元）	投资节奏	备注
重塑五个村落	13	二羊村	乡贤文化园、主题农场、物色农庄	二羊村	农户+企业+政府	0.5	二期	特色化合作经营
	14	邵沈渡村	渔舟古道文化园、古渡人家、乡村客栈	邵沈渡村	农户+企业+政府	1	二期	
推进六个举措	15	自驾游	自驾车音乐露营地、旅游通道导识系统、加油（汽）站、充电站（桩）	全域	企业	1.8	一期	品牌化特许经营
	16	娱乐秀	灯光秀、烟花秀、水上特级秀、空中特技秀、沔阳民俗秀、四季万花秀、亲水赛事秀、实景剧场、通用飞机停车坪	莲花池	企业	3	全程	
	17	绿道	环莲花池绿道、乡村田园绿道、驿站系统	全域	政府+企业	2	全程	
	18	美食	美食一条街、传统食品加工坊、槽坊、榨油坊等	全域	企业	1.8	全程	
	19	民宿	精品民宿、田园民宿、民宿一条街等	全域	农户+企业	1.6	全程	
	20	特色商品	中华沔藕系列、清真食品系列、沔阳三蒸、富硒食品系列、老沔阳传统食品系列等	全域	企业	2.6	全程	
合计	总投资（亿元人民币，以2017年的物价为基准）					67.6		

第十章 基础设施

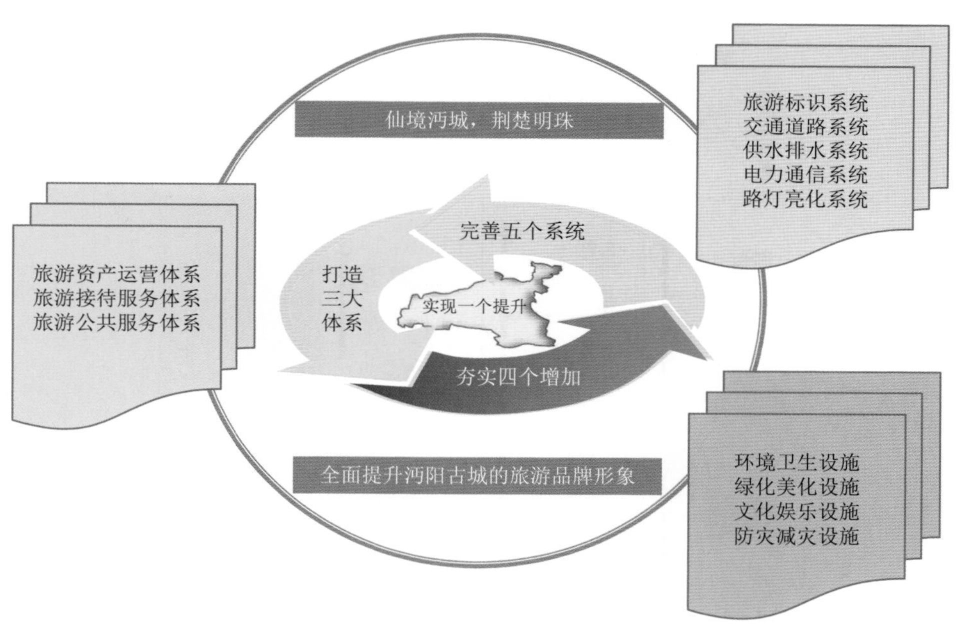

基础设施

一、旅游标识

基于旅游区标识系统的规范标准，对沔阳古城的旅游标识系统进行统一规划设计和特色化建设，尽快完成全景导游图、导览图、道路导向指示牌、温馨提示牌、警示性标识牌、宣传教育标示牌、服务设施牌以及外部交通标识牌等标志设施的制作和现场布点。特别要加强旅游区的LOGO设计、品牌形象识别系统的设计，规范风格特色、图形表达、文字信息、材料、造型和色彩。

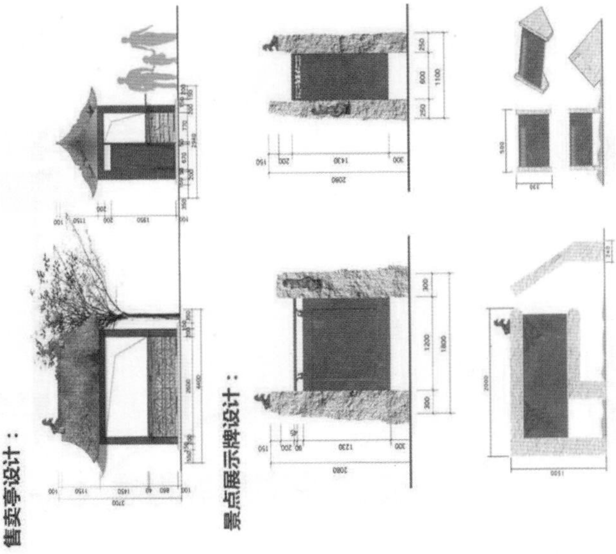

售卖亭设计：

景点展示牌设计：

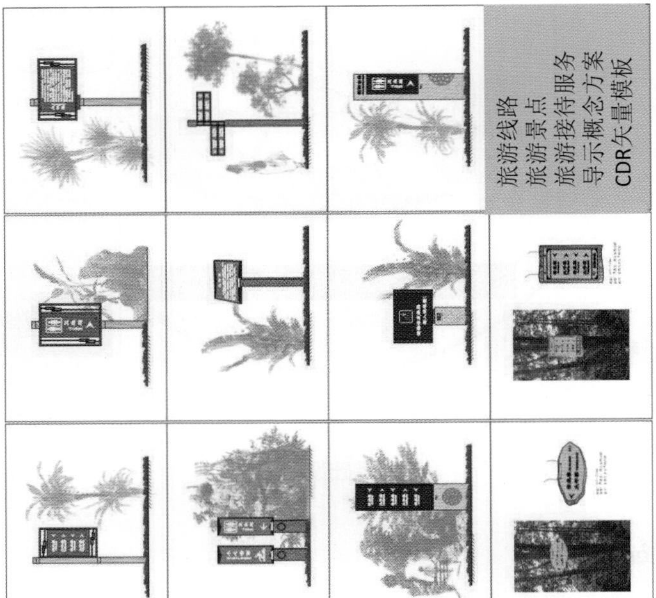

旅游线路
旅游景点
旅游接待服务
导示概念方案
CDR矢量模板

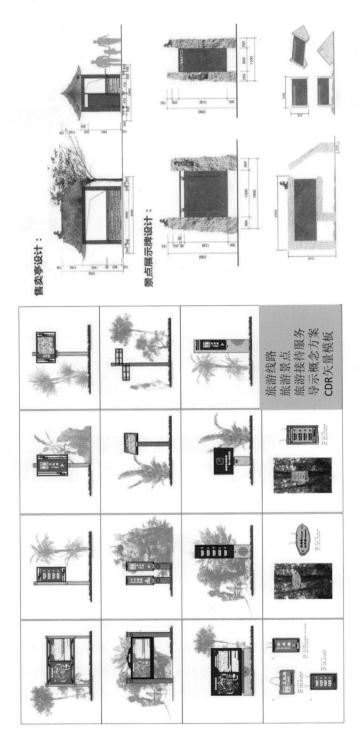

沔城全域旅游的导览标识由景区介绍牌、农业景观介绍牌、文化遗产介绍牌、服务设施解说牌、导向标识和环境管理标识等六种类型构成，可以采用木材、石材和金属（不锈钢板、冷板、铝合金板）等材质的导览标识牌。选择导览标识牌，不仅要充分考虑材料本身的特点，而且还要考虑景点自身的因素。这样才能制作出既美观时尚又有文化内涵并且经久耐用的标识牌。

旅游区方向

旅游区距离

问讯处

徒步

索道

野营地

营火

游戏场

骑马

钓鱼

高尔夫球

潜水

游泳

划船

冬季浏览区

滑雪

滑冰

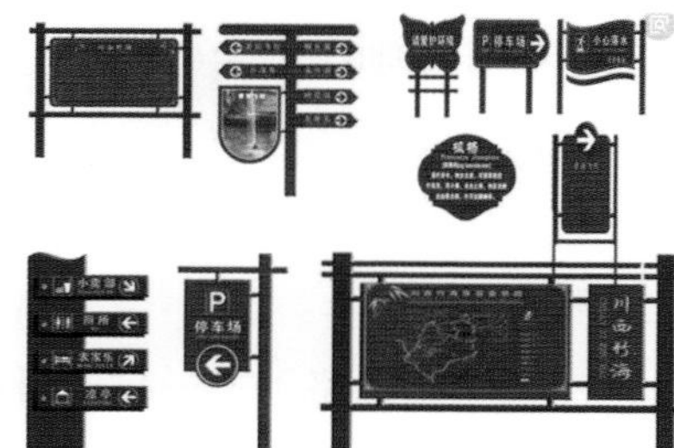

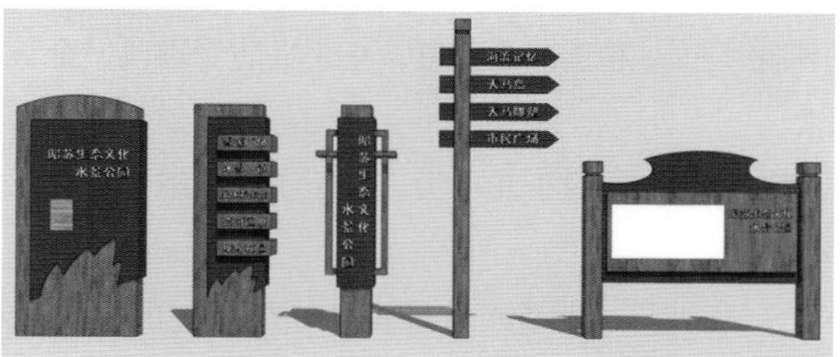

二、道路交通

根据《仙桃市城乡总体规划（2008—2030）》和《仙桃市沔城回族镇总体规划（2012—2030）》，结合全域旅游发展实际，道路交通主体骨架为“六主、六辅”格局。

六主：一主（南支路）——起于洲岭村四组，止于邵沈渡闸沟，全长 6.7 千米，目前土路基宽 3—4 米。

二主（产业通道）——起于湖口弦泵站，止于邵沈渡七组，全长 6.9 米，目前砼路面宽 4.5—5 米。

三主（环城路）——其作用主要是将普佛古寺、司马桥、诸葛亮读书台、广长律院、沔阳广场、古城墙连成一体。起于仙监公路道班桥，止于青兰渠上关一组桥。全长 7.1 千米，目前土路基宽 3—6 米。

四主（城上路）——含天长街、九贺门正街、莲花大道。起于盛利食品，止于三八沟路，全长 3.6 千米，目前土路基宽 6—21 米。

五主（仙监公路）——起于二羊村郭河交界处，止于洲岭九组，全长 10.03 千米，目前砼路宽 9 米。

六主（青兰路）——起于二羊九组，止于红旗闸，全长 5.6 千米，目前土路基宽 3—5 米。

六辅：一辅（史小河路）——起于产业大道，至于三号沟，全长 1.7 千米，目前土路基宽 3—4 米。

二辅（水产西路）——起于仙监公路，止于防汛路，全长 2.3 千米，目前土路基宽 3—5 米。

三辅（柏袁路）——起于司今桥，止于南支渠，全长 2.1 千米，目前砼路宽 4.5 米。

四辅（防汛路）——起于产业大道，止于堤防管理段，全长 2.3 千米，目前砼路宽 3.5 米。

五辅（三八沟路）——起于北排沟，止于王河一组，全长 2.9 千米，目前砼路宽 3.5 米。

六辅（水产东路）——起于产业通道叶岭沟闸，止于青兰渠路上关，全长 4.4 千米，目前土路基宽 3—5 米。

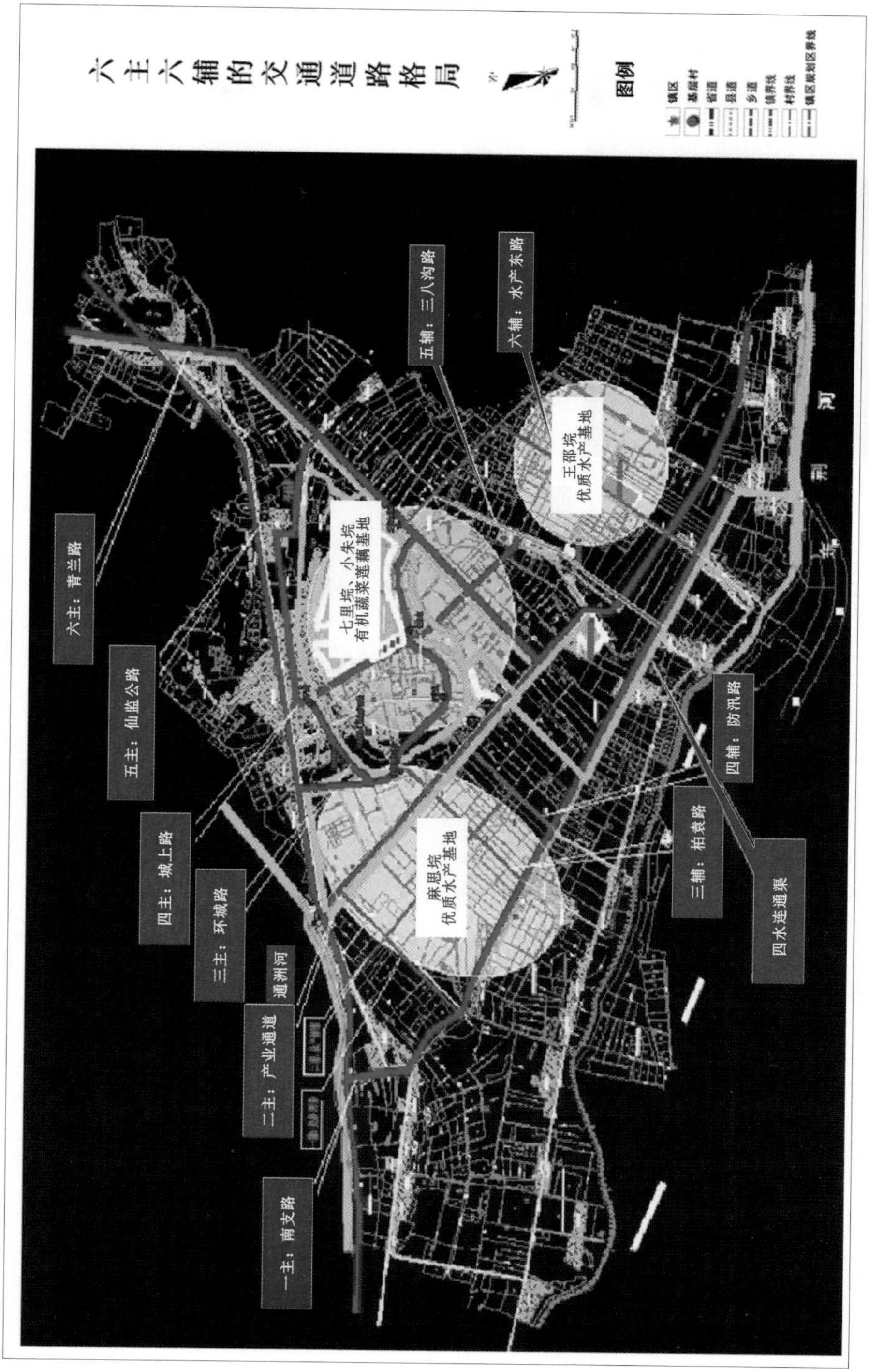

六主六辅的交通道路格局

图例
镇区
基层村
省道
县道
乡道
镇界线
村界线
镇区规划区界线

一主：南支路
二主：产业通道
三主：环城路
四主：城上路
五主：仙监公路
六主：青兰路
三辅：柏袁路
四辅：防汛路
五辅：三八沟路
六辅：水产东路
四水连通渠
通洲河
七里垸、小朱垸
有机蔬菜莲藕基地
王部垸
优质水产基地
麻思垸
优质水产基地
东荆河

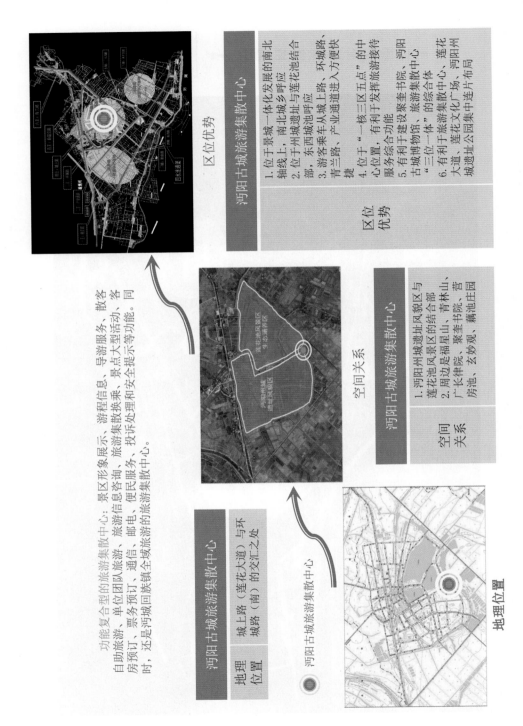

功能复合型的旅游集散中心：景区形象展示、游程信息、导游服务、散客自助旅游、单位团队旅游、旅游信息咨询、旅游集散换乘、景点大型活动、客房预订、票务预订、通信、邮电、便民服务、投诉处理和安全提示等功能。同时，还是沔城回族镇全域旅游的旅游集散中心。

沔阳古城旅游集散中心	
地理位置	城上路（莲花大道）与环城路（南）的交汇之处

沔阳古城旅游集散中心

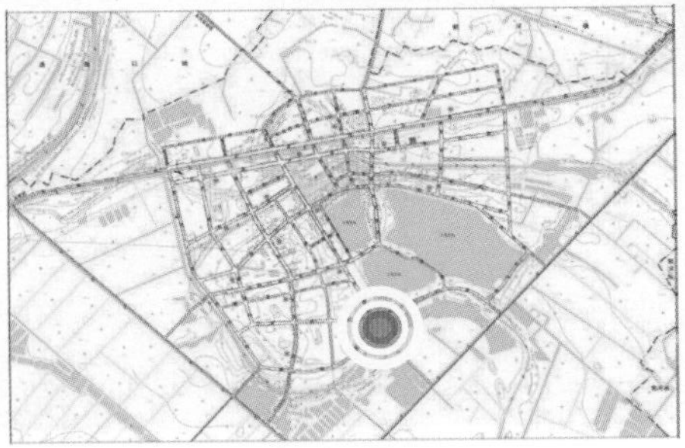

地理位置

空间关系

沔阳古城旅游集散中心	
空间关系	1. 沔阳州城遗址风貌区与莲花池风景区的结合部 2. 周边是福星山、青林山、广长律院、聚奎书院、营房池、玄妙观、藕池庄园

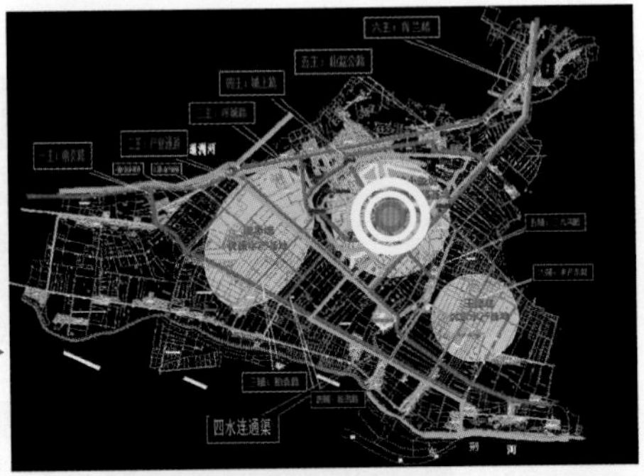

区位优势

沔阳古城旅游集散中心	
区位优势	1. 位于景城一体化发展的南北轴线上，南北城乡呼应 2. 位于州城遗址与莲花池结合部，东西城池呼应 3. 游客乘车从城上路、环城路、青兰路、产业通道进入方便快捷 4. 位于“一核三区五点”的中心位置，有利于发挥旅游接待服务综合功能 5. 有利于建设聚奎书院、沔阳古城博物馆、旅游集散中心“三位一体”的综合体 6. 有利于旅游集散中心、莲花大道、莲花文化广场、沔阳州城遗址公园集中连片布局

汅阳古城博物馆

聚奎书院

生态停车场

广长律院

玄妙观（陈友谅故居）

聚奎书院
博物馆
莲花大道
汅阳古城文化广场
游船码头
主体建筑
汅阳古城旅游集散中心
玄妙观
生态停车场
广长律院
福星山奎星楼

汅阳古城游客集散中心片区结构

主体建筑

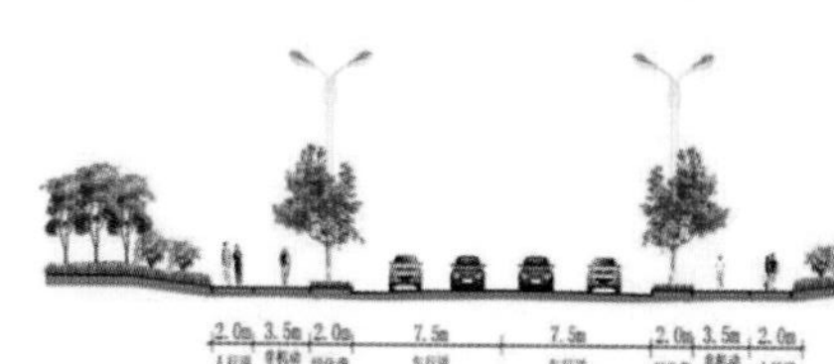

莲花大道的道路断面形式

福星山奎星楼

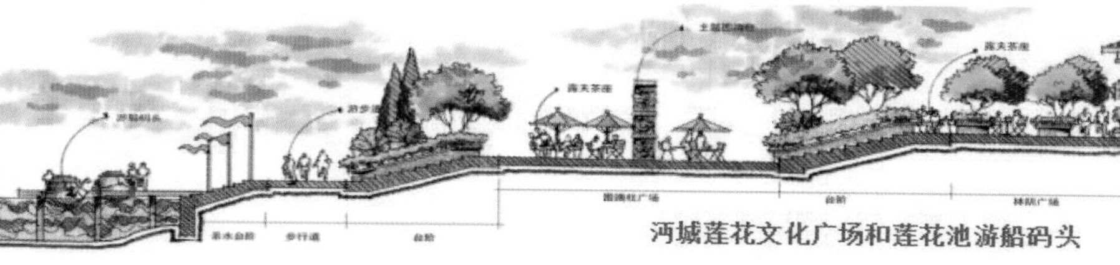

汅城莲花文化广场和莲花池游船码头

沔城全域旅游内环线由明清沔阳州城遗址风貌区环线与莲花池生态景观涵养区环线共同组成。

明清沔阳州城遗址风貌区环线由十字街、东门街、文化路（尚书街、旗纛街）、下关街、红花堤街等组成。

莲花池生态景观涵养区环线由莲花大道、环池路、复州路、红花堤街等共同组成。

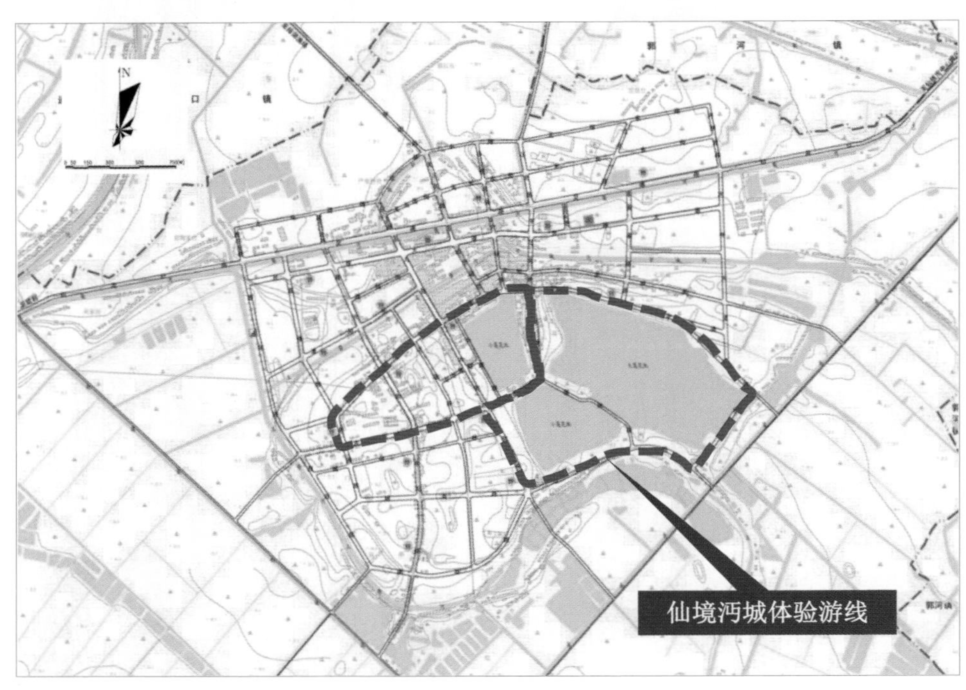

内环线——“仙境沔城体验游”的线路组织

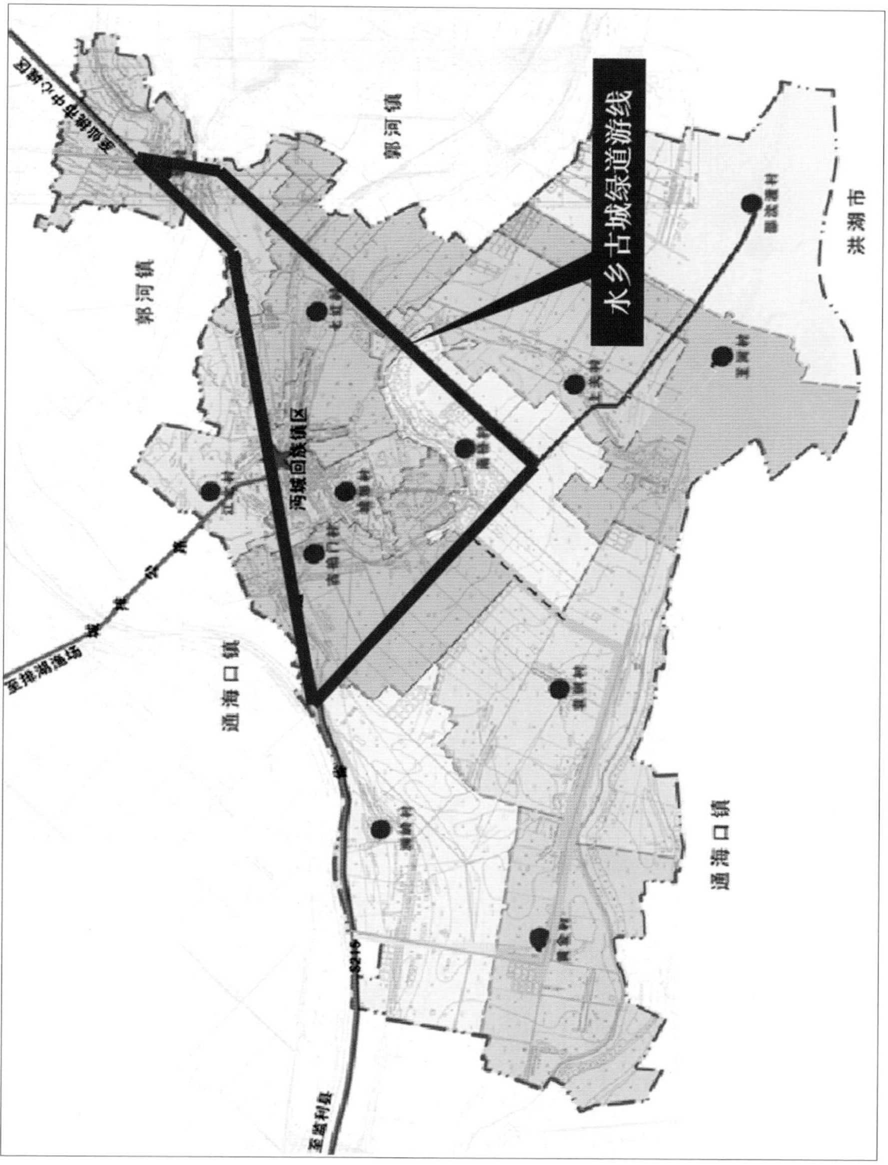

外环线——“水乡古城绿道游”的线路组织

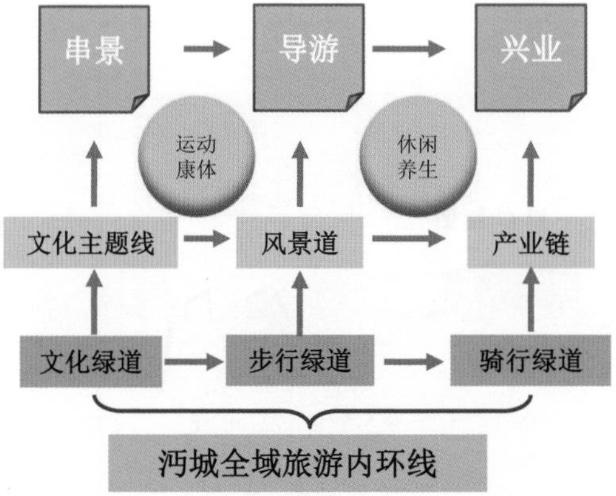

串景 → 导游 → 兴业

运动康体

休闲养生

文化主题线 → 风景道 → 产业链

文化绿道 → 步行绿道 → 骑行绿道

沔城全域旅游内环线

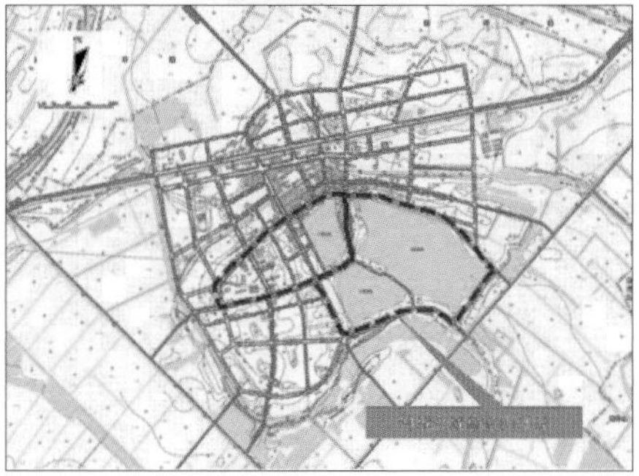

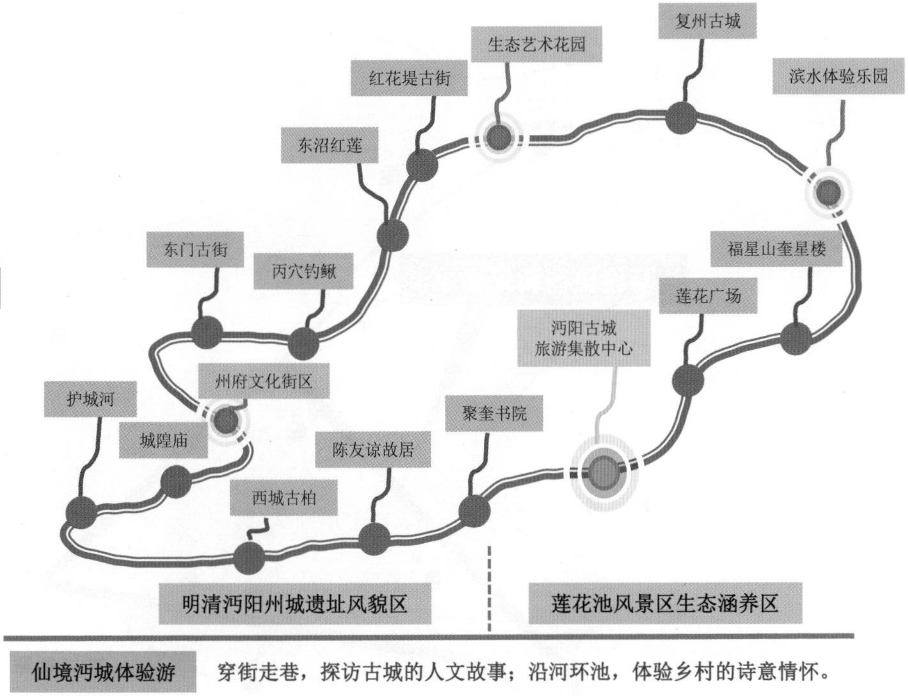

复州古城

生态艺术花园

滨水体验乐园

红花堤古街

东沼红莲

福星山奎星楼

东门古街

丙穴钓鳅

莲花广场

沔阳古城旅游集散中心

州府文化街区

护城河

城隍庙

聚奎书院

陈友谅故居

西城古柏

明清沔阳州城遗址风貌区

莲花池风景区生态涵养区

仙境沔城体验游　穿街走巷，探访古城的人文故事；沿河环池，体验乡村的诗意情怀。

“仙境沔城，荆楚明珠；千年州府，禅伊生活”的“仙境沔城体验游”线路具有串景、导游、兴业的综合功能。

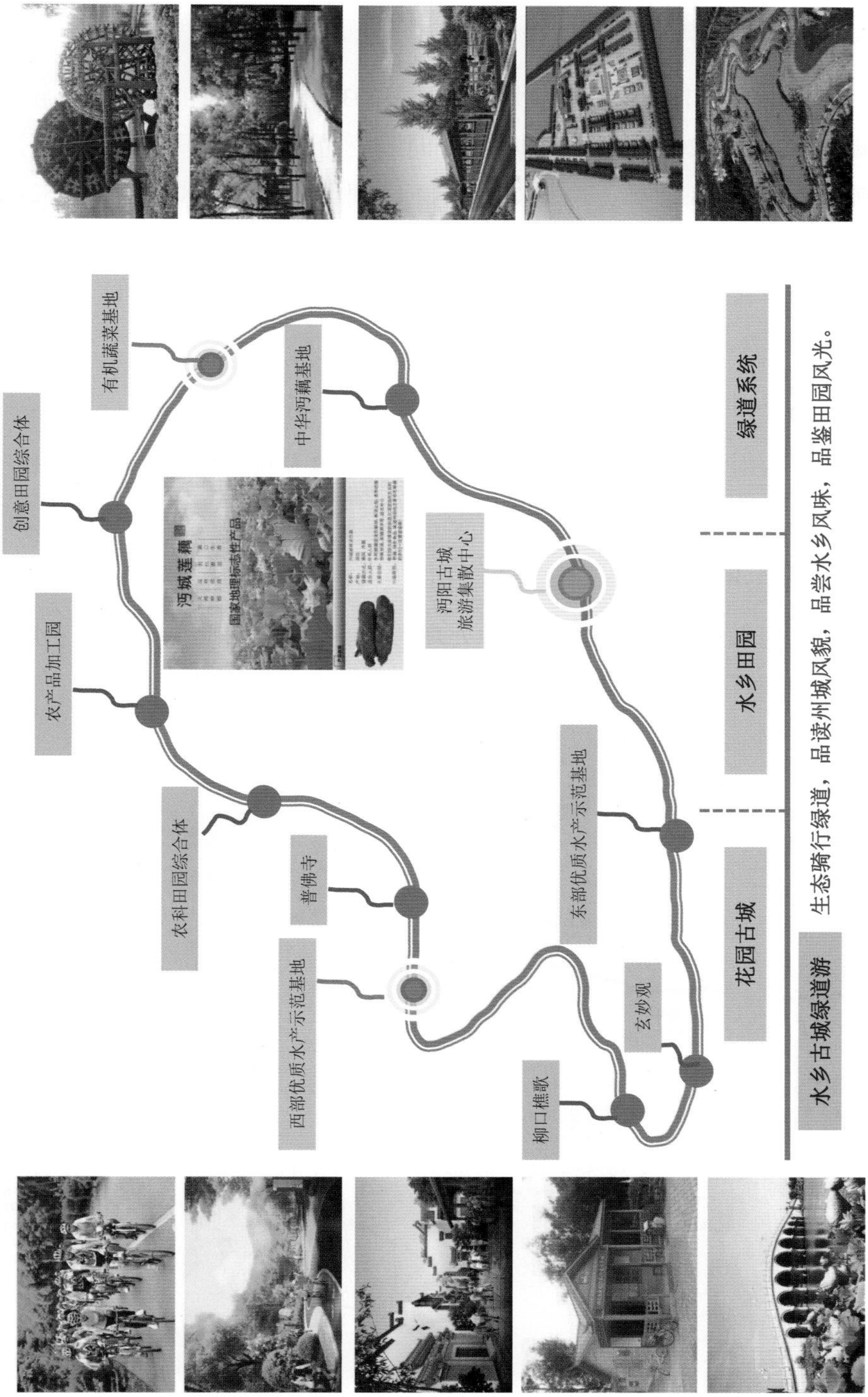

水乡古城绿道游

生态骑行绿道，品读州城风貌，品尝水乡风味，品鉴田园风光。

花园古城

水乡田园

绿道系统

柳口樵歌

玄妙观

西部优质水产示范基地

普佛寺

东部优质水产示范基地

农科田园综合体

农产品加工园

沔阳古城
旅游集散中心

沔城莲藕
国家地理标志性产品

创意田园综合体

有机蔬菜基地

中华沔藕基地

三、给水排水

根据《仙桃市城乡总体规划（2008—2030）》和《仙桃市沔城回族镇总体规划（2012—2030）》，沔城回族镇布置1座市域自来水厂，供水规模为10万吨/日，占地4公顷，水源取自东荆河。规划市域自来水厂布置于S215省道（仙监公路）北侧的核心区西北角，规划用地面积4.0公顷。全镇供水干管采用环状布置方式，沿S215省道（仙监公路）布置市域供水干管。

全镇排水采用雨污分流制。

1. 雨水工程规划

全镇内雨水排放采用就近排放原则。核心区及村庄建成区雨水采用管渠收集后就近排入附近沟渠、河、塘。

2. 污水工程规划

全镇污水采用分片收集、集中处理、达标排放的原则。核心区污水由镇区污水处理厂处理达标后排放，各基层村设污水生化处理场。

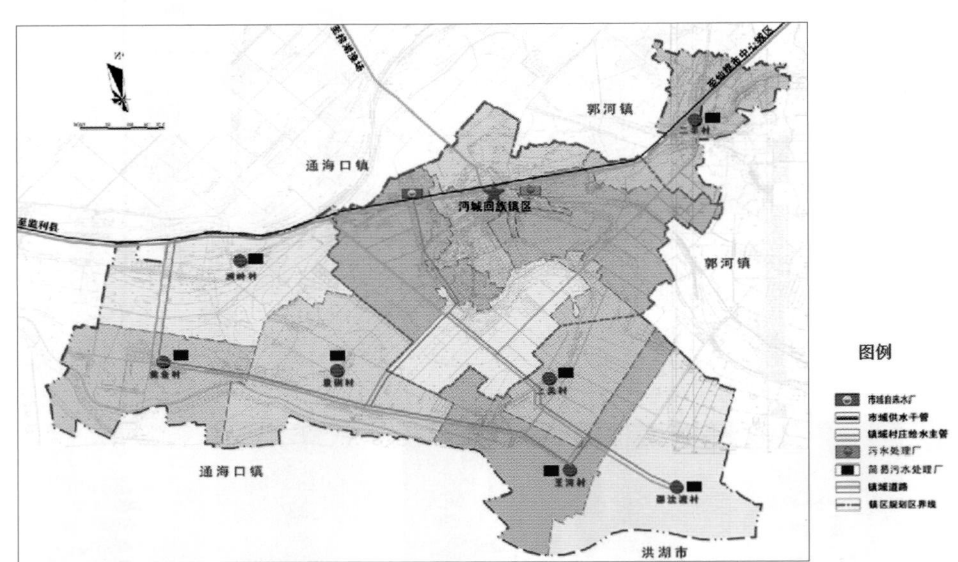

核心区排水规划如下。

1. 用水量预测

根据《镇规划标准》（GB 50188—2007），核心区人均综合用水量指标取350升/人·日。核心区近、远期日均用水总量分别为：近期，350升/人·日×16000人=5600米³/日；远期，350升/人·日×25000人=8750米³/日。

2. 给水管网规划

核心区给水管网采用环状布置，给水主干管采用DN400mm管径，供水干管采用DN300mm管径，供水支管采用DN200mm管径。

3. 雨水工程规划

核心区雨水采用分片收集、就近排放的原则。核心区雨水分别就近排入柴河、玉带河、护城河、江北路西侧沟渠及莲花池。核心区道路雨水管管径为DN500—2000mm。

4. 污水工程规划

污水量估算：污水量按平均日用水量的80%取值，核心区远期（2030年）污水量为0.7万吨/日。

污水工程设施规划：核心区现有污水处理厂 1 座，位于核心区东部的柴河南岸，设计规模为日处理生活污水 2000 吨。规划新建污水处理厂 1 座，使其处理能力达到 7000 吨 / 日，并达到二级处理深度要求，核心区污水经处理达标后排入柴河。污水处理厂远期规划用地面积 0.85 公顷。

核心区污水管管径为 DN400—600mm。

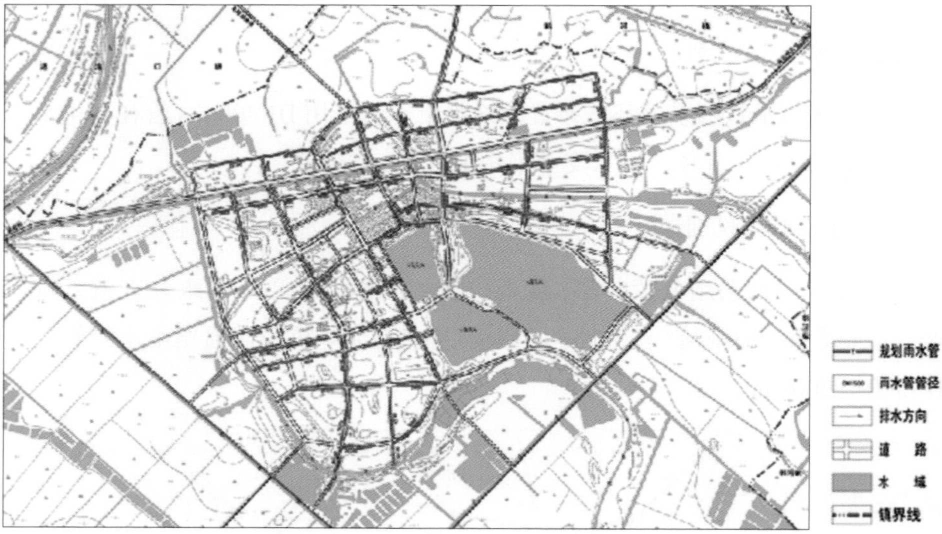

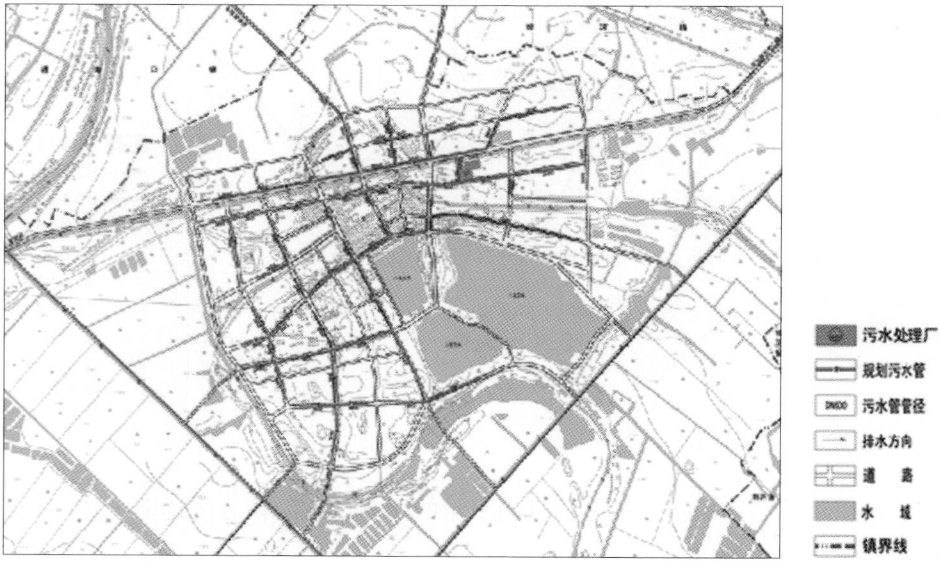

四、电力通信

根据《仙桃市城乡总体规划（2008—2030）》和《仙桃市沔城回族镇总体规划（2012—2030）》，落实旅游电力通信设施建设规划。

1. 电力工程设施规划

全镇现有35KV变电站1座，位于沔城回族镇镇区，安装有2台3150KVA主变压器，变电容量为6300KVA，电源由通海口110KV变电站经郭（郭河）通（通海口）线引入。各基层村均由镇区110KV变电站采用10KV线路供电。

2. 电信工程规划

全镇现有电信分局1个，位于沔城回族镇镇区，规划对其予以保留。全镇规划通信线路包括电信线路、广播电视线路和互联网线路。按照三网融合发展要求，光纤入户率应达到100%。同一线路的各类通信线应同沟敷设或同杆架设。

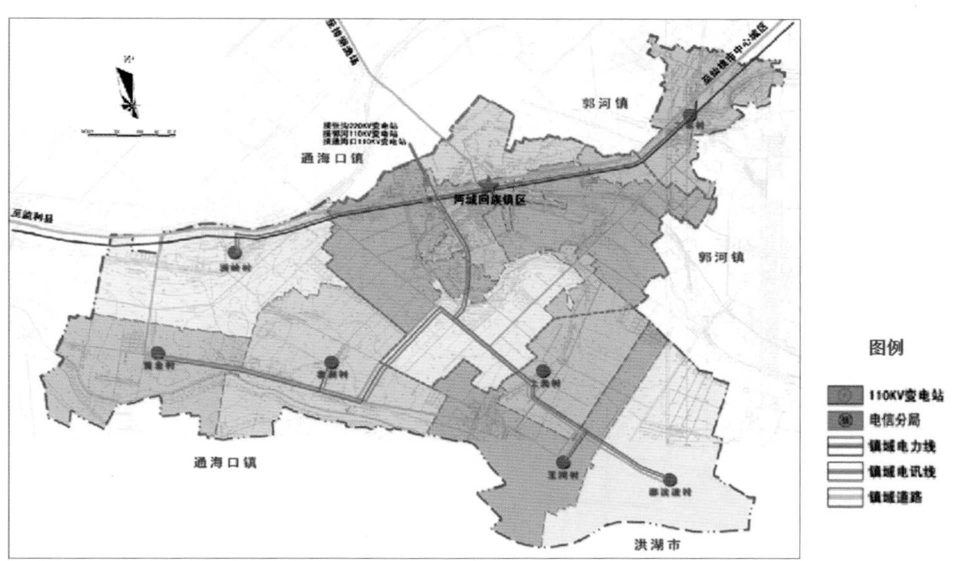

根据《仙桃市城乡总体规划（2008—2030）》和《仙桃市沔城回族镇总体规划（2012—2030）》，沔城回族镇镇区 35KV 变电站需扩建为 110KV 变电站。规划将现状 35KV 变电站迁址扩建为 110KV 变电站，规划 110KV 变电站布置于 S215 省道（仙监公路）以北的建兴门北路西侧，规划用地面积 0.80 公顷，规划变电容量为 150MVA，供电范围为沔城回族镇镇域，电源以位于张沟镇的市域 220KV 变电站为主要电源并经郭（郭河）通（通海口）线引入。镇区配电线路电压等级采用 10KV，镇区 10KV 电力线应采用电缆入地敷设。

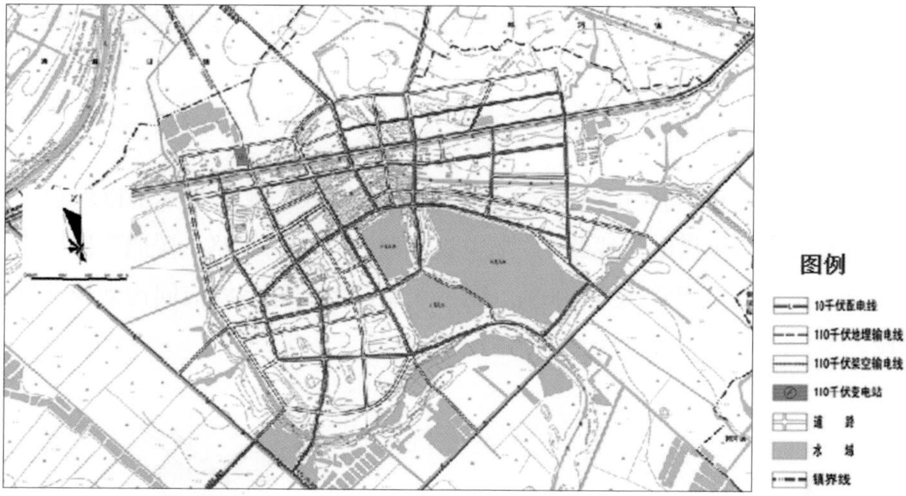

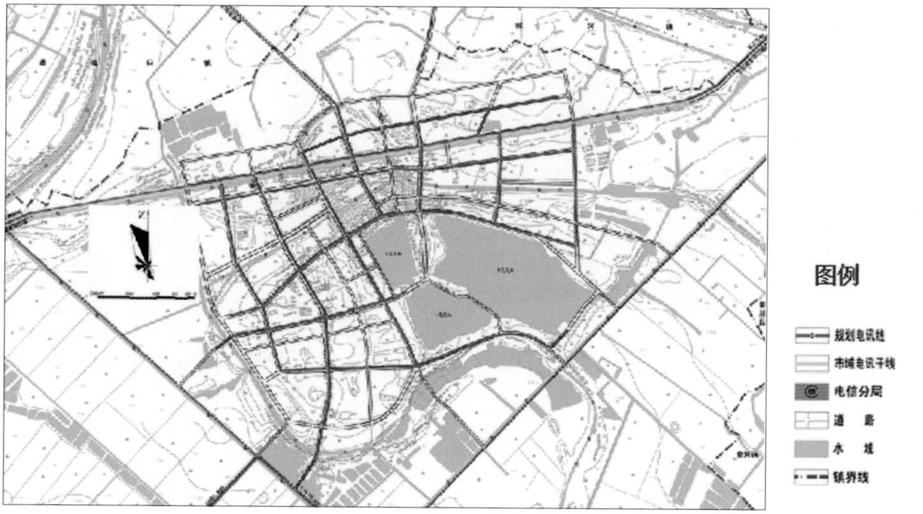

五、公共服务

按照《仙桃市城乡总体规划（2008—2030）》和《仙桃市沔城回族镇总体规划（2012—2030）》，全镇公共服务设施按照“镇区—基层村”等级及其具体规模进行设置。

核心区为全镇的公共服务中心，配备功能齐备、规模适宜的商业服务、文教卫生、娱乐等公共服务设施。

基层村配备小型商店、小型幼儿园、卫生所等基本的公共服务设施。

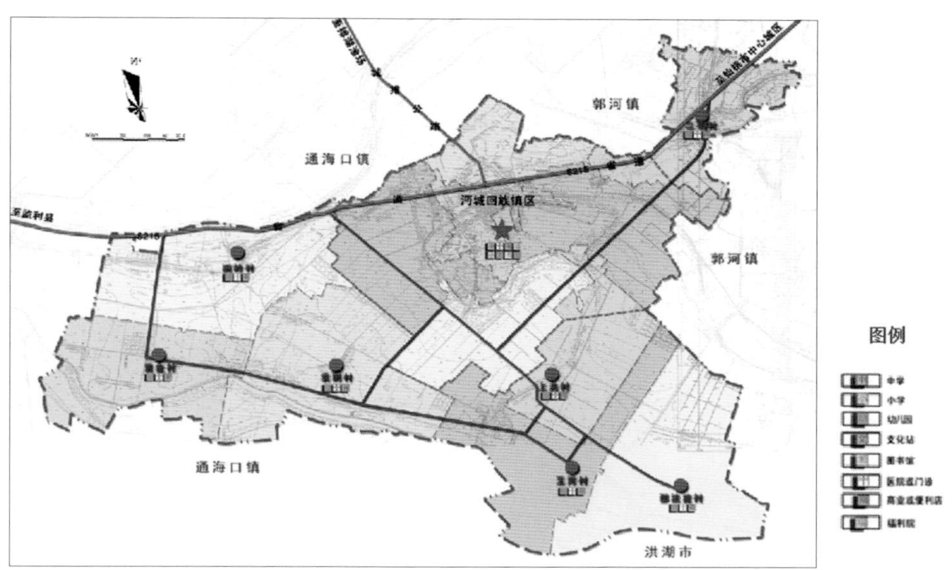

核心区公共设施用地主要分布于核心区中部，核心区规划公共设施用地总面积为35.99公顷，占建设用地的12.26%，人均公共设施用地14.40平方米。

（1）行政管理用地：保留核心区现有主要行政管理用地。为实现精简机构和提升行政效能，规划未布置新的行政管理用地。核心区行政服务中心设于江北社区内，与红莲文化广场、旅游集散中心融为一体。

（2）教育机构用地：核心区设小学、初中、高中各 1 所，设幼儿园两所。保留现沔城高中、回民中学和一小，二小并入一小。镇幼儿园迁至原一小用地内，在原派出所用地内新建 1 所幼儿园。

（3）文体科技用地：为保护沔城回族镇地方文化特色、发展人文旅游产业，核心区现有人文纪念场所、主要宗教寺庙均予以保留。普佛寺向南扩建。原沔阳县政府旧址从现沔城中学内分离，建成历史遗迹纪念馆。镇文化站从文圣公园（文圣庙）中迁出，规划搬迁至民族大道与下江北路交叉口西北角。

（4）医疗保健用地：保留现有镇卫生院，完善其医疗设施。社区医务室可设于商业门店内或与居委会合设。

（5）商业金融用地：核心区商业服务中心在核心区中部现状商业服务中心基础上延续发展。商业服务主要分布于民族大道中段、九贺门大街、建兴门街、交通路中段及莲花大道中段。核心区商业服务以零售商店、餐饮酒店、旅游宾馆为主。

（6）集贸市场用地：保留现有集贸市场用地，规划不增设新的集贸市场。

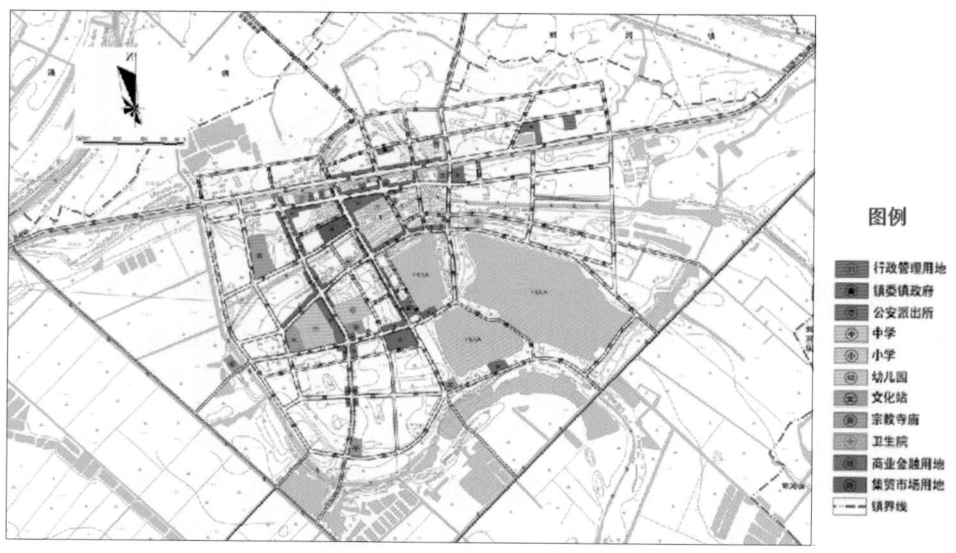

六、燃气管网

根据《仙桃市城乡总体规划（2008—2030）》和《仙桃市沔城回族镇总体规划（2012—2030）》，落实旅游燃气管网设施建设规划。

1. 燃气气源规划

核心区燃气气源规划以天然气为主，以液化石油气为补充。核心区现有液化石油气储配站 1 处，规划予以保留，用地面积 0.24 公顷。

2. 燃气管网规划

规划在 S215 省道（仙监公路）与九贺门北路交叉口西北角绿地内建设高中压调压站 1 座。核心区燃气管网压力采用 0.4MPa 中压 A 管。核心区燃气管网采用环状布置，燃气干管管径为 DN180—200mm。

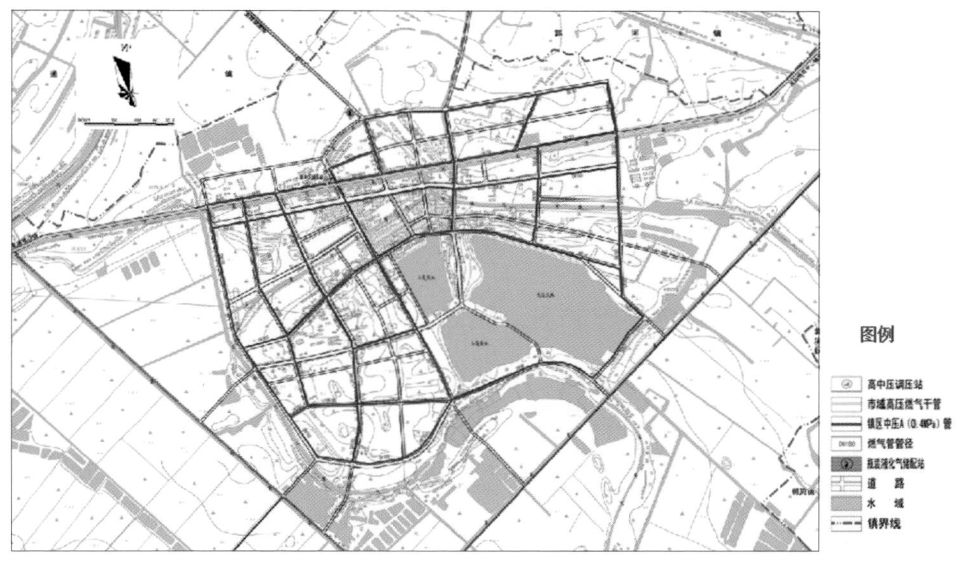

七、环境卫生

根据《仙桃市城乡总体规划（2008—2030）》和《仙桃市沔城回族镇总体

规划（2012—2030）》，落实旅游环境卫生设施建设规划。

核心区设环卫站1处，规划环卫站位于污水处理厂东南侧，规划用地面积0.25公顷。基层村根据仙桃市政府关于新农村建设的要求落实。

核心区固体废物综合利用率须达到90%，危险废物处置率达100%，生活垃圾无害化处理率达90%以上。

1. 垃圾收集与转运

核心区生活垃圾日产量按每人1.2千克计算，核心区日产垃圾30吨。核心区垃圾应逐步实现分类收集、封闭运输、无害化处理和资源化利用。

（1）垃圾转运站设置：核心区设1处垃圾转运站，位于西环路西侧的生态绿地内。

（2）生活垃圾收集点设置：垃圾收集点按服务半径不超过70米设置。在新建住宅区，未设垃圾管道的多层住宅，一般每4幢建筑设一个垃圾收集点。

（3）废物箱设置：废物箱主要用于行人放置生活垃圾，布置在道路两侧以及各类交通客运设施、公共设施、广场、社会停车场等出入口附近。设置在道路两侧的废物箱，按以下间距设置：商业、金融街道，50—100米；其他主干路、干路，100—200米；其他支路，200米。

2. 公共厕所设置

核心区规划布置公共厕所15座。镇区公共厕所按以下指标标准设置。

居住用地内：密度3—5座/平方公里，间距500—800米，建筑面积30—60平方米/座。独立式公共厕所用地面积60—100平方米/座。

公共设施用地内：密度4—11座/平方公里，间距300—500米，建筑面积50—120平方米/座。独立式公共厕所用地面积80—170平方米/座。

工业和仓储用地内：密度1—2座/平方公里，间距800—1000米，建筑面积30平方米/座。独立式公共厕所用地面积60平方米/座。

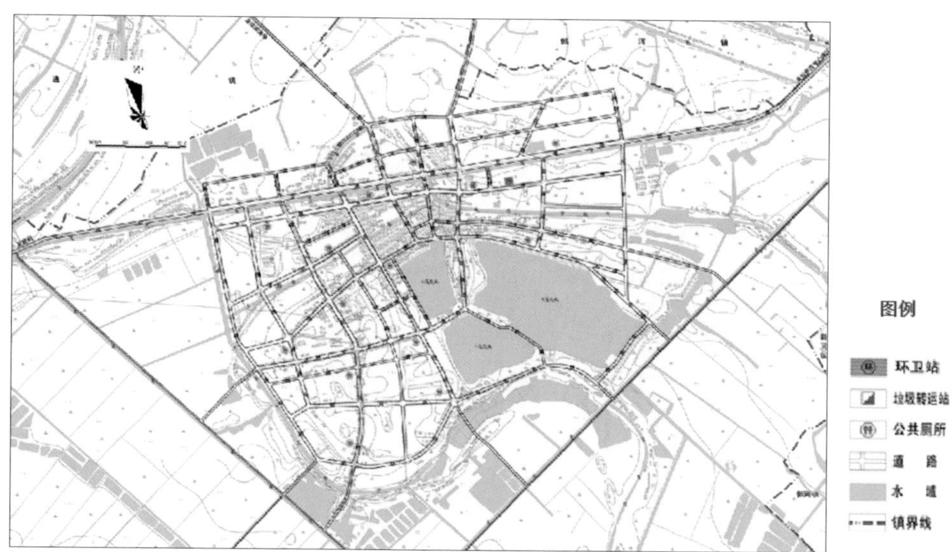

八、防灾减灾

根据《仙桃市城乡总体规划（2008—2030）》和《仙桃市沔城回族镇总体规划（2012—2030）》，落实旅游防灾减灾设施建设规划。

1. 防洪排涝规划

核心区防洪标准按 20 年一遇设防，并用 50 年一遇的洪水校核。核心区防洪措施是以排为主。保持核心区水系和排水管网通畅，结合农业灌溉，加强核心区防洪排涝设施建设，做好泵站涵闸的日常和定期维护工作，确保防洪安全。

2. 消防规划

消防规划遵循“预防为主，防消结合”的方针，积极预防，提高全民消防意识，防患于未然。

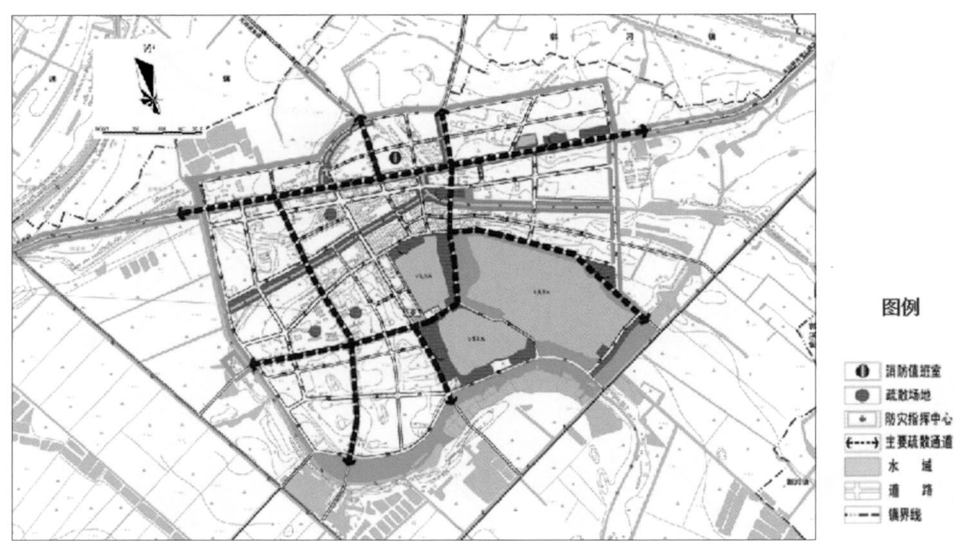

消防站：核心区不布置独立的消防站，规划设消防值班室 1 个，与公安派出所或其他政府机关合设，配备消防通信设备及消防车 1—2 辆。

消火栓：结合给水管网建设，在核心区主干路、干路及支路上每隔 120 米设置一处消防栓。

消防通道：核心区道路应加强管理，严禁违章占道。居住区内部道路应满足消防车通行要求，工业、仓储用地要留有符合规范的消防通道和停车场。

消防水源：核心区消防用水与生活用水共用管网，可利用核心区天然水体作为消防备用水源，设置消防车取水设施和通道。

消防通信：加强火警自动监测，核心区增设火警电话。

3. 抗震工程规划

（1）抗震标准。

根据《湖北省地震烈度区划图》，沔城回族镇属于地震基本烈度六度区，一般性建筑无需设防。

（2）抗震规划。

建筑抗震：核心区内的永久性建筑物和构筑物，达到六度设防标准。中小学、幼儿园、医院等人员密集场所及其他重要建筑提高一度设防。核心区生命线工程，应按行业设防标准做好防震减灾工作，同时消除震灾次生灾害隐患，确保生命线工程安全。

抗震疏散通道：核心区对外交通道路、主干路及干路为抗震疏散通道，用于震前和震后的人员疏散与消防、救援车通行。

避震疏散场地：核心区避震疏散场地按人均 3.0 平方米设置，远期共需 7.5 公顷。核心区绿地、学校操场、运动场、空地均可作为避震疏散场地，可满足避震要求。紧急避震疏散场所人均有效避难面积不小于 1 平方米，固定避震疏散场所人均有效避难面积不小于 2 平方米。紧急避震疏散场所的服务半径宜为 500 米，固定避震疏散场所的服务半径宜为 2—3 千米。

第十一章
运作实施

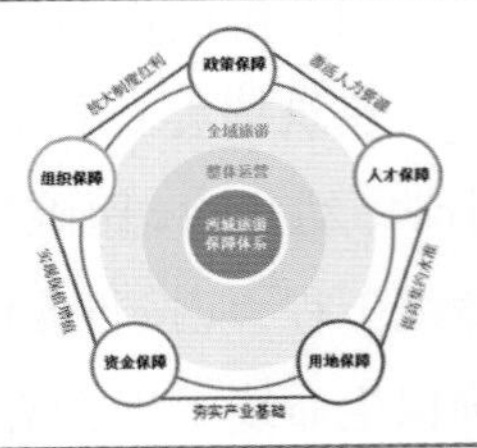

一、智慧旅游

大数据时代，互联网 + 的发展模式是主流趋势，智慧旅游平台是政府、居民、企业、商家、游客之间互动最便捷的网络，沔城回族镇要积极落实仙桃市委、市政府推进的全域旅游规划，构建智慧管理、智慧营销、智慧服务“三位一体”的智慧旅游发展平台。

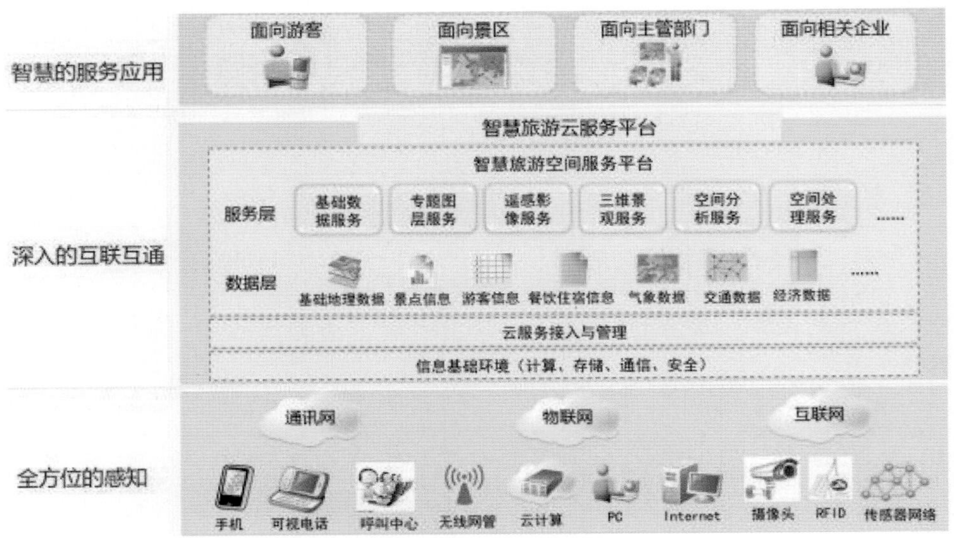

沔城三大智慧旅游平台

智慧旅游管理平台	智慧旅游服务平台	智慧旅游营销平台
数据采集：基础数据，分析数据 运行监测：客情监测，商情监测 客流预测：游客流量和结构预测 移动监管：及时查询，及时通信 信息门户：导览地图，信息推送	智慧商圈：点评、订票、订座、电商 智慧景区：导游、导览、导购、购票 智慧餐饮：预订、点餐、收银、点评 智慧酒店：预订、入住、离店、点评 智慧导游：地图导航、线路定制	商家微站：微商账号、线上营销、线上销售 电商系统：目的地网上宣传推广、定制旅游 OTA分销：利用在线旅行社进行推广和销售 活动策划：在线促销、实时直播、信息反馈 活动组织：在线互动、实时调度、现场掌控

二、区域合作

目前，沔阳古城旅游业属于导入性发展阶段，客观上存在客源市场规模小、旅游品牌形象散、业态创新能力弱、旅游基础设施差的“小、散、弱、差”现象，在武汉“1+8”城市圈旅游市场上还没有构建核心竞争力，需要与仙桃市主城区、排湖旅游风景区紧密开展旅游业的区域合作，共同打造仙桃水乡田园城市的品牌形象，开拓武汉“1+8”城市圈和周边旅游客源市场，逐步拓展高铁和高速公路沿线的旅游客源市场。

三、开发模式

旅游业是一个全域性的综合产业，城旅融合、文旅融合、农旅融合更是涉及全镇、村社和农户三个层次的基本利益格局，需要招商引资，按照“共谋、共建、共享”原则，走龙头企业与特色产业带动之路，积极推进旅游业的跨越式发展。

开发模式：政府授权主体 + 整体运营商 + 项目开发商 + 村社居民。

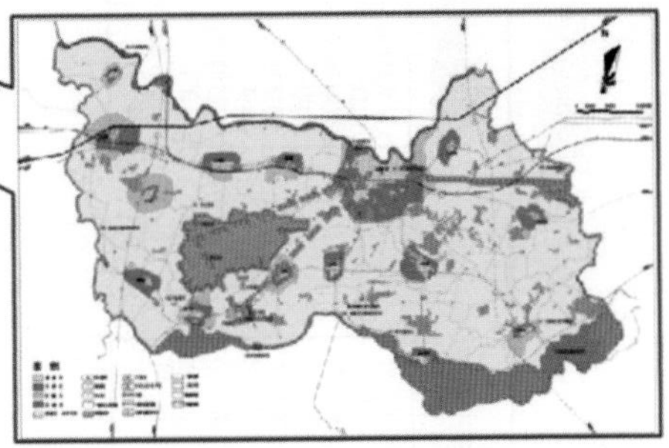

（资料来源：湖北省旅游业发展“十二五”规划纲要。）

湖北省两大旅游圈、六大旅游板块、四大旅游集散中心示意图

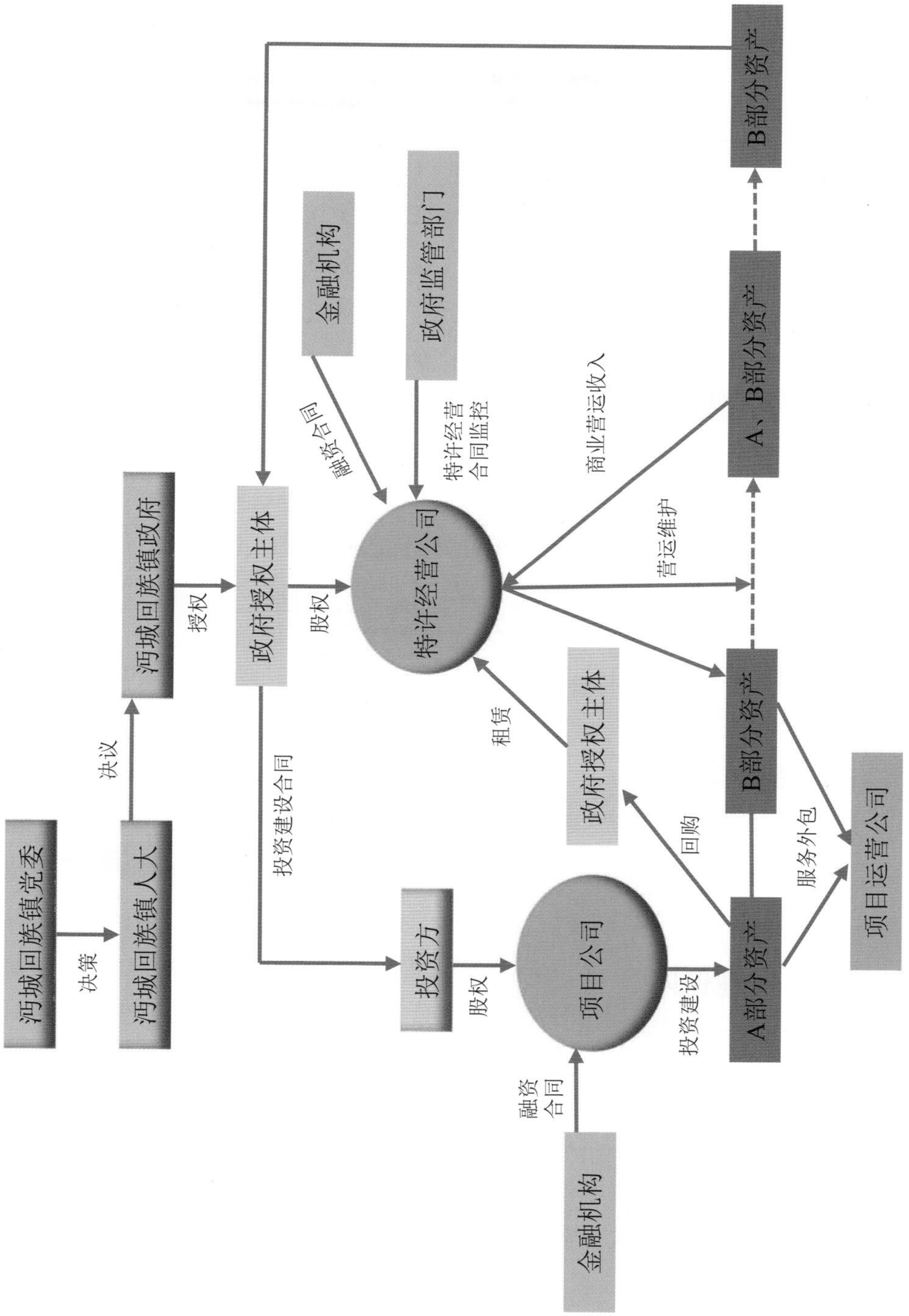

沔城回族镇党委
决策
沔城回族镇人大
决议
沔城回族镇政府
授权
政府授权主体
股权
特许经营公司
金融机构
融资合同
政府监管部门
特许经营合同监控
投资建设合同
投资方
股权
项目公司
融资合同
金融机构
投资建设
A部分资产
回购
政府授权主体
租赁
B部分资产
营运维护
A、B部分资产
商业营运收入
B部分资产
服务外包
项目运营公司

四、管理体系

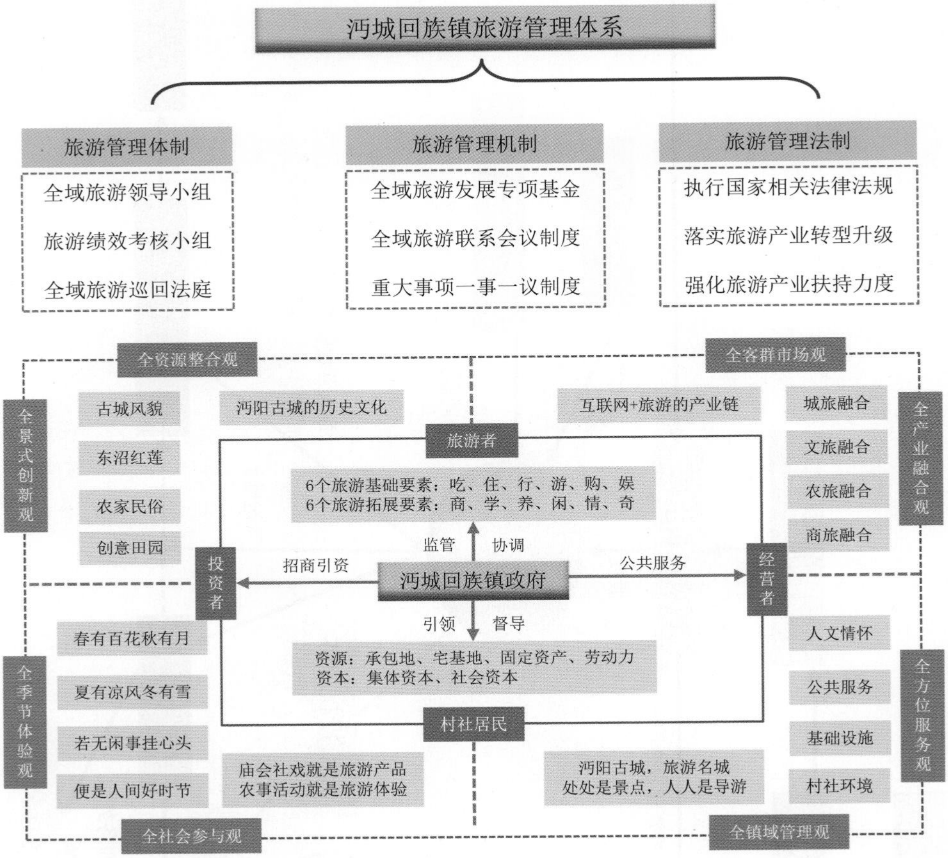

沔城回族镇旅游管理体系

旅游管理体制	旅游管理机制	旅游管理法制
全域旅游领导小组	全域旅游发展专项基金	执行国家相关法律法规
旅游绩效考核小组	全域旅游联系会议制度	落实旅游产业转型升级
全域旅游巡回法庭	重大事项一事一议制度	强化旅游产业扶持力度

全资源整合观
全客群市场观
全景式创新观：古城风貌、东沼红莲、农家民俗、创意田园
沔阳古城的历史文化
互联网+旅游的产业链
全产业融合观：城旅融合、文旅融合、农旅融合、商旅融合
旅游者
6个旅游基础要素：吃、住、行、游、购、娱
6个旅游拓展要素：商、学、养、闲、情、奇
监管　协调
投资者 ← 招商引资 ← 沔城回族镇政府 → 公共服务 → 经营者
引领　督导
资源：承包地、宅基地、固定资产、劳动力
资本：集体资本、社会资本
村社居民
全季节体验观：春有百花秋有月、夏有凉风冬有雪、若无闲事挂心头、便是人间好时节
庙会社戏就是旅游产品
农事活动就是旅游体验
沔阳古城，旅游名城
处处是景点，人人是导游
全方位服务观：人文情怀、公共服务、基础设施、村社环境
全社会参与观
全镇域管理观

五、实施保障

——坚持市场经济，实施政府统筹

准确把握旅游市场的发展方向与发展趋势，全面深化改革，充分发挥市场在资源配置中的决定作用；积极转变政府职能，加强政策研究和规划引导，完善相关支持举措，推进全域旅游跨越式发展。

——坚持资源整合，实施产业联动

按照沔城回族镇旅游资源的赋存特色，对旅游资源进行优化整合，构建城旅融合、文旅融合、农旅融合、商旅融合的产业联动机制，实现共谋、共建和共享的创新发展。

——坚持重点突破，实施全面提升

加快建设重点区域、重点线路和重点项目，对重点市场和重点政策的重要方面与关键环节的把控，调整旅游产业结构，全面提升战略决策力、管理执行力、资源整合力、市场竞争力、经济收益力。

——坚持以人为本，实施绿色崛起

坚持“创新、协调、绿色、开放、共享”的发展理念，构建绿色旅游产业体系，走生态文明发展的可持续发展道路。坚持把人才作为旅游创新发展的根本，组建素质优良、结构合理的旅游经营管理队伍，实现高速度、高品质、高收益的人才引领型发展战略目标。

旅游实施保障体系

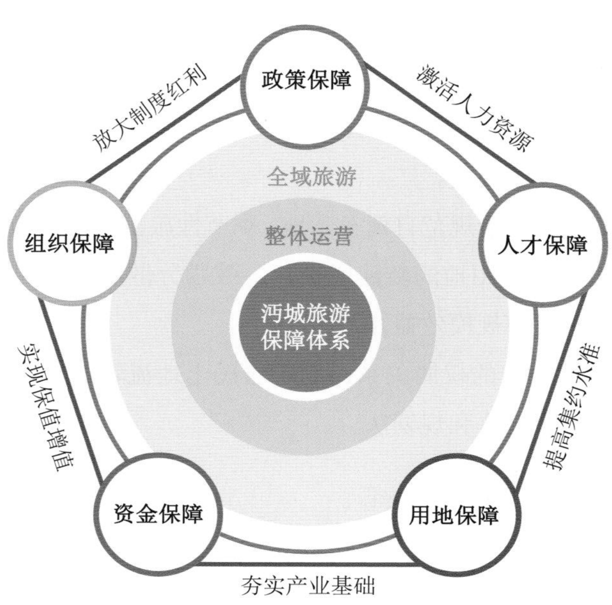

人力资源保障

（1）贯彻《国务院办公厅关于发展众创空间推进大众创新创业的指导意见》精神，构建新型创新创业服务平台。

（2）建立开放机制，柔性引进知名专家、教授，成立沔城发展智库。

（3）加强与位于武汉市的高校建立战略联盟，合作培养一批高素质旅游管理、旅游服务、旅游运营的人才队伍。

（4）为特殊贡献者出台具体的奖励政策和扶持政策。

财政支持保障

（1）设立旅游基础设施建设的专项基金，主要用于旅游区内的环境整治和维护、基础设施和公共服务平台建设等公共设施工程。

（2）充分利用上级政府旅游项目投资和运营的税收减免政策。

（3）推行村社居民参与旅游发展财税优惠激励政策，通过财税优惠的激励政策引导农牧民从事符合规划和相关法律规的旅游经营活动。

（4）对因自然灾害等原因造成的旅游企业和注册旅游经营户损失，推行旅游发展风险的财政补贴政策。

（5）针对旅游企业和注册旅游经营户，推行奖励性税收优惠政策。

旅游用地保障

（1）在仙桃市土地利用规划的指导下，多规合一，形成以旅游土地利用规划为龙头的用地专项规划。

（2）适度放宽和灵活规范自驾车营地、季节性旅游接待设施的供给。

（3）严格控制居民用地的新建或扩建，鼓励分散居住的居民搬迁，采取集中发展的方式，发挥规模效益。

（4）明确各种土地的权属关系，制定居民土地流转的使用权的收益或补偿机制，严格执行土地法和规划法。

第十二章
行动计划

一、推进节奏

2017—2020	2021—2025	2026—2030
近期：夯实基础	中期：打造引擎	远期：提升效益
五年大变化	十年大跨越	十五年大突破
沔阳古城转型为旅游之城	旅游之城升级为旅游名城	旅游名城优化为产业名城
游客年度接待量增长25% 过夜游客占游客总量30%以上	游客年度接待量增长20% 过夜游客占游客总量35%以上	游客年度接待量增长10% 过夜游客占游客总量40%以上
主题化 情景化 休闲化	大幅度提高游客数量 大幅度提高过夜人数 大幅度延长停留天数 大幅度增加平均消费	完善产业体系 提升品牌形象 实现高端度假 共享旅游成果
稳健发展期	跨越发展期	成熟发展期
激活存量 拓展市场，配置要素，提升消费	扩大增量 创新旅游业态，推进全域旅游	做大总量 优化产业结构，实现综合效益

二、任务纲要

主要解决两个方面的问题，即特色定位问题及共建共享问题。

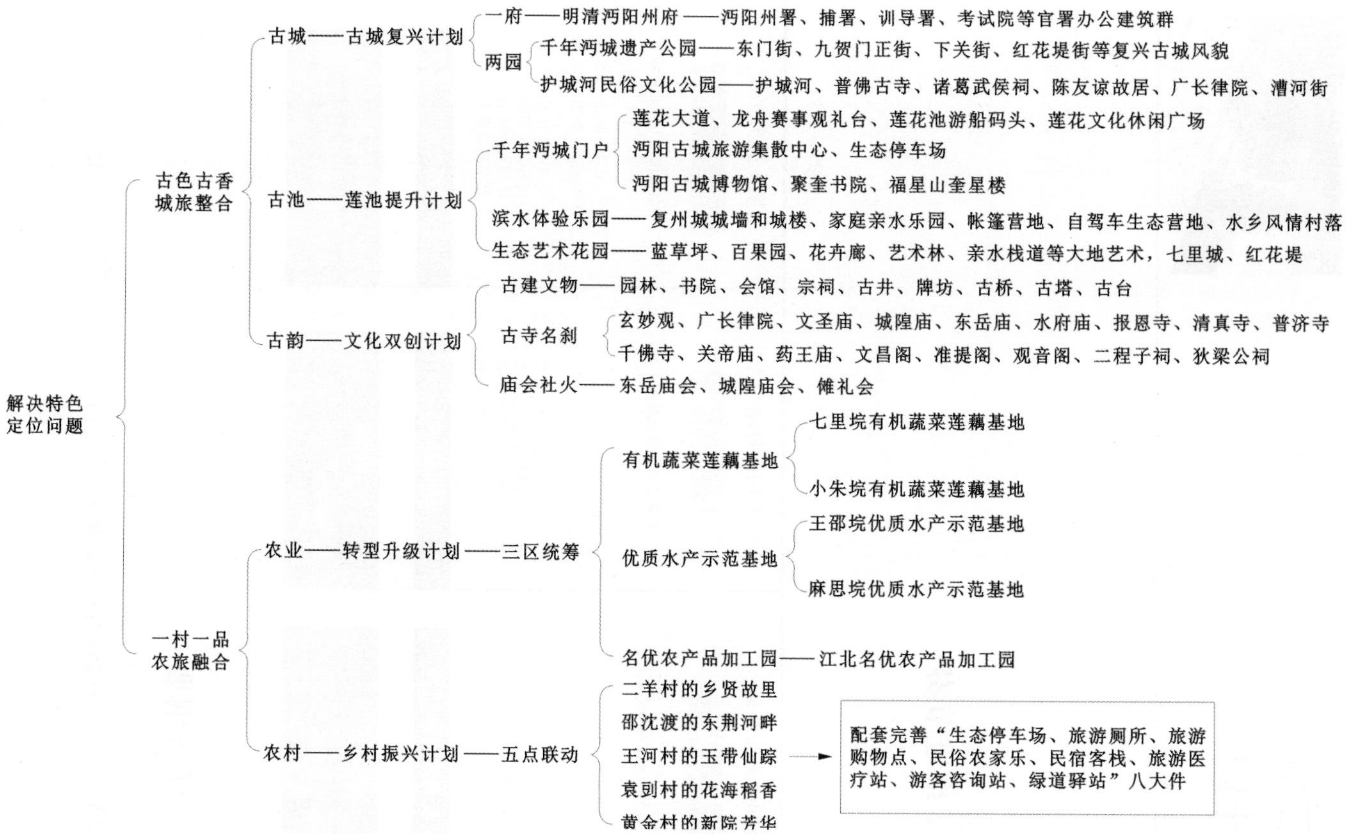

- 解决特色定位问题
  - 古色古香 城旅整合
    - 古城——古城复兴计划
      - 一府——明清沔阳州府——沔阳州署、捕署、训导署、考试院等官署办公建筑群
      - 两园
        - 千年沔城遗产公园——东门街、九贺门正街、下关街、红花堤街等复兴古城风貌
        - 护城河民俗文化公园——护城河、普佛古寺、诸葛武侯祠、陈友谅故居、广长律院、漕河街
    - 古池——莲池提升计划
      - 千年沔城门户
        - 莲花大道、龙舟赛事观礼台、莲花池游船码头、莲花文化休闲广场
        - 沔阳古城旅游集散中心、生态停车场
        - 沔阳古城博物馆、聚奎书院、福星山奎星楼
      - 滨水体验乐园——复州城城墙和城楼、家庭亲水乐园、帐篷营地、自驾车生态营地、水乡风情村落
      - 生态艺术花园——蓝草坪、百果园、花卉廊、艺术林、亲水栈道等大地艺术，七里城、红花堤
    - 古韵——文化双创计划
      - 古建文物——园林、书院、会馆、宗祠、古井、牌坊、古桥、古塔、古台
      - 古寺名刹
        - 玄妙观、广长律院、文圣庙、城隍庙、东岳庙、水府庙、报恩寺、清真寺、普济寺
        - 千佛寺、关帝庙、药王庙、文昌阁、准提阁、观音阁、二程子祠、狄梁公祠
      - 庙会社火——东岳庙会、城隍庙会、傩礼会
  - 一村一品 农旅融合
    - 农业——转型升级计划——三区统筹
      - 有机蔬菜莲藕基地
        - 七里垸有机蔬菜莲藕基地
        - 小朱垸有机蔬菜莲藕基地
      - 优质水产示范基地
        - 王邵垸优质水产示范基地
        - 麻思垸优质水产示范基地
      - 名优农产品加工园——江北名优农产品加工园
    - 农村——乡村振兴计划——五点联动
      - 二羊村的乡贤故里
      - 邵沈渡的东荆河畔
      - 王河村的玉带仙踪 → 配套完善“生态停车场、旅游厕所、旅游购物点、民俗农家乐、民宿客栈、旅游医疗站、游客咨询站、绿道驿站”八大件
      - 袁刘村的花海稻香
      - 黄金村的新院芳华

任务纲要

- 解决共建共享问题
  - 强基——基础设施
    - 水网
      - 四水联网——东荆河、通州河、护城河、莲花池，河湖连通、污水治理、水生态修复、水景观工程
      - 给水排水——饮用水由市域供水干线管道统筹。雨污分流，建成区入污水处理厂，达标排放
    - 路网——绿道贯通
      - 六主
        - 1.南支路：起于洲岭村四组，止于邵沈渡闸沟
        - 2.产业通道：起于湖口弦泵站，止于邵沈渡七组
        - 3.环城路：起于仙监公路道班桥，止于青兰渠上关一组桥
        - 4.城上路：起于盛利食品，止于三八沟路
        - 5.仙监公路：起于二羊村郭河交界处，止于洲岭九组
        - 6.青兰路：起于二羊九组，止于红旗闸
      - 六辅
        - 1.史小河路：起于产业大道，止于三号沟
        - 2.水产西路：起于仙监公路，止于防汛路
        - 3.柏袁路：起于司令桥，止于南支渠
        - 4.防汛路：起于产业大道，止于堤防管理段
        - 5.三八沟路：起于北排沟，止于王河一组
        - 6.水产东路：起于产业通道叶岭沟闸，止于青兰渠路上关
    - 燃气网——市域统筹建设规划
    - 电力网——100KV变电站，入地敷设100KV线路进村入户
    - 电讯网——三网融合，电信线路、广播电视线路、互联网线路，光纤入户率达到100%
  - 因本——公共服务
    - 集散服务——沔阳古城旅游集散中心，包括游客接待中心、生态停车场、观点游览车换乘中心、旅游购物中心等
    - 导游服务——导游员调度中心、旅游标识系统、移动终端导游系统、景区解说系统
    - 资讯服务——门户网站在线资讯服务、线下场景化的资讯服务
    - 游览服务——绿道骑行系统、电动观光游览车系统
    - 金融服务——自助银行、网上银行、旅游保险、旅游发展基金
    - 公厕服务——景区星级厕所、市政公共厕所
    - 医疗服务——镇级医院、村级卫生院、景区医疗室
    - 应急避险服务——防洪排涝避险服务、消防避险服务、地震避险服务
  - 兴业——旅游业态
    - 沔阳非遗——以复州城、江北城、沔阳城为历史脉络，以沔阳州府、陈友谅故居、护城河为文化载体，以东门街、九贺门正街、下关街、红花堤街为古街特色，以花鼓戏、皮影戏、舞龙灯等沔阳曲艺和麦秆画、木雕、刺绣等沔阳手艺为娱乐内容，打造千年沔阳非物质文化遗产的参与型旅游业态
    - 沔阳禅伊——以普佛古寺、诸葛武侯祠、广长律院、城隍庙会等为禅修主体，以红花堤清真寺、七里城等为地方魅力，以古城小巷客栈、民族风情民宿、水乡院落营地为风格情调，打造千年沔阳禅伊古城的体验型旅游业态
    - 沔阳菜系——以“中华沔藕”为战略品牌，推出沔阳蒸菜、沔阳宴席、沔阳小吃、沔阳零食、沔阳礼物、沔阳特产等沔阳美食系列，打造千年沔阳传统美食的分享型旅游业态

任务纲要

三、近期启动

<table>
<tr><th rowspan="2">时间</th><th>基础设施</th><th>公共服务</th><th>功能布局</th><th>产品结构</th><th>业态创新</th></tr>
<tr><th>1个风景道结构</th><th>2个导览系统</th><th>3个项目集群</th><th>4个产品系列</th><th>5个特别行动</th></tr>
<tr><td>第一年</td><td>旅游通道、农业通道莲花池综合治理</td><td>智慧旅游平台的线上导览服务系统</td><td>莲花池滨水体验区的招商和规划建设</td><td>1.博物馆计划系列
2.历史街区风貌复兴计划系列</td><td>1.行摄沔城
2.美食沔城</td></tr>
<tr><td>第二年</td><td>核心区内环线项目的招商和规划建设</td><td>景区、景点的线下导览标识系统</td><td>创意田园综合体的招商和规划建设</td><td>3.沔商文化体验计划系列</td><td>3.民宿沔城
4.手信沔城</td></tr>
<tr><td>第三年</td><td>核心区外环线和农旅融合发展区“吕”字形的绿道规划设计</td><td>沔阳古城旅游集散中心和智慧旅游平台</td><td>农旅融合的庄园项目招商和规划建设</td><td>4.自驾游服务体系建设计划系列</td><td>5.乐活沔城</td></tr>
</table>

规划一张图
审批一支笔
建设一盘棋
服务一条龙
造福一方人

向上级党委和政府争取政策扶持
向武汉“1+8”城市圈营销，拓展客源市场
向外招贤引智和招商选资，整合创业力量
向内加大村社居民培训力度，凝聚发展动能
向周边谋求战略合作，实现沔城全域可持续发展

四、具体行动

2018 年 11 月，湖北省政府办公厅发布了《关于进一步支持民族乡村加快发展的意见》（鄂政办发〔2018〕72 号）。

2018 年 12 月 26 日，湖北省政府在武汉召开了全省民族乡镇工作会议，全面总结了十八大以来的全省民族乡镇工作，部署安排贯彻落实省政府办公厅 72 号文件精神、实现新时代民族乡镇高质量发展工作。提出了“努力把 12 个散居少数民族乡镇打造成镶嵌在荆楚大地上的明珠”的战略目标。

湖北省政府要求加大财政政策支持力度和加大对口支援帮扶力度，重点支持以下七个方面。

（1）基础设施建设。

（2）特色村镇建设。

（3）特色产业建设。

（4）电子商务发展。

（5）生态文明建设。

（6）社会事业发展和改善民生。

（7）干部人才队伍建设。

沔城回族镇以 2018 年 8 月被国家农业农村部和财政部批准为农业产业强镇示范建设为契机，以贯彻落实鄂政办发〔2018〕72 号文件、全省民族乡镇工作会议精神为统领，以仙桃市委市政府的战略部署为主轴，2019 年具体落实三大行动：文旅融合行动、强农兴旅行动、乡村振兴行动。

（一）文旅融合行动

——莲花池旅游基础设施建设

实施这一项目，有利于推动文旅特色小镇建设，有利于保护东沼湿地生态景观，有利于推动农旅融合。莲花池是仙桃市境内的十大省级重点湖泊之一，也是沔城藕地理标志商标的核心产业基地；恢复护城河也是在恢复沔城的古城格局。我们认为，沔城发展旅游业，应该从“一池一河”的综合治理起步。莲花池加周边水体水域面积 1034 亩。本次建设内容包括水系连通、清淤、旅游通道建设、历史文化古迹保护及其他配套工程，概算总投资 3012 万元。

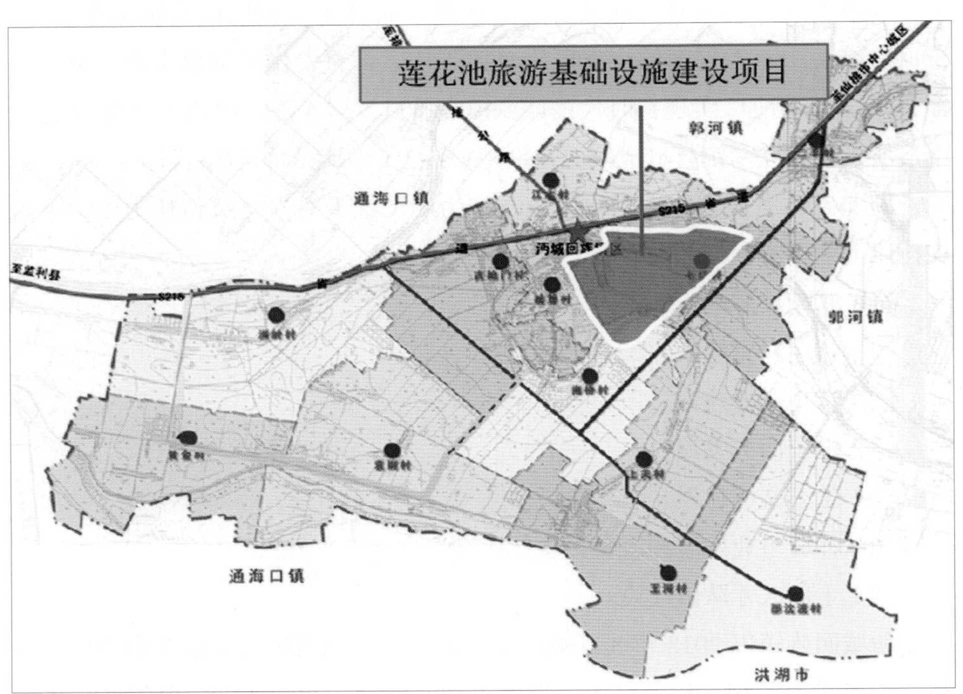

（二）强农兴旅行动

——青兰渠路旅游产业通道建设

实施这一项目有以下三个意义。

（1）对接排湖的需要。从排湖绿道沿青兰渠 7 千米左右可到达沔城复州古城，使排湖风景区与沔城融为一体。

（2）农旅产业发展需要。该项目建成后，将形成万亩沔城藕产业基地通道及观光旅游通道，从仙监公路进入仅 2 千米可直达基地。

（3）城乡融合发展需要。该项目实施后，将成为镇区主入口、产业大通道、旅游快捷线，可辐射南桥、七红、古柏门、城郊、二羊、江北、上关 7 个村，通过城邵路产业通道与仙监公路形成闭合环线，成为沔城城乡融合的外环线。

青兰渠路从沔城的最东边开始，东起二羊接仙监公路，西至红旗闸接城邵路产业通道，全长约 5.6 千米，概算总投资 2448 万元。该项目现状为土路基宽 3—10 米。设计路基宽 11 米，路面宽 8 米，按旅游通道标准刷黑建设。

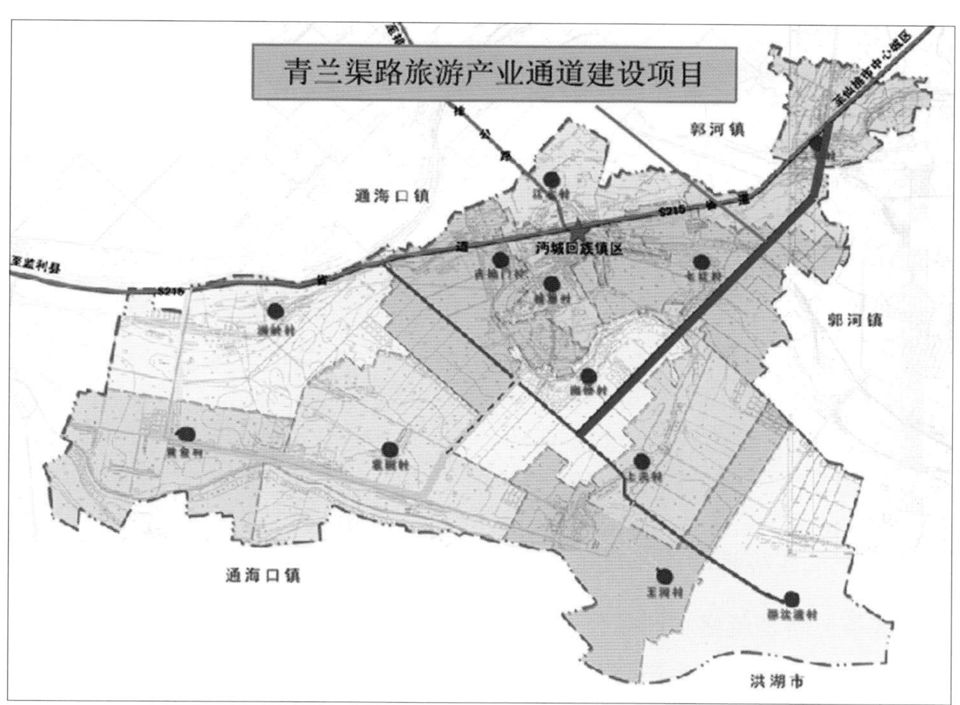

——环城路旅游产业通道建设

该项目实施后，可将普佛古寺、司马桥、诸葛亮读书台、广长律院、沔阳广场、古城墙连成一体，成为沔城电瓶车观光环旅游通道。让游客通过环城路追寻沔城千年历史足迹，体验仙桃根文化的独特魅力。

起于仙监公路道班桥，止于青兰渠上关一组桥，总长度为 4.3 千米，现状为 3—5 米土路基，设计路基宽 8 米，路面宽 5.5 米，按旅游通道标准刷黑建设，概算总投资 1310 万元。

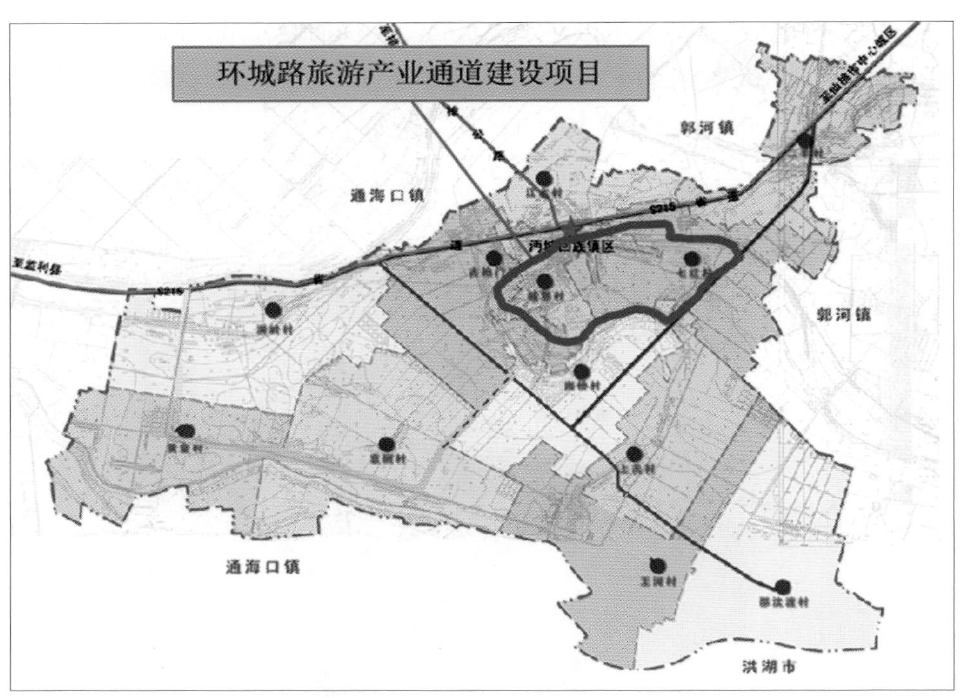

——茂盛路旅游产业通道建设

这条道路是茂盛水产品公司唯一的进出通道。建成后将促进国家级农业产业化龙头企业茂盛水产与配套产业基地有效对接。同时也是进入沔城的主要旅游通道，建成后将改变过去单一从中心镇区进入景区的状况。起于茂盛水产品公司，止于三八沟路，全长 5.5 千米。设计路基宽 12 米，路面宽 8 米，按旅游通道刷黑标准建设，概算总投资 1648 万元。

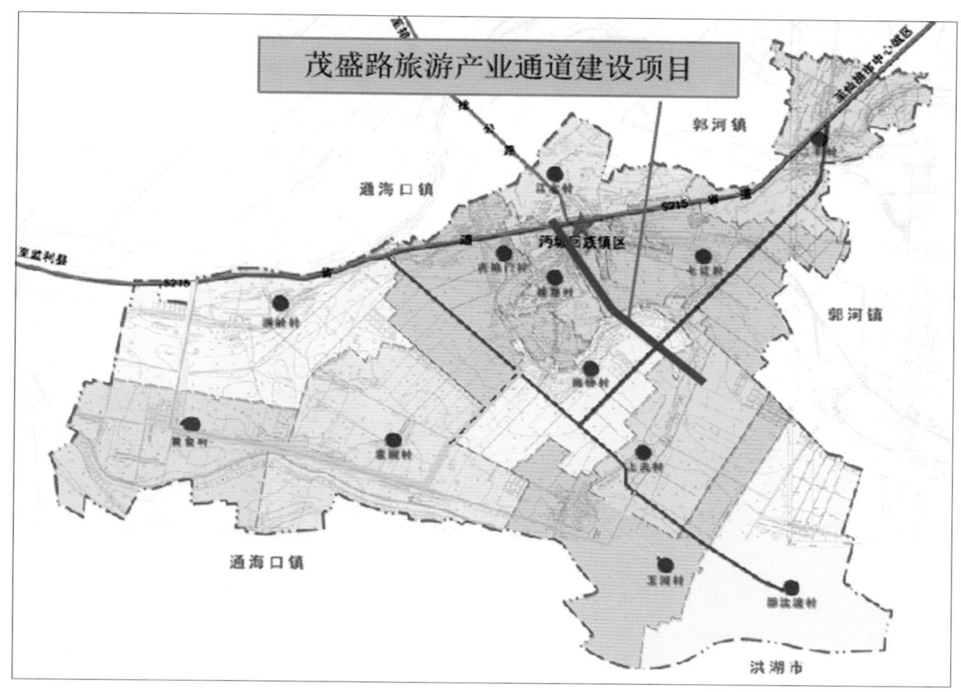

（三）乡村振兴行动

——农业产业通道建设

实施这个项目，可以辐射带动洲岭、袁剅、城郊、古柏门、南桥、上关、王河、邵沈渡 8 个村，使东西 2 万亩水产基地、中间的万亩莲藕蔬菜基地形成一个有机的整体，推动沔城“东西水产中蔬菜”的产业格局加速形成。特别是可以促进正大水产加速在仙桃的战略布局。

项目建设包括城邵路和南支渠路，总长度约为 15.7 千米，设计路基宽 8 米，5.5 米宽砼路面，概算总投资 3290 万元。其中，城邵路总长 6.9 千米，概算总投资 802 万元，包含建安费 690 万元，配套建设费 112 万元。南支渠路总长 8.8 千米，概算总投资 2418 万元，包含建安费 2130 万元，配套建设费 288 万元。

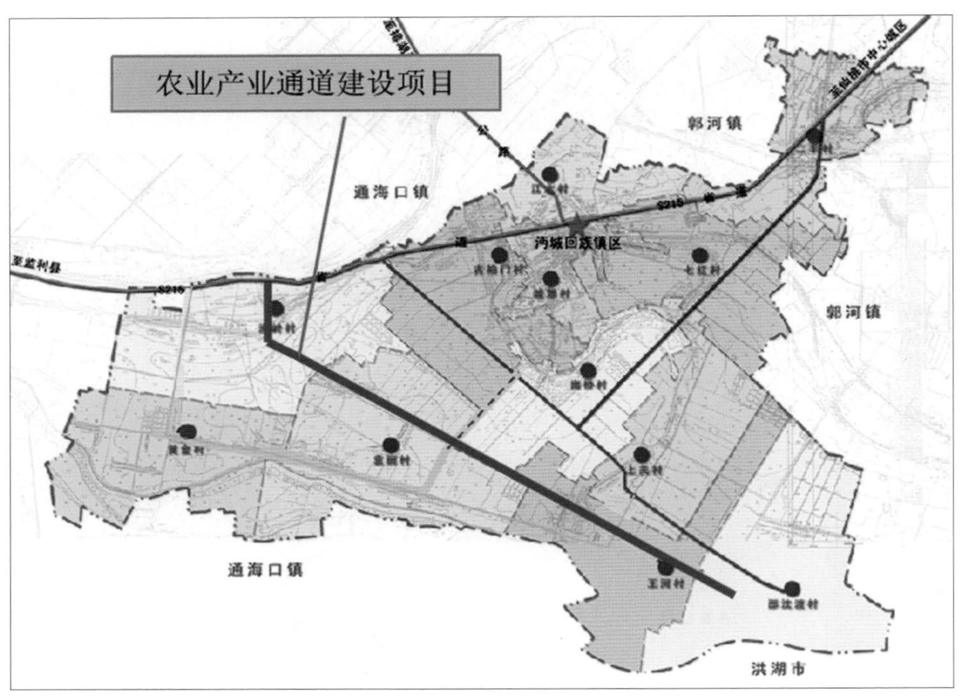

沔城全域旅游发展愿景：仙境沔城　荆楚明珠。

附　　录

附录 A

故乡，我美丽的莲花池

王利明

王利明，男，1960 年生，沔城回族镇人，中共党员，新中国第一位民法学博士。现任中国人民大学教授、博士生导师、常务副校长，国务院学位委员会法学学科评议组成员兼召集人，中国法学会副会长，中国法学会民法研究会会长，第九届、第十届、第十一届全国人大代表，第九届全国人大财经委员会委员，第十届全国人大法律委员会委员，第十一届全国人大法律委员会委员、全国人大财经委员会委员，教育部人文社会科学委员会委员，教育部全国高等学校法学学科教学指导委员会副主任委员。

我的故乡是江汉平原上的一个小镇，小镇南边尽头有一个美丽的莲花池，总面积近两千亩，中间被一座堤坝隔成两半。据镇上口耳相传的说法，曾经有一位神仙经过这个地方，随手撒下一把莲花种子，所以这个地方的莲花开得比其他地方的都要更大更鲜艳。每逢夏日，水面清圆，万朵莲花竞相开放，有的大若伞面，有的小如金莲，有的刚直向天，有的委婉交缠，红绿黄相互点缀，鲜艳夺目，正是一派“接天莲叶无穷碧，映日荷花别样红”的好景致。

莲花池中间的堤坝上曾经有一座小楼，叫做“八卦楼”。传说是沔阳州的“龙脉”所在，元末时期领导了农民起义的陈友谅就是从这个沔城镇发迹的，朱元璋称帝后下令把“龙脉”斩断，命人把“八卦楼”的地基用大木楔死死钉住，并把周边的一处地方挖开，让湖水外泄，自那之后，曾近万亩的莲花池逐渐萎缩，曾方圆数百里最为繁华的小镇也开始走向衰败。如今云烟飞渡，当初的“八卦楼”已无处寻见，只留下了“钉死八卦楼、挖断段零口”的传说。

我从小在莲花池边长大，刚出生的时候正是三年自然灾害时期，常常找不到足够的粮食，一家人时常靠莲花池的莲藕充饥。我母亲说，当时把莲藕和着野菜，再放一把米，煮成一锅粥，就是一家人全部的口粮。可以说，正是莲花池养育了我。

每年到了春意渐深的时节，莲花池从冬天的沉寂中苏醒过来，慢慢地热闹起来。莲梗从淤泥中一点一点地钻出来，绿色梗上的莲花开始含苞，逐渐生出细细的苞蕾。从莲花池边走过，每天都会看到苞蕾缓缓绽开，给人带来春的喜悦。池塘中小鱼开始产卵，蝌蚪也在池水中游动起来，池畔的杨柳染上春日的新绿，柔嫩的枝条垂向池面，莲花池四处充满了生机和活力。到了五月就是划龙舟的季节，那时莲花池边上会搭起来一个宽大的擂台，方圆几十里地的村民赶来凑个热闹，有的抬着竞赛的船，有的拉着锣鼓，有的吹着唢呐，兴高采烈地开始一年一度的龙舟竞赛，比赛场地彩旗飘扬，锣鼓喧天，好不热闹。小时候我们还不能参赛，只能跟在大人身后，大声喊着加油，从早喊到晚，一天下来都不觉得累。“文革”开始后，造反派给龙舟比赛扣上了“封资修”的帽子，镇上就再也没有举办过龙舟比赛，直到我上大学离开小镇，也再没有见过这么热闹的场景了。回想起来，总会有些淡淡的失落感。

夏天到来的时候，满池的莲花开始尽情地绽放，灼灼荷花，亭亭出水而立，每当风过时便送来一阵阵荷香。此时莲藕也开始有了雏形，嫩嫩白白的莲藕像是娃娃胖乎乎的小手，惹人怜爱和欢喜。莲蓬也逐渐长成，莲子尝起来脆脆的。记忆中，夏天的时候偶尔会发水，水位暴涨之后，池水外泄淹没了周边的农田，莲花池里面的鱼虾都跳进了农田里，农民就用一种被称为“花罩”的渔具，在田里捕捉到一盆又一盆的鱼虾。放学后我们时常到池里“打鼓球”

（游泳），那时候池水清澈见底，喝一口甜甜的。我们在池边打水仗、做游戏，直到太阳西下，才恋恋不舍地各自回家。莲花池里还常有小船在池中间漂着，我们有时就爬到船上去，坐在船头看蜻蜓立在盛开的荷花上，小鱼在荷花底下嬉戏。池水边经常有一些小鱼去光顾，有人就拿一根小竹竿拴上线，敲弯一个别针作鱼钩，再拴上一颗饭粒，往池塘里一扔，然后马上扯起来，常常能扯上一条小刁鱼来。

秋意渐浓时节，莲花池是另一派景象。虽然荷花慢慢凋落了，但荷叶仍在，有的渐渐变黄，有的还碧绿水灵，黄绿交汇，仿佛在池水上展开了一轴色彩浓丽的油画。池边的芦苇也已经开始枯黄，远远望上去，与周边的黄色的麦田交相辉映，形成了一幅收获的美景。进入深秋后，荷叶就完全变黄了，莲蓬也由脆慢慢变硬，采集莲蓬之后就会获得很硬的莲米。深秋时节容易下霜，一场霜之后，荷叶就好像披上了一件银色的外衣。天气逐渐变冷了之后，鱼儿开始不喜在池水表面游动，渐渐都游到水底去了，这个时候就很少见到有人在池边用鱼叉叉鱼了。但是也有人仍能钓上鱼来，我记得那个季节有一种黑鱼，钻到湖中间的淤泥里，有人就用一根长长的线系上鱼钩，鱼钩上套着一只小青蛙，甩出几十米，经常能钓到几斤重的大黑鱼。

到了冬天，荷叶都凋谢了，莲花池开始变得寂静起来，有时候偶尔下一场雪，雪花薄薄地覆盖了整个池面，仿佛给莲花池盖上了一层雪白的毯子。平日里池塘从来不轻易结冰，但池水已经接近干涸，荷花、荷叶都变黄、枯萎，北风一吹，枯黄的荷花对影凋零，漂浮在池水上，给人一种萧瑟之感。不过冬天莲藕已经长成，正是采藕的季节，大人们开始忙碌起来。如何采摘莲藕也是一门学问，采藕的人会仔细观察荷梗，他们要从荷梗里面找到莲藕，把枯黄的荷梗轻轻拔起来，观察荷梗顶端处，如果有一种白色的细丝，就说明已经有藕，可以采摘了。我经常看到挖藕的人在寒风凛冽的冬天，赤着脚，上身穿一身破旧的棉袄，用麻绳绑住，下身都陷在淤泥中，挖藕人要先把淤泥挖开，挖淤泥时，要尽量把淤泥甩远一点，收拾出一个较大的空间，形成一个挖藕的“窝子”，再用硬一点的淤泥在周边砌成一堵小墙，把其他淤泥隔离开来，防止淤泥向内挤压，把挖藕人埋在中间。见到莲藕后，顺着这一根莲藕往前挖，经常能挖出一窝一窝的莲藕，每当完整地扯出一串莲藕时，挖藕人就会喜笑颜开，将所有的辛苦劳作、苦累饿冻都抛到了脑后，心中充满了收获的喜悦。

1977年，我收到了大学录取通知书，那时春天已经来临。在离开小镇的前一天晚上，我又来到了美丽的莲花池边，荷花冒出了尖角，皎洁的月光铺洒在池面，就像一幅静谧的画面，看着此情此景，我原本因即将离家而不安的心也逐渐宁静下来。时至今日，这幅画面仍清晰地刻印在我脑海中，特别是在一天的喧嚣过后，我独处时会常常想起它。在我心中，莲早已成为净而清的意象。“出淤泥而不染，濯清涟而不妖，中通外直，不蔓不枝，香远益清，亭亭净植，可远观而不可亵玩焉”，对于我心目中的莲，大概再也找不出比这更适合的赞美。每一枝莲花都亭亭临风而立，虽身出淤泥之中，但却难得地保持着自身的清净，不为外物所动，就像我们处在这个复杂多变的世界，在一切的喧嚣、炫目之中守住自己的清静，所以每次凝视一朵莲花，我都能找到明朗清澈的心境。

由于工作繁忙，我很少回家，回去也是行色匆匆，且几乎都在春节，故而看到莲花池的次数很少，且看到的莲花池都是萧瑟的。不过，万朵莲花竞相盛开的景象深深刻在我的脑海里，并时常出现在我的梦境中，好像我从来没有离开过这美丽的莲花池。

【说明：本文原载于《学习时报》2016年9月5日A12版。】

附录 B

仙桃，你是谁
——偶遇35年前的同班同学

董观志

仙桃，你是谁，
如果你是我故乡，
为什么我的籍贯是沔阳？
沔水之阳，生我养我的鱼米之乡。
负笈远行的时候，
我清楚地记得你是江汉平原的模样。

仙桃，你是谁，
如果你是我的家乡，
为什么我的童谣是沔阳？
沔水之阳，诱我惑我的田园水乡。
回首遥望的时候，
我清楚地记得你是荆风楚韵的方向。

仙桃，你是谁，
如果你是我的梦乡，
为什么我的故事是沔阳？
沔水之阳，呼我唤我的湖荡城邦。
心驰神往的时候，
我清楚地记得你是盛世华夏的中央。

说明：2016年12月8日至13日，应仙桃市政府有关部门的邀请，我带领团队回到仙桃市，对仙桃市主城区、胡场镇、三伏潭镇、剅河镇、陈场镇、通海口镇、沔城镇、郭河镇、张沟镇和赵西垸林场进行了实地考察，就仙桃市排湖风景区以及周边乡镇协同发展的问题，与市政府、相关部办委局和镇委、镇政府的主要领导进行了座谈交流，甚至在剅河镇还就如何发展乡村旅游的问题与全镇的村长、村支书、镇属各部门负责人进行了沟通探讨。考察期间，还拜会了仙桃职业技术学院的领导。在工作中，遇到了从剅河一中毕业35年以来未曾见过面的同班同学，从英俊少年到两鬓染霜，在相视的那一刻，在握手的那一刻，在拥抱的那一刻，曾经的朝夕相处，曾经的同窗苦读，曾经的青春年华，多少感慨涌上心头！我考上大学的时候，我的母校是沔阳县剅河一中；我大学将要毕业的时候，我的母校因撤县设市更名为仙桃市剅河一中；我大学毕业之后就一直在外地求学和工作，因此，故乡就定格在沔阳县的印象之中。完成考察工作后，我回到了南海边的深圳湾畔，在仙桃考察过程中的所见所闻都萦绕在我的脑海里，怀念之情，眷念之意，感念之心，一次又一次地拍打动着心扉，所以，我就撰写了《仙桃，你是谁》，权且作为对故乡、对同学的答谢。祝福仙桃，祝福同学，祝福父老乡亲们！

附录 C

乘势聚力，把沔阳古城建设为华夏之中的旅游名城

董观志

旅游业是战略性支柱产业，沔城是荆楚之地的历史文化古城，在中国实施“一带一路”战略的时代背景下，乘势聚力，创新发展，加快沔城建设旅游名城步伐，提升仙桃市旅游产业核心竞争力，不仅是创建国家全域旅游示范市的必然进程，而且是建设水乡田园城市的战略抉择。

一、厚积薄发的历史文化夯实了建设旅游名城的五大基础

万里长江气势磅礴地从高原峡谷奔涌而来，千里汉江意气风华地从秦巴山地夺路而出，两江汇流在地势平坦的华夏之中，淤定了千湖万潦的云梦古泽，成就了荆楚之地的江汉平原。今日仙桃，昔之沔阳，就是云梦古泽亿万年孕育的华夏瑰宝，江汉平原千秋万代滋养的荆楚明珠。大禹治水而置九州，楚平王游云梦而驻跸排湖，屈原遇渔夫而歌沧浪之水，曹操乘船率军而战赤壁，陈友谅练水师而取江东，《诗经》有“沔彼流水，朝宗于海”的雅颂，《史记》有“流沔沉佚，遂往不返”的名句，往事千年未尘封，沔水之阳仍从容。捧一把长江水，浪花里绽放出无数炎黄春秋的远古悠长；驾一艘汉江船，波涛里荡漾出多少荆风楚韵的苦难辉煌。沔城就是这样的一座长江水与汉江船摇曳而来的历史文化古城。

昔之沔阳，发祥于旧石器时代的原生文明，肇始于夏商时代的政体文明。沔阳，乘长江之势，聚汉江之气，鼎华夏之中，通沧海而达世界，自古就是中华文明的精彩华章。从梁天监二年（公元 503 年）开始，沔城就是沔阳建郡立县的首府驻地，迄今已有 1500 多年的历史。在这个漫长的历史长河中，宽宏大量的沔阳凝聚了“三维四层”的沔城历史文化体系。云梦古泽的生态文明，鱼米之乡的生产文明，多教共生的生活文明，三个维度的文化机缘巧合地构建了沔城“三生联动”的“文化有机体”。郡行政机关驻地 40 年，府

行政机关驻地426年，县行政机关驻地1133年，镇行政机关驻地60多年，四个时代的历史风云际会地演替了沔城“四层叠加”的“历史综合体”。越是民族的，就越是世界的，沔城就是这样一座演绎了沔阳千古风流的历史文化古城。

从历史中走来，在文化中成长，沔城不仅是沔阳历史文化的集大成者，而且是荆楚历史文化的主流创造者，从而夯实了在大众化全域旅游时代建设旅游名城的综合性基础。一是复州城、江北城和沔阳城，“鼎足之势”的古城遗址奠定了建设旅游名城的格局基础。二是府邸书院、寺庙祭坛、宗祠私塾、园林牌坊、亭台楼阁、石桥古井、民街古巷、官路码头，“蔚然成风”的文物古迹奠定了建设旅游名城的功能基础。三是农时节令、宗教仪轨、乡规民约、婚丧嫁娶、礼俗庆典、民俗习惯，“一脉相承”的古风习俗奠定了建设旅游名城的内涵基础。四是八景风物、戏楼茶馆、文娱活动、文献典籍、诗词歌赋、民间传说、名人轶事，“活色生香”的文化古韵奠定了建设旅游名城的品位基础。五是日耕夜诵、崇文重教、尚武好德、坐贾行商、保家卫国，“朝气蓬勃”的精神古训奠定了建设旅游名城的价值基础。古城定格局，古迹定功能，古风定内涵，古韵定品位，古训定价值，“五古”丰登，浑然一体地为建设旅游名城凝神聚气给力，决定着沔城最华丽的凤凰涅槃。

二、高瞻远瞩的战略部署统筹了建设旅游名城的三大定位

世界大舞台，时代大机遇，旅游大产业，再一次把沔城推向了创新发展的最前沿。历史构筑了走向未来的战略轨道，文化决定了影响世界的战略力量，沔城已经入列到位，只有万众一心地加快旅游名城建设步伐，才能梦圆沔城千锤百炼的新辉煌。

一是对标顶层设计，建设国家级旅游名城。党中央总体布局了“五位一体”建设中国特色社会主义，习近平总书记战略构想了“一带一路”建设开放、包容、普惠、平衡、共赢的经济全球化。国家意志十分坚定：坚持创新、协调、绿色、开放、共享的发展理念，协调推进“四个全面”，实现“两个一百年”的奋斗目标，加快走向中华民族伟大复兴的战略步伐。顶层设计已经天高云淡，这是千年一遇的沔城发展黄金期，不容置疑，更不能错过，沔城唯有砥砺前行，

精准对标国家经济发展方略、旅游发展部署、城镇发展规范和民族发展政策，加快国家级旅游名城建设步伐，才能开启沔城奋发有为的新征程。

二是对接区域战略，建设示范性旅游名城。国务院《关于依托黄金水道推动长江经济带发展的指导意见》（国发〔2014〕39号）提出打造具有全球影响力的内河经济带，东中西互动合作的协调发展带，沿海沿江沿边全面推进的对内对外开放带，生态文明建设的先行示范带。湖北省政府《关于国家长江经济带发展战略的实施意见》（鄂政发〔2015〕36号）提出按照承东启西、连南接北的“祖国立交桥”，长江中游核心增长极，内陆开放合作新高地，全国生态文明建设先行区的战略定位，建设以武汉为中心，连通黄石、鄂州、咸宁、宜昌、荆州、荆门、潜江、仙桃、天门、孝感、黄冈等城市的放射状城际交通网，1—2小时通达武汉、长沙、南昌与周边城市。区域战略已经蓄势成局，这是千载难逢的沔城发展大平台，不容唏嘘，更不能等待，沔城唯有勇往直前，精准对接湖北省委、省政府的发展战略，调结构，转方式，加快全省示范性旅游名城建设步伐，才能再添沔城奋勇争先的新动能。

三是对照决策部署，建设引领性旅游名城。中国共产党仙桃市委员会第九次代表大会做出了“务实重行，绿色崛起，奋力谱写水乡田园城市建设新篇章”的决策部署，着力全域建设城在田中、园在城中、景在水中、人在画中的水乡田园城市，突破性建设“一江两沔三湖四带”核心景区，成功创建国家级全域旅游示范市，提升仙桃市在湖北省长江经济带建设中的聚焦功能和支撑作用。决策部署已经八方聚力，这是千帆竞发的沔城发展新态势，不容犹豫，更不能懈怠，沔城唯有只争朝夕，精准对照仙桃市委、市政府的决策部署，构筑沔阳古城融入仙桃主城和排湖风景区的叠加优势，加快全市引领性旅游名城建设步伐，才能实现沔城奋发图强的新跨越。

三、重在实干的集成创新掌控了建设旅游名城的六大举措

仙桃市东邻武汉大都市，西接三国名城大荆州，南连湘岳大地，北通随襄城市群，2小时车程内覆盖了3000万人口的大市场。区位决定地位，思路决定出路。沔城是仙桃繁荣昌盛的历史摇篮，是云梦古泽孕育荆楚文化的天之骄子，是江汉平原最具魅力的历史文化古城，兵家必争之地，商

家必守之城，志存高远地建设旅游名城，打造华夏之中的旅游目的地，沔城时不我待！

一是牢记三个使命。旅游不仅是最活跃的经济，而且是最鲜活的文化，沔城建设旅游名城就是高位起跳发展经济的责任当担，就是取势明道激活文化的自觉行动，因而，要牢记“人民有信仰、民族有希望、国家有力量”的历史使命，高扬主旋律，贡献正能量，把建设旅游名城的事业纳入仙桃建设水乡田园城市、湖北打造长江经济带升级版、中国开启“一带一路”经济全球化新模式的战略轨道，才能保证使命光荣和道路自信，在奋斗中实现同步共进。

二是紧扣三大主题。旅游目的地是识别性、可达性、滞留性、体验性和永续性“五性合一”的供给系统，发展旅游业是战略决策力、管理执行力、资源整合力、市场竞争力、运营收益力“五力联动”的系统工程，沔城建设旅游名城就是集成创新改革旅游供给结构的现实路径，就是乘势聚力推进全域旅游建设的具体实践，因而，要紧扣“保护生态、传承文化、拥抱科技”的三大时代主题，唱响正气歌，自信正步走。用“蓝带绿网”的规划策略，整合东荆河、通州河、柴河、玉带河与南灌渠、南支渠、青兰渠等“四河十渠”，统筹戚家口潭和大莲花池、小莲花池、洗马池、御池等“一潭九池”，形成梦里水乡的“生态城”风格。用“古城花园”的景观设计，修复“四十八寺庙、四十八牌坊、四十八古井”，整修环池路、文化路和十字街、下关街、永盛关街、龙家湾街、红花堤街、七里城街、小桥河街、上关街等“四路十九街”，修缮“三大丛林”和“沔城八景”，修葺“七里三分的环形城”，串点联线结网，形成怀古思远的“文化城”格调。用建筑设计通过“材料工艺”让千年古城焕发活力，用现代技术通过“旅游 +”让传统工艺再现张力，用信息技术通过“互联网 +”让传统文化绽放魅力，打造拥抱科技的“产业城”形象。只有这样，才能“融汇五性”而“聚焦五力”，在实干中让“旅游名城”的梦想成真。

三是优化三大结构。旅游是战略性的支柱产业，沔城是千年的历史文化古城，实现从历史文化古城向现代旅游名城的凤凰涅槃，沔城就必须优化整合资源、彰显特色、创新模式三大供给结构。用“水道、官道、驿道、街道、绿道”网络儒释道伊的景观景点，将九贺门街向南延伸为旅游名城的主轴，贯穿城内的历史文化圈和城外的水乡田园圈，形成“点—轴—圈”的空间结构

体系；用下关街—红花堤街—九贺门街的“一环”串联府衙历史街区、书院文化街区和莲花池风景区，布局“一环串三区”的核心功能。讲好从上古史中走来的沔阳故事，彰显历史悠久、英才辈出、革命传统、回民聚居的四大沔城特色。用“吃住行游购娱”六大基础要素打造“观光、休闲、度假和康养”四大类产品,用“商学养休情奇”六大拓展要素构建“访古、朝觐、游学、采风、美食、民宿、购物、文创”八大业态系统。从空间、特色、业态的三个维度，集成耦合沔城旅游的发展模式，在创新中打造华夏之中的旅游名城。

四是跨越三大台阶。沔城这座历史文化古城，毗连通海口与郭河两镇，北连百里排湖，南接东荆河，通市区主城，达武汉三镇，沔阳古城更是清晰地标注了仙桃和洪湖的历史同根与文化同源。大道有术，守正出奇，沔城建设华夏之中的旅游名城，当之无愧。从湖北省打造长江经济带的角度讲，沔城要坚定沔阳古城鸿鹄之志的文化信心，主动承接武汉大都市的经济辐射，自主引领仙桃—洪湖—监利城市群的产业集聚，在旅游产业上精准发力，提升统筹城乡与引领周边的势能。从仙桃市打造水乡田园城市的角度讲，沔城要坚守沔阳古城建郡立县的历史雄心，聚焦民族镇的特色个性，在旅游产业上创新蝶变，强化产城融合与极核增长的动力。从沔城建设华夏之中旅游名城的角度讲，沔城要坚强沔阳古城再创辉煌的战略决心，在旅游产业上实干快上，加快景城一体与突破崛起的速度。提升势能，强化动力，加快速度，在省—市—镇的梯度体系中，跨越景城一体、产城融合、城乡统筹的三级发展台阶，在崛起中成就华夏之中旅游名城的伟大事业。

五是推进三大改革。加快沔阳古城建设华夏之中旅游名城步伐，必须把握现代旅游的大趋势与新格局。旅游成为生活方式，全域旅游融合，绿色旅游才能可持续发展，是现代旅游的三大新趋势。大趋势引领大战略，沔城要建设华夏之中的旅游名城，就必须实施三大战略：沔城人的生活家园，仙桃人的文化公园，天下人的旅游乐园。新兴市场成为旅游消费的主流人群，文化体验引领休闲度假的主流模式，智慧旅游决定旅游产业的主流价值，是现代旅游的三大新格局。新格局催生新业态，沔城要建设华夏之中旅游名城，就必须构建三驾马车的新业态：政府主导的产业链基础性业态，企业担纲的产业链竞争性业态，居民参与的产业链终端性业态。在全面深化改革的大背景下，沔城的大战略和新业态要念好一本经：使市场在资源配置中起决定性作用和更好发挥政府作用，深化三大旅游供给侧结构性改革。改革产权体制，重在解决存量性问题；改革运行机制，重在解决增量性问题；改革经营管制，重在解决总量性问题。找准在华夏之中旅游市场上的战略定位，把优化资源配置和调整产业结构作为主攻方向，改革“三制”，释放“三量”，在跃升中建设高水准的华夏之中旅游名城。

六是实现三大目标。旅游业是一个开放的动态性产业体系，加快沔阳古城建设华夏之中旅游名城步伐，必须通过开放旅游资源的市场配置提高招商选资的运营力，通过开放旅游产品的自主开发培植名牌精品的感召力，通过开放旅游业态的自由创新激活创业就业的生命力，通过开放客源市场的营销开拓提升品牌形象的竞争力，“四个开放”协同驱动，促进美景、美食、美宿、美谈的“四美同创”，用品牌策略发展大众旅游，走精品路线开发高端旅游，保持年接待游客 100 万人次和人均消费 300 元的经济效益，保障旅游业 1 万人直接就业和就业者人均年收入 10 万元的社会效益，保证水乡田园的生态环境和历史文化的个性特色，只有实现万紫千红的生态福地、万客云集的旅游胜地、万众创业的经济高地的三大效益目标，在高位起跳，才能更快、更高、更好地把荆楚之地的沔阳古城建设成为华夏之中的旅游名城。

2017 年 5 月 18 日

【说明：本文原载于《仙桃日报》2017 年 5 月 26 日第四版。】

附录 D

有本事且坚强，才能让“情怀”落地

《大旅游》记者　王柯匀

说明：《大旅游》是反映旅游业最新动态的专业性期刊，为了探讨全域旅游发展规划的实践问题，本刊记者王柯匀对董观志教授进行了专题采访，采访内容发表在2017年《大旅游》第6期和第7期杂志上。

2017年5月26日，本刊记者王柯匀采访了正在湖北省咸丰县考察世界文化遗产旅游的董观志教授。

本刊记者：董教授，首先感谢您在百忙之中接受我们的采访，谨向您转达《大旅游》杂志社同仁对您的问候，感谢您多年来对《大旅游》杂志的厚爱与支持。

董教授：谢谢你们，谢谢《大旅游》杂志社。在旅游业全面进入政府主导的全域旅游大潮中，《大旅游》不仅能够坚持按照市场规律办专业刊物的宗旨，而且始终坚守采编市场导向文章的原则，就像是旅游业发展进程中的一座灯塔，耸立在学术思想和行业舆论的高地上，指引着旅游业的探路人和前行者。我非常喜爱《大旅游》刊载的思想探索性文章和实践总结性报告，当然，通过多年坚持阅读《大旅游》，我个人受益良多。

本刊记者：谢谢您对我们工作的鼓励，您作为旅游规划大家，这样评价《大旅游》，是对我们努力工作的鞭策。董教授，您从事旅游学术研究和旅游规划实践几十年，不仅学术成果丰硕，而且实践业绩影响广泛，请问是什么力量在引导着您一路向前走？

董教授：这是一个很有挑战性的实际问题。为什么说具有挑战性呢？一是我从事旅游规划工作，纯粹是从一个偶然的机会开始的，我印象中没有现在流行的什么“职业生涯规划”过程。二是我从事旅游规划实践经历了趣味性尝试、专题性探索和职业性参与三个阶段，是一个渐进式的过程，没有明显的跨界感和台阶意识。三是学术研究是思维逻辑的求索活动，旅游规划是价值诉求的平衡工作，我是这样理解的，也是这样实践的。所以，要我明确地说出是什么力量在引导着我一路走来，还真有点一时语塞。但是，这又是一个必须直面的现实问题，因为如果没有特殊的力量，我不可能坚持 30 多年，更不可能做出有积极意义的成果。怎么说呢？还是借用一句流行语吧，“理想很丰满，现实很骨感”。高大上一点讲，我成长在毛泽东主席领导建设新中国的时代，毛泽东主席“自信人生二百年，会当击水三千里”的豪迈诗句深深地影响着我，所以我的内心深处嵌入了“指点江山，激扬文字”的英雄气概，刚好，学术研究和旅游规划能够无缝对接这种浪漫主义。低调奢华一点讲，伴随着改革开放的历史进程，旅游业从文化现象到经济活动，再到战略性支柱产业，十分幸运，我的职业生涯刚好与之同步，所以是时代激励了我从事旅游规划的诗和远方。应该说，浪漫主义与现实主义的力量叠加，敦促了我深耕旅游规划几十年，春去秋来，才自有收获。

本刊记者：董教授，您刚才说从事旅游规划是从偶然开始的，那么，可不可以跟我们分享一下您经历了哪些机缘巧合？

董教授：相对于时代，作为沧海一粟的个人，既可以微不足道，也可以兴风作浪，关键在于乘势聚力。刚才，讲到了我从事旅游规划所经历的三个阶段，实际上就是三次偶然的机会。

第一次是青春年少的大学期间。1983 年 9 月，我考入湖北大学地理学专业，当时的大学教育很注重实践教学，1984 年 5 月，地质学、地貌学、土壤学、水文学、气候学、植物地理学、经济地理学等专业的老师带领我们一个年级 70 多位同学，乘船从武汉顺长江而下，来到了鄱阳湖畔和庐山之麓，考察实习两个星期之后，又登上庐山，在崇山峻岭之中又考察实习了两个星期。庐山的风景名胜和人文环境，对于来自江汉平原的我而言，就是打开了一个全新的世界，从此，我开始迷恋地理学。区域性和综合性是地理学最基本的学术特征，这恰恰也是旅游规划的两大学术机理，所以，从地理学切入旅游规划就顺理成章啦。1985 年 5 月，地理学系主任方辉亚教授为了完成湖北省住建厅委托的大洪山风景名胜区规划任务，就带领我们一个年级的师生，分为钟祥

县考察组和随州市考察组，对大洪山区的旅游资源进行了为期三个星期的实地考察，我有幸承担了钟祥县考察报告的执笔任务。暑假到来时，方辉亚教授通知我参加大洪山南麓的京山县考察，我有幸作为五位学生成员之一参加了京山县大洪山区的实地考察。随后，方教授通知我和另一位同学参与大洪山风景名胜区总体规划编制工作。这是我从事旅游规划实践的起跑线，而且规划成果旗开得胜，1988 年 8 月，大洪山风景名胜区被列入第二批国家风景名胜区名录。第一批有 44 家，第二批 40 家，大洪山风景名胜区能够名列其中，而我参与了总体规划工作，倍感荣幸和自豪。

第二次是大学毕业七年之后又考入湖北大学旅游学院攻读硕士研究生。这一次更是偶然之中的偶然，因为大学毕业之后我辗转进入荆州古城的党政机关部门工作，即使到现在，这样的公务员职位依然是千万大学生梦寐以求的，但是 1993 年的我却毅然决然地因为报考而放弃了公务员职位，居然还考取了旅游学院院长马勇教授的研究生。这一搏，可以说是正式入列旅游学术研究和旅游规划实践，成为中国旅游起步阶段的探索者和中国旅游业发展阶段的同行者之一。

第三次是研究生毕业的时候选择了改革开放的最前沿，来到了闻名海内外的深圳华侨城，走进了拥有华侨第一学府之称的暨南大学，我很荣幸地成为暨南大学中旅学院第一位旅游管理的专业教师，从而开始了职业性参与旅游学术研究和旅游规划实践，因为深圳改革开放的势能、华侨城集团的动能和暨南大学的效能的优势叠加，开放、创新、实干的精神让我走向了全中国。

现在回想起来，大学时代培养了我的学术兴趣和实践自信，研究生阶段强化了我的专业意识和探索精神，深圳这座城市提供了我面向世界和服务全国的平台，暨南大学鼓励了我的学术探索和规划实践，实际上，这三个机会都不是我深思熟虑之后的选择，更真实一点讲，是青春年少的梦想在敦促我追逐中国旅游业发展的脚步，一步一个脚印地走过来的。

本刊记者：机会总是留给有准备的人，您的三步走，就从偶然之中走向了必然。董教授，我们注意到学者把您的旅游规划实践总结为“阶段层次理论”，您是如何看待这件事的？

董教授：你们还注意到了这个细节，《大旅游》果真很厉害。你提到的“阶段层次理论”，是王世豪教授在2014年第13期《新经济》上发表的《我国现代旅游发展的新理念和新趋势》一文中对我的评价和鞭策。客观上讲，“阶段层次理论”是我从事旅游学术研究和旅游规划实践30多年最深刻的体会。请注意，我习惯把旅游学术研究与旅游规划实践放在一起，我个人理解到的旅游学术研究与旅游规划实践之间的关系是互为表里的共同体，没有旅游学术研究的旅游规划实践就像没有灵魂的人行走在旷野之上，没有旅游规划实践的旅游学术研究就像襁褓中的婴儿难以迈步。当然,这也是我30多年守望的思维逻辑。

透过众说纷纭的表象，我们可以发现中国旅游业经过了要素经济、载体经济、内容经济和融合经济的四个发展阶段，而且全国旅游业的发展水平参差不齐，大部分地区还处在要素经济的发展阶段，有一些地区发展到了载体经济阶段，少部分地区进入了内容经济阶段，少之又少的地区跨进了融合经济的发展阶段，这种地区差异化形成了高级层次向低级层次进行发展理念和运作模式的梯度传递现象。这是一种客观存在的现实，在可以预见的时间尺度之内，这种现实格局不可能轻易改变，只有迭代演替。这是我2010年之前就形成的清晰认识，并且贯穿到我的旅游学术研究和旅游规划实践之中。“阶段层次理论”是一种旅游学术研究的世界观和旅游规划实践的认识论，反映的不仅仅是中国旅游业从文化现象到经济活动、从政策导向到资源导向、从产品导向到市场导向、从分散实践到集聚产业、从产业融合到全域产业、再到战略性支柱产业的阶段演变，而且还是旅游规划理念的逻辑梳理。基于“阶段层次理论”，我的旅游学术研究成果主要体现在三个系列之中：第一个是教科书系列，第二个是畅销书系列，第三个是新浪博客系列。教科书系列是按照规范标准完成的，自由发挥的学术空间比较小，因而只能尽力而为。畅销书系列是根据市场规律完成的，所以我发挥了自主创新的能动性，很多思想就体现在著作的书名上，比如《盈利与成长——迪士尼的关键策略》、《品牌优势+产业集群——华侨城的战略轨道》、《旅游+地产——华侨城的商业模式》、《武隆大格局——中国旅游的领先之道》，这些书名直截了当地把旅游业的真谛告诉给了读者。新浪博客是结合时局实事完成的,自由发挥的学术空间无穷大，因而可以自由表达，到如今，已经形成了82篇“董观志教授说旅游产业”的系列文章，完全可以结集出版啦。

识大体，顾大局，顺大势，方可成大事。我对旅游学术研究和旅游规划实践的理解，就是基于"阶段层次理论"，才发表了一系列高引用率的旅游学术论文，出版了一系列高等院校师生与旅游从业者喜爱的教科书和畅销书，完成了一系列有影响力的旅游规划成果。桃李不言下自成蹊，从海南岛到黑龙江，从浙江宁波到新疆喀什，从首都北京到青藏高原，都留下了我的学术足迹和规划成果。所以，在朋友们追问我有没有座右铭的时候，我都会不假思索地说出"大道有术，守正出奇，行健致远"，久而久之，大家以为这就是我从事旅游学术研究和旅游规划实践的座右铭。

本刊记者："大道有术，守正出奇，行健致远"，很有意思，您能不能给我们讲一讲您更具体的理解？

董教授：首先声明，这不是我的座右铭，我也没有什么座右铭。应该说，"大道有术，守正出奇，行健致远"，最直接地表达了我从事旅游学术研究和旅游规划实践 30 多年的心得体会。为什么要这样说呢？大家知道，旅游规划实践是一项复杂的系统工程，上要贯彻党和国家的方针政策，下要落实黎民百姓的就业生计，中要传承文化和发展经济，前要满足旅游者的消费需求，后要保证旅游企业的经营收益，四周还要应对竞争关系，顶天立地，统筹周边，兼顾各方，这是何等复杂的具体工作。在 30 多年的旅游规划实践中，我见证了无数的歪门邪道，用过度包装的"理念突破"和"模式创新"制造了全国各地层出不穷的败局，这些教训时刻在告诫我们"不走大道，旅游规划实践难以为继"、"不守正轨，旅游规划实践寸步难行"、"只有稳健前行，旅游规划实践才能致高达远"。我不属于旅游界的任何流派，也没有固步自封地自我加冕为"南拳北腿"或"东毒西邪"，更不会跟风鼓噪，做旅游学术研究和参加旅游规划实践，都是基于我自己的理性研判，执着于法律许可、社会伦理、经济逻辑、旅游常识和规划范式，所以，我在朋友圈内有"独行侠"的雅号。这个雅号，在某种意义上说明了走大道的孤独，守正轨的寂寞，稳健前行的艰难。"独行"了 30 多年，今天回过头来看，我服务过的企业集团和地方政府的旅游项目，持续到现在一直欣欣向荣，更加坚定了我对"大道有术，守正出奇，行健致远"的信心和意志。

本刊记者：董教授，业界流行"要做规划，先做策划"，您对这个问题有什么看法？

董教授：这个说法已经在业界传播了很多年，也有我所尊敬的业界前辈经常这样讲。对于这个流行语，我一直保持清醒，没有给予任何评价，始终做到“不支持，不反对，不传播”。但有一点是可以肯定的，“规划”有《中华人民共和国城乡规划法》和《中华人民共和国旅游法》的法律依据，还有一系列的技术规范支持，而“策划”就没有这样的保障体系。对于经历过大学本科、硕士研究生、博士研究生全日制教育的旅游学术研究者和旅游规划实践者，肯定要自觉遵守法律法规，依法研究学术，守法规划实践，不能轻易用“创意优先”或者“创新制胜”的宏大话语超越法律法规的指引和约束，更不能被所谓的“学院派”、“市场派”、“实战派”等商业标签式的分类划界干扰了对法律法规的敬畏之心和身体力行。实际上，依法研究学术，守法规划实践，所涵盖就是“大道有术，守正出奇，行健致远”的基本精神。

本刊记者：您刚才讲到“依法研究学术，守法规划实践”，而旅游规划项目的业主方，常常有很多超出旅游规划技术层面的要求，比如，旅游宣传推广、旅游招商引资等，越来越多地被纳入旅游规划的要求中来。董教授，请问我们应该如何看待这种现象，您又是怎样处理这个问题的？

董教授：这个问题还是要回归到“大道有术，守正出奇，行健致远”上面来，就是“大道”与“有术”的关系，“守正”与“出奇”的关系，“行健”与“致远”的关系，甚至是这三个关系的叠加耦合。如果“依法研究学术，守法规划实践”是“大道、守正、行健”，那么，满足旅游规划项目业主方的非技术性需求，就是“有术、出奇、致远”。这可以在三个层面上来理解：一是法律法规是以强制方式约束人们的行为准则，是维护社会秩序的重要途径，在公共生活中具有指引作用、强制作用、预防作用和评价作用，旅游规划实践是公共生活的一部分，必须遵守法律法规。二是从法律法规具有不断健全和完善的动态属性的角度看，旅游规划要依法、守法与满足业主需求之间并不是矛盾关系，而是协调统一的辩证关系，是一个目标方向上的叠加关系。因为不同地区之间存在差异性，因地制宜是旅游规划的应有之意。三是旅游规划项目的业主方有超越技术层面的要求，这是很正常的，因为旅游规划项目的业主方与编制方是依据《中华人民共和国合同法》缔结的契约关系，只要责权利统一，双

方认真履行协议，也就是日常工作中所说的按质论价，这就没有什么问题啦。

在具体实践中，旅游规划项目的业主方根据市场规律提出了一系列具有挑战性的非技术性要求，我和我的团队在做足分析预判之后都会与业主方充分交流，加强沟通，能够满足的，尽量满足，因为我们坚信“旅游规划就是为了解决问题”。逆向思维来看，这样做，对旅游规划团队的知识视野、专业素养、技术能力、实践经验等方面提出了全面的新挑战，尤其是旅游规划项目主持人，不仅是综合性的新挑战，而且是专业性的高苛求，所以从事旅游规划的人，必须博古通今，知时局而晓天下，循规蹈矩之上集成创新，激情饱满之中文采飞扬。所以，我把几十年的旅游学术研究和旅游规划实践的心得体会归纳为“大道有术，守正出奇，行健致远”。只要心存高远，脚踏实地，求真务实，就能够处理好旅游学术研究和旅游规划实践中的技术性难题和非技术性挑战。

本刊记者：董教授，您参与过华侨城集团一系列旅游项目的规划实践，为全国 20 多个省份提供了许多专业性的旅游规划和咨询服务，重庆市武隆县、四川省兴文县、新疆乌鲁木齐市等地区都成了著名的旅游目的地，您一定有许多深度体验和成熟经验，可不可给我们分享一下您的操作要领？

董教授：刚才，我讲到了我的旅游学术研究和旅游规划实践是从趣味性尝试开始，然后从专题性探索走向职业性参与的，这个很重要。从事旅游规划实践是一个漫长的修炼过程，需要积累和创新的凤凰涅槃，正所谓“宝剑锋从磨砺出，梅花香自苦寒来”。这样说，好像是大话、空话，甚至是无聊的话，现在很多人都不愿意听到这样的话啦，似乎“站在风口上，猪也能飞起来”才是真理。我想说的是如何对待旅游学术研究和旅游规划实践的态度，有本事坚强的人，才有本事任性。一是旅游学术研究和旅游规划实践一定要有本事，这里的本事包含了职业知识、职业技能、职业习惯和职业道德，本事是在正规教育、系统训练和长期实践中发展壮大起来的，绝不是风口上飞起来的。二是旅游学术研究和旅游规划实践需要坚强，比如我们从深圳乘坐航班到新疆的喀什，需要在长沙、乌鲁木齐两次中转，凌晨 5 点钟从家里去深圳宝安机场，晚上午夜 12 点到达新疆喀什机场，这是非常顺畅的旅途；如果深圳机场突降暴雨，或者湖南长沙机场有雨雪，或者新疆乌鲁木齐机场有大雾，航班晚点就成了家常便饭，有时甚至需要 40 多个小时才能到达目的地，这需要多大的耐心和毅力呀！我就是在这样的旅行途中阅读完《史记》《古文观止》《山海经》《水经注》《国史大纲》《中国通史》《中亚通史》《世界通史》《全球通史》《欧洲文明史》《耶路撒冷三千年》《丝绸之路》《论中国》《资本论》《国富论》《大国崛起》《第三次工业革命》《西方将主宰多久》《下一轮经济危机》《下一个大泡泡》等几百本经典著作的，没有坚强的意志，如何克服高原缺氧、东西几个时区的时差、南北几十度的温差等生理上的挑战，还有民族习俗、饮食习惯、语言障碍、文化差异等心理上的制约。坚强是旅游学术研究和旅游规划实践的第一道门槛。三是即使你有卓越的本事和超人的坚强，记住，你也不能任性。可以说，在旅游学术研究和旅游规划实践中，任性就是一剑封喉，对不起，你可以绕道走，该干什么，就干什么去啦。至于为什么不能任性，前面已经讲得比较多，相信大家能够理解啦。

这三条讲的是做人，关键是要做事。现在，社会上很流行“低调做人，高调做事”，我不这么看，我主张“做人有谱，做事靠谱”，这里的“谱”就是“大道、守正、行健”。具体到旅游学术研究与旅游规划实践，就是旅游学术研究可以按照学术道德和学理逻辑讲情怀，编故事，建模型；但是旅游规划实践就必须遵循社会伦理和经济规律，只能用资本，重技术，关注发展模式。30 多年的旅游规划实践中，我在研判一个地区是否应该发展旅游业或者如何定位旅游业的时候，往往不是简单地考虑旅游资源禀赋条件，更不是从流行的口号出发，而是因地制宜和因时制宜，第一个条件是机遇，第二个条件是区位，我主要就考虑这两个具有杠杆意义的条件。机遇是支点，区位是杠杆，旅游规划就是为了提供作用力，能不能撬动旅游业或者撬动多大规模的旅游业，就是由机遇、区位和作用力三者共同决定的。

因为机遇和区位可遇不可求，所以作用力就至关重要。在旅游规划实践中，我们就是要为强化这种作用力提供系统化的解决方案。一般情况下，我主要是以生态保护为高压线，以方针政策为总路线，以战略决策力、管理执行力、资源整合力、市场竞争力和运营收益力为主轴线，以法律法规为红线，以文化低冲击为底线，“五线合一”构成解决方案。

至于旅游宣传推广语之类，就顺理成章地解决了。比如，深圳华侨城的主推语是“华侨城，旅游城”，次推语是“处处是景点，人人是导游”；福建

省的主推语是“福天福地福建游”，次推语是“闽在海上，福在山中”；浮梁县的主推语是“浮梁情，琵琶行”，次推语是“皖南赣北，浮梁最美”；武隆县的主推语是“芙蓉仙女，梦幻武隆”，次推语是“到武隆，感受地球的心跳”；巫溪县的主推语是“大河之上，唯有巫溪”，次推语是“巴山多妖娆，巫溪乐逍遥”；兴文县的主推语是“兴文宜宾，石㸐天惊”，次推语是“兴文兴中华，中华兴天下”；蓝光大观岭的主推语是“因文化而生，为生活而来”，次推语是“金堂主轴，观岭成都”；贞丰县的主推语是“双乳峰，谁与争锋”，次推语是“布衣风情，峰光无限”；黔东南州的主推语是“物以稀为贵，贵在黔东南”，次推语是“孔雀东南飞，畅游黔东南”；会泽县的主推语是“多彩云南，人文会泽”，次推语是“乌蒙磅礴走泥丸，会泽旅游最震撼”；仙桃市排湖的主推语是“沔水之阳，欢乐吉祥”，次推语是“百里排湖，仙境桃源”；咸丰县的主推语是“世界遗产，恩施咸丰”，次推语是“咸丰如画，恩施天下”；乌鲁木齐市的主推语是“美耀天山，福润新疆”，次推语是“亚心之都，丝路名城”。这些旅游宣传推广语，都是我们在旅游规划实践和咨询服务中归纳提炼出来的。当然，这些宣传推广语只是旅游规划实践最敏感的一个话题，由于关注度特别大，往往被旅游规划项目业主方提升到画龙点睛的认识高度，所以对旅游规划团队是一个高难度的非技术性考验。

其实，旅游规划实践更应该关注竞合关系、旅游资源、目标市场、发展战略、空间结构、功能布局、重点项目、游客动线、产业体系、产品业态、兴业富民、基础设施、公共服务、土地协调、资本运作、城乡统筹、可持续发展等技术性问题，这才是旅游规划实践的根本所系，正途所在。

本刊记者：听您这样专业化地解读旅游规划，给我的直接感受就是要成为旅游规划者还不是一个简单的事情。

董教授：是的，你真聪明！所以，我从事旅游学术研究和旅游规划实践30多年，如今依然在路上，还要坚持不懈，把“学习、思考、交流、行动、分享”放在重要位置，敬天爱人，自我督促，不断提升自己的专业水准和实践能力。

本刊记者：董教授，谢谢您抽出宝贵的时间接受采访。祝您考察愉快，真诚地祝福您，期待您有更好的学术成果和规划业绩，更多地造福社会。

附录 E

文旅融合释放发展新动能

《文化月刊》记者　李克亮

说明：中华人民共和国文化和旅游部主管的大型文化类核心期刊《文化月刊》，在文化和旅游部挂牌之时，就组建文化和旅游部的战略意义、现实作用、工作重点和推进路径，对暨南大学的董观志教授进行了采访。采访的主要内容以《文旅融合释放发展新动能》刊载于 2018 年 4 月《文化月刊》第 6—10 页。

文化是旅游的灵魂，旅游是文化的载体。长期以来，这是文化界和旅游界高度一致的跨界共识。2018 年 3 月 13 日，两会上公布了国务院机构改革方案，启动了国家部办委局的职能整合工作。2018 年 3 月 20 日，在北京召开了国家文化和旅游部的干部大会，标志着国家文化和旅游部的组建工作已经到位。国家文化和旅游部的揭牌，被媒体赞誉为“诗和远方终于在一起了”。这种赞誉，其实表达了大家对文旅融合发展更加美好的期待。

1. 组建文化与旅游部的意义是什么，对文化与旅游的发展有哪些积极作用？

董观志教授：对于国家组建文化和旅游部，我坚决支持！这是因为组建文化和旅游部具有三个方面的战略意义：一是以人民为中心，顺应了社会主要矛盾转化的时代大趋势。经过改革开放 40 年，中国特色社会主义进入新时代，我国社会主要矛盾已经转化为人民日益增长的美好生活需要和不平衡、不充分的发展之间的矛盾。文化和旅游是人民美好生活的基础性需要，迫切需要解决发展不平衡、不充分的问题。二是以新时代为统领，顺应了党和国家顶层设计的战略大格局。步入新时代，党和国家的机构设置和职能配置同统筹推进“五位一体”总体布局、协调推进“四个全面”战略布局的要求还不完全适应，同

实现国家治理体系和治理能力现代化的要求还不完全适应。文化和旅游是新时代发展的软实力战略，迫切需要解决机构设置和职能配置与新时代发展战略还不完全适应的问题。三是以中国梦为目标，顺应了人类命运共同体的国际大环境。随着我国综合国力的提升，国际格局发生了巨大变化，中国要在国际社会中有更多的话语权、更多参与国际规则的制定，就需要通过推动相关改革更多地走出去，为"两个一百年"奋斗目标和中华民族伟大复兴中国梦的实现提供有力制度保障。文化和旅游是实现"一带一路"战略的引领性力量，要在国际社会上发挥大国的决定性作用，迫切需要解决文化和旅游的统筹协同问题。

国家组建文化和旅游部，对于今后文化和旅游的融合发展具有五个方面的积极作用：一是有利于构建从中央到地方运行畅通、充满活力、令行禁止的工作体系，从而增强文旅融合应对国际国内各种复杂问题的能力，提高文旅融合实施国家战略的公信力和执政力。二是有利于优化依法行政的政府治理体系，避免多头管理引起的各种梗阻现象，为文旅融合发展提供体制机制保障。三是有利于理顺政府与市场、政府与社会之间的关系，推进了简政放权，提升文旅融合发展的政府效能和市场效率。四是有利于坚持问题导向，加大"放管服"的改革力度，构建服务型政府部门，优化文旅融合发展的营商环境。五是有利于叠加社会资本、新兴科技和文化创意的力量，培育市场主体和优化产业格局，保护好文化遗产，开发好旅游资源，全面推进文化事业、文化产业和旅游事业、旅游产业的融合发展，强化实现中华民族伟大复兴中国梦的软实力。

2. 文化和旅游既是一项事业，也是一项产业，您认为文化旅游在经济发展转型中所起的作用是什么，如何更好地释放新发展动能？

董观志教授：《易经》有云，举而措之天下之民，谓之事业。简单地说，事业就是用所做的事情施惠于天下民众。文化是人类之间进行交流的普遍认可的一种能够传承的意识形态，旅游是人们文化空间的跨越行为和过程，显然，文化和旅游具有施惠于天下民众的基本功能。同时，意识形态的传承需要寓教于乐，随着文化娱乐的社会化，逐步衍生出了从事文化产品生产和提供文化服务的经营性行业，从而形成了市场化的文化产业。文化是诗，旅游是远方，为了体验不同地区的文化场景，人们选择了旅游的文化消费方式，随着旅游消费的大众化和规模化，为旅游者提供产品和服务的经营性行业就逐步发展起来了，从而形成了市场化的旅游产业。文化事业和旅游事业聚焦为传承文化提供基础设施和公共服务，为经济发展转型发挥凝聚人心与鼓舞斗志的精神文明作用；文化产业和旅游产业注重为文化娱乐提供市场化的消费产品和体验服务，为经济发展转型发挥保障生活与满足消费的物质文明作用。事业是社会的基本福利，产业是市场的基本动能，两者功能耦合，共同促进社会经济的可持续发展。

组建文化和旅游部，这不仅是诗和远方终于在一起了，而且是事业为产业铸魂，产业为事业赋能，文化与旅游相得益彰。走进新时代，文化旅游在经济发展转型中要努力在三个方面释放新动能：一是倡导首创精神，二是保障制度供给，三是引领务实行动。第一个理解是首创精神。文化是一个包罗万象的综合体系，旅游是一个千变万化的复杂系统，事业的政策性要求强，产业的市场化程度高，何况文化旅游与经济发展转型之间存在着属性兼容和功能对接的现实问题。只有首创精神，才能给事业聚能，为产业赋能，从而为经济发展转型提供新动能。第二个理解是保障制度供给。人民生活水平的日益提高，有没有看经济，好不好看旅游，美不美看文化，关键是要解决发展不平衡、不充分的问题，这就需要根据党和国家的战略部署做好顶层设计，有序出台文化旅游的重大政策，充分保障文化旅游发展的制度性供给，切实发挥文化旅游对经济发展关联性大和带动性强的综合作用。第三个理解是引领务实行动。空谈误国，实干兴邦。幸福是奋斗出来的，平衡充分发展了，生活才有诗意，远方才能到达。经过改革开放40年，文化旅游已经成为人民最直接的美好生活需求，实现了文化自信和旅游大国的阶段性目标。走进新时代，文化旅游要紧扣人民的美好生活需求，调结构，转方式，谋创新，发挥战略性支柱产业的引领作用，用务实行动为经济发展转型提供新动能。

3. 结合您的研究成果及实践成果谈一谈文旅融合发展的机遇与存在问题？文旅融合发展应该走一条什么样的发展路径？

董观志教授：《中共中央关于深化党和国家机构改革的决定》指出，“深化党和国家机构改革是推进国家治理体系和治理能力现代化的一场深刻变革”。既然机构改革是一场深刻变革，就一定会为以组建文化和旅游部为标志的文旅融合发展带来历史机遇，当然也会带来现实挑战。我是 1984 年开始涉足旅游规划的，30 多年的工作经历让我很幸运地见证和参与了旅游业的改革开放进程。旅游业的改革开放 40 年，可以说是一部特殊的产业进化史。特殊性主要表现在三个方面：一是性质的演变。旅游业经历了从文化事业到文化性的经济活动，再到战略性支柱产业的三次跨越式变化。二是规模的演变。旅游业经历了为赚取外汇的小规模接待入境旅游者到为拉动消费的大规模国内旅游，再到保增长促就业的超规模国民旅游的三次井喷式变化。三是模式的演变。旅游业经历了资源依托型的要素经济到投资驱动型的载体经济，再到消费拉动型的内容经济三次涅槃式变化。这三大变化，实际上是改革开放以来的政策红利、人口红利和经济红利所产生的叠加效应。步入新时代，随着既有红利边际效应的逐渐递减，单兵独进的旅游业出现了性质困惑、规模困境和模式困局，迫切需要突破“三困”的制约瓶颈。因此，旅游业必须转型升级，突破“三困”导致的运行机制僵化和利益格局固化，全面深化改革，才能实现健康可持续发展。从党和国家机构改革的全局看，组建文化和旅游部为职能整合文化事业、文化产业和旅游事业、旅游产业提供了新机遇和新平台，为长期单兵独进的文化旅游开创了多产业融合发展的新格局，文化旅游获得了重新界定性质、调整规模和创新模式的战略机会。1+1>2，事业 + 产业的双轮驱动，文化 + 旅游的融合发展，在改革开放 40 年请进来的基础上拓展新时代走出去的发展路径，实施文化旅游惠民工程，多措并举，稳健推进，开启文化旅游促进经济发展的新征程。

4. 从供给侧改革的角度看，旅游供给模式存在哪些问题？文旅小镇开发面临哪些难题？

董观志教授：改革开放 40 年，文化和旅游取得了事业兴旺和产业繁荣的丰硕成果，实现了文化自信和旅游大国的阶段性目标，在解决人民群众日益增长的物质文化需求同落后生产之间的矛盾方面做出了战略性贡献。走进新时代，我国社会主要矛盾已经转化为人民日益增长的美好生活需要同不平衡、不充分的发展之间的矛盾，文化和旅游必须全面深化改革，为解决新时代的社会主要矛盾提供新动能和做出新贡献。从供给侧结构性改革的角度看，旅游供给模式存在着“主体缺位”的系统性失灵问题和“供需错位”的三个结构性失衡问题。“主体缺位”既包括了旅游供给的主体缺位，也包括了旅游需求的主体缺位。改革开放之初，旅游业从为了赚取外汇而接待入境旅游者开始起步，形成了先入为主的旅游供给严重短缺的社会共识，导致长期实施“政府主导型战略”，使市场在资源配置中起决定性作用和更好发挥政府作用的关系出现了此消彼长的形象。这种现象，客观上造成了旅游事业与旅游产业的属性不清，政府操不了旅游产业的心，企业使不上旅游事业的力，旅游的基础设施和公共服务严重滞后于人民日益增长的旅游消费需求。“供需错位”主要表现在区域性结构失衡、要素性结构失衡、增长动力结构失衡等三个方面，导致了“比投资，上项目，铺摊子，造声势”的热潮一浪更比一浪高，“圈山圈水收门票”的低水平旅游供给严重产能过剩，文化体验和休闲生活的中高端旅游供给系统性短缺。这种“主体缺位”和“供需错位”现象，直接导致了旅游供给长期滞溜在数量型增长模式的通道内，非常可惜地闲置了旅游消费拉动内需的社会动能。走进新时代，组建文化和旅游部，就是要统筹规划文化事业、文化产业和旅游事业、旅游产业的融合发展，转型升级文化旅游实现质量效益型发展模式，从此，诗不能故作风雅，远方不再漫无边际，文化遗产要保护好，旅游事业要建设好，文化产业要火起来，旅游产业要强起来。

具体到文旅小镇的开发问题，按照主流媒体对特色小镇发展问题的报道，目前主要存在七个亟待解决的难题：一是概念不清，定位不准；二是盲目发展，质量不高；三是同质严重，特色不明；四是政府主导，市场不足；五是重物轻人，形象工程；六是盲目举债，积累风险；七是房企圈地，变相地产。实际上，这七个难题就是长期以来文化旅游数量型增长的供给模式在文旅小镇开发过程中的具体表现，当然是不可持续的。这次，党和国家决策部署了机构改革，从机构设置和职能配置的全局来看，鉴于文旅小镇在精准扶贫和乡村振兴中

的特殊意义，文旅小镇乃至特色小镇开发中存在的现实问题将在全面深化改革的进程中得到系统性的解决。

5. 您对落实“全域旅游”的指导意见有何建议？

董观志教授：2018 年 3 月 22 日，国务院办公厅印发了《关于促进全域旅游发展的指导意见》，界定了全域旅游的指导思想，提出了发展全域旅游的八个重点任务，做什么，怎么做，已经十分明确。就落实“全域旅游”的指导意见来讲，我个人有三点建议，实际上是三个层面上的建议：一是对国家宏观层面的政策性建议。2018 年 3 月 13 日，两会上公布国家机构改革方案；2018 年 3 月 20 日，国家文化和旅游部召开组建后的首次干部大会；2018 年 3 月 22 日，国务院办公厅印发《关于促进全域旅游发展的指导意见》，三个时间点非常紧凑，应该说，在这么短的时间内，原国家文化部和原国家旅游局还来不及统筹谋划文旅融合发展的理念思想和路径举措，存在不平衡、不充分的可能性。所以，我建议，就贯彻落实《关于促进全域旅游发展的指导意见》，国家文化和旅游部要尽快组成调查研究小组，系统出台具体的实施办法，提请国务院办公厅印发补充指导意见，这样既能提升文化和旅游部的权威性，又能增强国务院办公厅文件的务实性，更能保障地方政府和企业的执行力。二是对旅游业中观层面的策略性建议。随着改革开放的全面深入推进，旅游需求已经进入“休闲度假时代”，旅游业必须总揽全域旅游的战略全局，加快供给侧结构性改革，补齐旅游基础设施和公共服务不足的短板，提升优质旅游的营商环境，破解旅游业的“三困”，化解“主体缺位”的系统性问题和“供需错位”的结构性问题，消解旅游业发展不平衡、不充分的问题，促进旅游业从数量型发展模式转变为质量型发展模式，更好地满足人民日益增长的美好旅游需求。三是对旅游企业微观层面的操作性建议。面对方兴未艾的大众旅游需求和真抓实干的国家政策支持，旅游企业要有担当精神，改变“旅游业是投资少、见效快、无污染的朝阳产业”的肤浅认识，摈弃圈地占资源的传统旅游思维，坚定主客共享生活空间的现代旅游思想；通过新技术、新金融、新媒体、新零售、新平台和新模式，把丰富多彩的资源存量转化为现实的旅游产品；借助互联网、物联网和智慧网的力量，创新在线旅行社、线上旅游代理商等旅行服务业态，餐馆、酒吧、茶馆、咖啡馆等旅游餐饮业态，星级饭店、宾馆、酒店、民宿、汽车旅馆、帐篷营地等旅游住宿业态，航空、高铁、地铁、出租车、公交车、共享单车等旅游交通体系，A 级景区、主题公园、图书馆、博物馆、美术馆、科技馆、历史文化街区等旅游景区业态，免税店、购物中心、精品店、工厂店、创意坊等旅游购物业态，以及戏剧场、电影院、公园、广场等旅游娱乐业态，实现现代旅游业的市场化和产业化。以习近平新时代中国特色社会主义思想为指导，以人民对美好生活的向往为奋斗目标，旅游企业要依靠现代企业制度和法人治理结构，做旅游业的“资源整合者”和“产业先导者”，在充分竞争的产业生态环境中谋求利益和发展壮大。只有这三个层面的协同推进，才能确保全域旅游工作取得实效，从而实现旅游发展全域化、旅游供给品质化、旅游治理规范化和旅游效益最大化，为解决新时代社会主要矛盾做出更大贡献。

参考文献及资料

［1］仙桃市地方志编纂委员会．沔阳县志［M］．武汉：华中师范大学出版社，1989.

［2］沔城志编纂委员会．沔城志［M］．武汉：湖北科学技术出版社，2000.

［3］仙桃市水利局，仙桃市水利志编纂委员会．仙桃水利志［M］．武汉：长江出版社，2008.

［4］张正明，楚文化志［M］．武汉：湖北人民出版社，1988.

［5］林家骊．楚辞［M］．北京：中华书局，2009.

［6］方滔．山海经［M］．北京：中华书局，2011.

［7］吕思勉．中国通史［M］．武汉：武汉出版社，2011.

［8］钱穆．国史大纲［M］．北京：商务印书馆，1996.

［9］钱穆．古史地理论丛［M］．上海：生活·读书·新知三联书店，2004.

［10］黄仁宇．中国大历史［M］．上海：生活·读书·新知三联书店，1997.

［11］李兰芳，姜鹏，等．地图上的中国史［M］．北京：中国地图出版社，2016.

［12］郭静云．夏商周——从神话到史实［M］．上海：上海古籍出版社，2013.

［13］费孝通．江村经济［M］．北京：商务印书馆，2001.

［14］佘太山．古族新考［M］．北京：商务印书馆，2012.

［15］施展．枢纽［M］．桂林：广西师范出版社，2018.

［16］雷敦渊，杨士明．用年表读通中国史［M］．北京：中华书局，2013.
［17］张承宗，魏向东．中国风俗通史［M］．上海：上海文艺出版社，2001.
［18］姚卫群．佛学概论［M］．北京：宗教文化出版社，2002.
［19］冯尔康．中国古代的宗族与祠堂［M］．北京：商务印书馆，2013.
［20］安森垚．祖先［M］．北京：九州出版社，2017.
［21］费尔南·布罗代尔．文明史［M］．常绍民，等，译．北京：中信出版社，2017.
［22］阎云翔．私人生活的变革［M］．上海：上海人民出版社，2017.
［23］鄢一龙，白钢，等．大道之行［M］．北京：中国人民大学出版社，2015.
［24］埃比尼泽·霍德华．明日的田园城市［M］．北京：商务印书馆，2010.
［25］赵和生．城市规划与城市发展［M］．南京：东南大学出版社，1999.
［26］黄亚平．城市空间理论与空间分析［M］．南京：东南大学出版社，2002.
［27］吴志强，李德华．城市规划原理［M］．北京：中国建筑工业出版社，2010.
［28］郝鸥，陈伯超，谢占宇．景观规划设计原理［M］．武汉：华中科技大学出版社，2013.
［29］马勇，刘军，马世骏．旅游发展规划创新与实践［M］．北京：高等教育出版社，2016.
［30］金振江．智慧旅游［M］．北京：清华大学出版社，2012.
［31］董观志，张巧玲．旅游学基础教程［M］．北京：清华大学出版社，2008.
［32］董观志，梁增贤．旅游管理原理与方法［M］．北京：中国旅游出版社，2009.
［33］董观志．景区运营管理［M］．武汉：华中科技大学出版社，2016.
［34］董观志，张颖．品牌优势＋产业集群［M］．广州：中山大学出版社，

2008.

［35］董观志，李立志．盈利与成长［M］．北京：清华大学出版社，2004.

［36］董观志，傅轶．武隆大格局［M］．武汉：华中科技大学出版社，2015.

［37］董观志，肖凯提·吐尔地，等．疆山如画［M］．北京：中国旅游出版社，2015.

［38］李蕾蕾．旅游地形象策划：理论与实务［M］．广州：广东旅游出版社，1999.

［39］喻学才．旅游文化［M］．北京：中国林业出版社，2002.

［40］喻学才，王健民．文化遗产保护与风景名胜区建设［M］．北京：科学出版社，2010.

［41］谭其骧．云梦与云梦泽［J］．复旦大学学报．1980（历史地理专辑）．

［42］郑明佳．江汉平原古地理与“云梦泽”的变迁史［J］．湖北地质．1988（2）．

［43］曹健民．平原湖区治水的正确途径——沔阳县解决灌溉排涝的经验．人民长江．1965（4）．

［44］黄进良．近500年江汉平原湖区土地开发的历史反思［J］．华中师范大学学报（自然版）．2001（4）．

［45］张国雄．江汉平原的垸田兴起于何时［J］．中国历史地理论丛．1988（1）．

［46］张国雄．江汉平原垸田的及其在明清时期的发展演变［J］．农业考古．1989（1）．

［47］周荣．垸：明清两湖平原社会变迁的核心要素［N］．光明日报．2013-11-6.

［48］李四光．李四光全集［M］．武汉：湖北人民出版社，1996.

［49］仙桃市人民政府，上海同济城市规划设计研究院．《湖北省仙桃市城乡总体规划（2008—2030）》，2008.

［50］仙桃市人民政府．《仙桃市国民经济和社会发展第十三个五年规划纲要（2016—2020）》．

[51] 仙桃市人民政府 .《仙桃市旅游业发展规划（2013—2025）》.

[52] 仙桃市规划建筑设计研究院 .《湖北省仙桃市沔城回族镇总体规划（2012—2030）》.

[53] 仙桃市人民政府 .《仙桃市乡村振兴规划（2018—2050）》.

[54] 明清沔阳城复原设计（打印稿）.

后　　记

沔城，就是沔阳古城。

沔阳之名得益于长江与汉江的万古奔流，汇聚而成云梦古泽，先秦之前称之为沔水，《诗经·小雅》有“沔彼流水，朝宗于海”，《史记·乐书》有“流沔沉佚，遂往不返”。因在沔水之北，所以取名沔阳。

新石器时代，先民们就在这片土地上开拓生息。夏商周时期，这里就在荆州之内。春秋战国时期，这里属于楚国之地，屈原遇渔夫而歌沧浪之水。秦始皇统一六国，这里就被纳入了郡县制之内。汉高祖时期，这里属于云杜县。南北朝时期，南朝梁武帝天监二年（公元 503 年），沔阳郡拉开了“沔阳”置郡设县的建制历史大幕，从此，郡县州府延绵 1500 多年，从没有间断。1951 年 6 月，沔阳县一分为二，东荆河以南成立洪湖县，东荆河以北为沔阳县。1986 年 5 月 27 日，国务院批准，撤销沔阳县，设立仙桃市，沔阳作为行政区划的名称才进入历史的新轨道。

从公元 551 年开始，沔城作为沔阳的郡县和州府机关驻地，高屋建瓴地成为沔阳历史的执牛耳者，中流砥柱地成为荆楚文化的集大成者。人文炳蔚的沔阳千古流芳，沔阳古城是沔阳之母，洪湖之根，荆楚之魂，当之无愧的历史文化之城。往事千年未尘封，沔水之阳仍从容。在全面深化改革开放的新时代，沔城人民高起点谋划，高质量建设，高强度推进，意气风发地开启了文旅融合的水乡田园特色发展模式。

2016 年 7 月，仙桃市政府王永副市长、仙桃市旅游发展委员会左泽华主任、中共沔城回族镇委员会张致学书记等领导同志约我们参与沔城回族镇全域旅游发展规划项目的实际工作。这是父老乡亲的召唤，我们备感使命光荣和责任重大。随即，组成了暨南大学董观志教授牵头的《仙桃市沔城回族镇全域旅游发展规划》工作团队，特邀广东外语外贸大学的王世豪教授、湖北大学的宋红教授、江汉大学的黄其新副教授、武汉轻工大学周霄副教授和黄猛副教授为顾问专家，在海创志通（深圳）实业有限公司同志们的支持下，多次到仙桃市沔城回族镇实地考察调研，见证沔城回族镇文旅融合、产业振兴和环境优化，经过沔城回族镇党委和政府的张致学、魏永丰、邓云、石涛、魏国权、李修竹、汪爱华、荣卫华、许冲、王国琴、冯兰枝、丁胜华等同志以及12个村委会干部群众的共同努力，2018年12月圆满完成了《仙桃市沔城回族镇全域旅游发展规划》的编制工作。

2019年3月4日，仙桃市委书记胡玖明同志率市直有关部门负责人到沔城回族镇实地调研，看到了沔城回族镇全方位的可喜变化，充分肯定了沔城人“埋头苦干、真抓实干、少说多干、干出了亮点、干出了变化”。胡玖明书记强调：沔城是仙桃历史的发祥地和旅游发展的重地，必须点准穴位和群策群力，把沔城回族镇打造成水乡田园文旅特色小镇。好雨知时节，当春乃发生。沔城回族镇正以沔阳古城的飒爽英姿，走上文旅融合、产业整合、城乡结合的全域发展快车道。

这是一本古城名镇规划书。这本书不仅是集体智慧的结晶，而且是理性态度、逻辑思维、系统研究和协同部署的集成创新成果。一是坚定的指导思想。深入贯彻党的十九大精神，以习近平新时代中国特色社会主义思想为指导，以供给侧结构性改革为主线，以实施乡村振兴战略为契机，以全域旅游为突破，以富民强镇为着力点，创造新的希望、新的生活、新的文明和新的辉煌。二是务实的多规合一。以“沔城原本客观存在的地方特色”为主基调，把国土空间规划、城乡总体规划、全域旅游规划、生态环境规划、社会发展规划等多规合一，梳理出“一核引领，三区统筹、五点联动”的城乡一体化社会结构形态，夯实了执行政策路线、面向市场需求、立足区位优势、挖掘资源禀赋、共建创新机制、打造重点产业、统筹全域发展的战略部署。三是清晰的发展路径。突出“仙境沔城，禅伊福地”的主题品牌形象，遵循文旅融合、产业整合、城乡结合“三位一体”的基本原则，构建产业链、资源链、服务链、资金链和政策链“五链成网”的创新平台，打造产业“特而强”、功能“聚而合”、形态“精

而美”、体制“活而新”、效益“显而优”的水乡田园特色小镇,实现“千年沔城,荆楚明珠”的可持续高质量发展。

新时代,新使命,新征程。在仙桃市建设水乡田园城市的战略行动中,《仙境沔城:田园古城的现代思想与全域规划》是沔城为乡村振兴凝聚的拼搏力量。

奋斗创造历史,实干成就未来。在实现中华民族伟大复兴中国梦的新时代,《仙境沔城:田园古城的现代思想与全域规划》是我们为古城名镇发展产业经济贡献的行动方案。

这本书的成稿付梓，特别感谢暨南大学党委书记林如鹏教授、校长宋献中教授、副校长刘洁生教授的热情鼓励，暨南大学社科处潘启亮处长和黄晓燕副处长的鼎力支持，暨南大学深圳旅游学院执行院长李广明教授的真诚帮助，仙桃市旅游发展委员会全体委员的专业指导。华中科技大学出版社旅游分社李欢编辑从选题策划到定稿出版，开展了卓有成效的工作。这是一个实践性的规划课题，在编制过程中，引用了同行业的相关成果和媒体上的有关资料，仙桃市和沔城回族镇相关部门提供了大量背景材料，由于是规划成果的再现，参考文献没有全部表现出来，在此，对相关人士和有关部门深表感谢。局限于主观原因和客观条件，本书中有不少疏忽和不足之处，敬请大家批评指正。

董观志

2019 年 2 月